全国电力行业「十四五」规划教材

高等教育电气与自动化类专业系列

数据结构 第二版

主编　曲朝阳

副主编　霍光　郭晓利　曹杰

编写　王晓惠　孙鹏飞　王蕾　奚洋　李斌　魏晓明

中国电力出版社
CHINA ELECTRIC POWER PRESS

内 容 提 要

本书是全国电力行业"十四五"规划教材。

本书主要包括数据结构的基本概念，基本的数据结构（线性表、栈和队列、串、数组与广义表、树、图），以及基本技术（查找方法与排序方法）等三部分内容。全书共 8 章。第 1 章为概述，引入了数据结构与算法的一些基本概念；第 2～第 6 章分别介绍了线性表，栈和队列，串、数组和广义表，树和二叉树，图等几种基本的数据结构；第 7 章和第 8 章分别介绍了查找和排序的方法，它们都是数据处理时需要广泛使用的技术。

本书是在作者多年教学实践的基础上编写而成的，内容丰富，概念清晰，技术实用，同时还配有大量的例题、习题和上机习题。本书可作为高等院校计算机及相关专业本科生的教材，也可作为专科和成人教育的教材，还可供从事计算机应用的科技人员参考。

图书在版编目（CIP）数据

数据结构/曲朝阳主编．—2 版．—北京：中国电力出版社，2023.11（2025.3 重印）
ISBN 978-7-5198-7998-3

Ⅰ．①数…　Ⅱ．①曲…　Ⅲ．①数据结构－高等学校－教材　Ⅳ．①TP311.12

中国国家版本馆 CIP 数据核字（2023）第 132728 号

出版发行：中国电力出版社
地　　址：北京市东城区北京站西街 19 号（邮政编码 100005）
网　　址：http://www.cepp.sgcc.com.cn
责任编辑：张　旻（010-63412536）
责任校对：黄　蓓　王海南
装帧设计：赵姗姗
责任印制：吴　迪

印　　刷：三河市航远印刷有限公司
版　　次：2016 年 4 月第一版　2023 年 11 月第二版
印　　次：2025 年 3 月北京第二次印刷
开　　本：787 毫米×1092 毫米　16 开本
印　　张：13
字　　数：320 千字
定　　价：42.00 元

前　言

　　数据结构是计算机科学与技术专业教学计划中的一门核心课程，同时也是信息计算、电子信息技术等非计算机专业的一门重要专业基础课程。计算机科学与技术及其相关学科都会用到各种数据结构，数据结构已经成为计算机科学与技术工作者，尤其是计算机应用领域开发人员的必备知识。

　　数据结构的任务是根据从各种实际问题中归纳、抽象出来的对象的数据特征和对象之间的关系，选择合适的数据组织方法、存储方法和相应的算法。这些方法有助于设计出周密、有效和风格良好的程序。

　　数据结构课程的教学要求是让学生学会分析和研究计算机加工的数据对象的特征，以便在实际应用中选择适当的数据逻辑结构、存储结构和相应算法，掌握算法的时间和空间性能分析技巧，学习应对复杂程序设计方面的技巧。

　　本书循序渐进地介绍了线性表，栈和队列，串、数组和广义表，树和二叉树，图，查找和排序等知识。考虑到本书是一本面向计算机专业和非计算机专业学生的教科书，本着简明、实用、通俗易懂的原则，尽量避免烦琐、深奥的理论推导和说明。因此，只要读者具备一定的 C 语言知识就能轻松地学习。

　　本书深入浅出地讲解了理论知识，同时又重视实践。每一章的开头都配有本章学习目标，每章最后配有本章小结、大量不同类型的习题和上机实验题目。以方便读者在计算机上进行实践，有助于理解算法的实质和基本思想。

　　限于编者水平，书中难免存在一些不足之处，希望广大读者批评指正。

编　者
2023 年 1 月

目　　录

《数据结构（第二版）》教学课件　　　　　《数据结构（第二版）》题库

第1章 概　　述

💡 **本章学习目标**

（1）了解数据结构的基本概念，理解常用术语。
（2）掌握数据元素间的3种结构关系。
（3）掌握算法的定义及特性，掌握算法设计的要求。
（4）初步掌握分析算法的时间复杂度和空间复杂度的方法。
（5）掌握C语言中的数据类型。

信息技术的迅速发展，为计算机的发展提供了更为广阔的应用空间。计算机的应用已不再局限于科学计算，而是更多地用于控制、管理及数据处理等非数值计算的处理工作。与此相应地，计算机加工处理的对象由纯粹的数值发展到字符、表格和图像等各种具有一定结构的数据，数据结构就是研究数据组织、存储和运算的一般方法的学科。本章主要介绍数据结构的基本概念、算法及C语言的数据类型。

1.1　数据结构的基本概念

1.1.1　数据结构实例

【例1.1】最短路径问题。如图1.1所示，假设有A、B、C、D、E、F六座城市，图中的带箭头的连线表示城市间有开通的单向航班，弧上的数值表示该航班飞行所需要的时间，请问，如果要从城市A出发去城市F（中间可以在其他城市换机，并忽略换机时间），耗费时间最少的路径是什么？

这是一个非常经典的关于称为"图"的数据结构的应用问题，它显然不是数值计算问题，本书在以后将对这类问题给出解决方案。

可见，数据结构是一门研究非数值计算的程序设计问题中计算机的操作对象以及它们之间的关系和操作等的学科。学习数据结构，目的是了解计算机处理对象的特性，能够将实际问题中所涉及的处理对象及这些对象之间的关系进行抽象并在计算机中表示出来，最后再对它们进行处理。

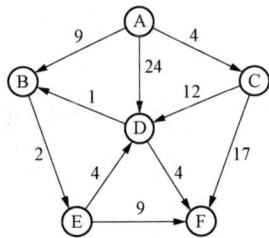

图1.1　最短路径问题示意图

数据结构是计算机学科非常重要的一门专业基础理论课程，要想编写针对非数值计算问题的高质量的程序，就必须要熟练掌握这门课程涉及的知识。另外，它与计算机其他课程都有密切联系，具有独特的承上启下的重要作用。拥有"数据结构"这门课程的知识准备，对于学习计算机专业的其他课程，如操作系统、数据库管理系统、软件工程等都是有益的。

1.1.2　数据结构概念

1. 数据

数据是信息的载体，是对客观事物的符号表示。通俗地说，凡是能被计算机识别、存取和加工处理的符号、字符、图形、图像、声音、视频信号、程序等一切信息都可以称为数据。数据可以是数值数据，也可以是非数值数据。数值数据包括整数、实数、浮点数、复数等，主要用于科学计算和商务处理等；非数值数据包括文字、符号、图形、图像、动画、语音、视频信号等。随着多媒体技术的飞速发展，计算机中处理的非数值数据越来越多。

2. 数据元素

数据元素是对现实世界中某独立个体的数据描述，是数据的基本单位。在计算机中，数据元素通常作为一个整体来处理。一个数据元素可以由若干个数据项组成，在 C 语言程序设计中一个数据元素可以由一个 struct 表示。数据项是具有独立意义的最小数据单位，是对数据元素属性的描述。在例 1.1 中对每个城市的描述可用一个数据元素来描述。而关于每个城市的基本信息，如城市的名称、机场的位置、航线的多少等可用数据项来描述。

3. 数据对象

数据对象是具有相同性质的数据元素的集合，是数据的一个子集。例如，字母字符数据对象是集合 C={'A'，'B'，'C'，…，'Z'}。

4. 数据结构

数据结构是相互之间存在一种或多种特定关系的数据元素的集合。根据数据元素之间的关系特性，数据结构可由一个二元组（D，S）定义，其中 D 是数据元素的有限集，S 是 D 中元素的关系的有限集。通常，基本的数据结构有如下 3 类。

（1）线性结构。结构中的数据元素之间存在一个对一个的关系。

（2）树形结构。结构中的数据元素之间存在一个对多个的关系。

（3）图结构或网结构。结构中的数据元素之间存在多个对多个的关系。

图 1.2 描述了这 3 类基本数据结构。这 3 类基本数据结构可以划分为两大类：线性结构和非线性结构。线性结构的逻辑特征是，有且仅有一个开始结点和一个终端结点，并且所有的结点都最多只有一个直接前驱和一个直接后继。非线性结构的逻辑特征是一个结点可能有多个直接前驱和直接后继。非线性结构包括树形结构和图结构。

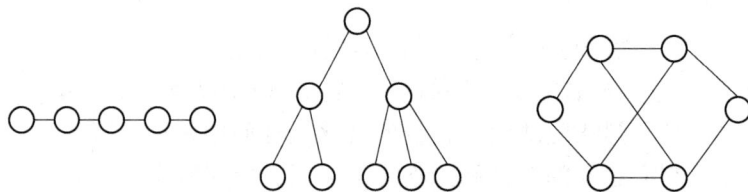

图 1.2　3 类基本数据结构示意图

5. 逻辑结构

逻辑结构描述的是数据元素之间的逻辑关系。通常说的线性结构、树形结构和图结构就是指数据元素的逻辑结构。

6. 存储结构

存储结构（又称物理结构）是数据结构在计算机中的表示。具有某种逻辑结构的数据元素在计算机中有顺序映像和非顺序映像两种不同的表示方法，由此得到两种不同的存储结构——顺序存储结构和链式存储结构。

顺序存储结构（sequential storage structure）是把必要的数据元素存储在存储单元中，通过对存储单元的地址进行一个固定的计算就能直接表达数据元素之间逻辑上的关系的物理结构。在顺序存储结构中，逻辑上相邻的数据元素在存储器中物理位置也相邻，即数据元素之间的逻辑关系可通过数据元素在存储器中的相对位置来体现。顺序存储结构是一种最基本的存储表示方法，本书主要借助 C 语言中的一维数组来实现。

链式存储结构（linked storage structure）是把数据元素存储在附设了指针域的存储单元中，通过指针域的值来表达数据元素之间逻辑关系的物理结构。本书对链式存储结构主要借助于 C 语言中的指针类型和结构体类型来实现。

除了通常采用的顺序存储结构和链式存储结构外，有时为了特定操作的方便还可以采用索引存储和散列存储方法等，这些都是顺序存储结构和链式存储结构的变形或综合。

1.2　算法和算法分析

1.2.1　算法

算法（algorithm）是解决特定问题的方法，是对数据施加的一系列操作。严格来说，算法是由若干指令组成的有限序列。程序是算法的实现。根据实际的需要，一个实际问题的解决可以有多种算法。算法包括数值算法和非数值算法两种。解决数值问题的算法称为数值算法，例如求解线性方程组，求解代数方程，求解微分方程等。解决非数值问题的算法称为非数值算法，数据处理方面的算法都属于非数值算法，例如各种排序算法、查找算法、插入算法、删除算法、遍历算法等。

1.2　厨师眼里的数据结构

一种算法必须具有以下 5 个特性。

（1）有穷性。一个算法包括的指令数必须有限，每一条指令的执行次数也必须有限。

（2）确定性。算法的每一条指令必须有确切的定义，无二义性。

（3）可行性。算法中的每一条指令都可以通过有限次、可实现的基本运算且在有限的时间内实现。

（4）输入。一个算法具有零个或多个输入。

（5）输出。一个算法具有一个或多个输出。

算法设计的要求如下。

（1）正确性。算法的执行结果应当满足预先设定的功能和要求。在实际应用中，算法的"正确性"有多个层次的含义。

（2）可读性。一个算法应当思路清晰、层次分明、易读易懂，有利于人对算法的理解。

（3）健壮性。当输入非法数据时，应能作适当反应和处理，不致引起莫名其妙的后果。

（4）高效性和低存储量。对同一个问题，执行时间越短，算法的效率就越高；完成相同的功能，执行算法时所占用的存储空间应尽可能少。

实际上，一种算法很难做到十全十美，原因是上述要求有时是相互抵触的。例如，时间和空间就是一对矛盾，如果要节约算法的执行时间，往往以牺牲一定存储空间为代价；而为了节省存储空间就可能耗费更多的计算时间。所以，实际操作中应以算法的正确性为前提，根据具体情况而有所侧重。若一个程序使用的次数较少，一般要求简明易懂即可；对于需要反复多次使用的程序，应尽可能选用快速的算法；若待解决的问题数据量极大，而计算机的存储空间又相对较小，则应主要考虑如何节约存储空间。

1.2.2　算法分析

算法执行时间需要根据该算法编制的程序在计算机上的执行时间来确定。一个算法所耗费的时间等于算法中每条语句的执行时间之和。每一条语句的执行时间是该语句的执行次数（frequency count，频度）与该语句执行一次所需时间的乘积，而每条语句的执行时间取决于其对应机器指令的执行时间。一个使用高级程序语言编写的程序在计算机上运行所需的时间取决于如下因素。

（1）使用何种程序设计语言。实现编程语言的级别越高，其执行效率就越低。

（2）选用何种策略的算法。

（3）算法涉及问题的规模（求解问题的输入量，通常用 n 表示）。例如，求 50 以内的素数与求 1000 以内的素数的执行时间必然是不同的。

（4）编译程序所生成目标代码的质量。对于代码优化较好的编译程序，所生成的程序质量较高。

（5）计算机执行指令的速度。

（6）计算机的体系结构。并行计算通常能缩短算法的计算时间。

显然，在各种因素不确定的情况下，使用执行算法的绝对时间来衡量算法的效率是不合适的。在上述各种与计算机相关的软、硬件因素确定以后，一个特定算法的运行时间就只依赖于问题的规模（通常用正整数 n 表示）。

算法的效率通常用时间复杂度和空间复杂度来评价，它们反映了算法的执行所需要的时间和空间与问题规模之间的一种数量上的依赖关系。

1. 算法的时间复杂度

通常，使用算法中所有语句的频度之和 $f(n)$ 表示该算法所需的时间。在假定执行一条语句需要的时间固定的情况下，语句的数量能大致表示算法运行所需的时间，因此，$f(n)$ 粗粒度地描述了一个算法所需的时间。假设当问题规模 n 趋向于无穷大时，有下式成立：

$$T(n)=O(f(n)) \tag{1.1}$$

它表示随着问题规模的扩大，$T(n)$ 的增长率和 $f(n)$ 的增长率相同。称 $T(n)$ 为算法的渐近时间复杂度（asymptotictime complexity），简称为时间复杂度（time complexity）。

【例 1.2】交换 A 和 B 的内容。

（1）temp=A;

（2）A=B;

（3）B=temp;

这 3 条语句的频度都是 1，$f(n)=3$。所以，该程序的执行时间与问题规模无关，$f(n)=3$。算法的时间复杂度为常数阶，记为 $T(n)=O(1)$。

【例 1.3】累加。

（1）x=0; /*执行 1 次*/

（2）y=0; /*执行 1 次*/
```
    for(k=1;k<=n;k++)
```
（3）x++; /*执行 n 次*/
```
    for(i=1;i<=n;i++)
    for(j=1;j<=n;j++)
```
（4）y++; /*执行 n² 次*/

所有语句的频度之和 $f(n)$ 为 n^2+n+2。

当 $n\to\infty$ 时，显然有

$\lim f(n)/n^2=\lim(n^2+n+2)/n^2=1$

所以，$T(n)=O(n^2)$。

【例 1.4】已知某算法的核心代码段如下，计算该算法的时间复杂度。

```
for(i=1; i<=n; i*=2)
    x++;
```

该算法时间复杂度是 $O(\log_2 n)$。

【例 1.5】已知某算法的核心代码段如下，计算该算法的时间复杂度。

```
for(i=0; i<n; i++)
    for(j=0; j<n; j++)
        x++;
```

显然，算法基本操作 $x++$ 重复执行次数随着问题规模 n 增长的函数是 n^2，所以，该算法时间复杂度是 $O(n^2)$。

有时，如果难以精确计算基本操作的执行次数，算法的时间复杂度只需用基本操作关于 n 的增长的阶来表示即可。

分析类似于这种形式的算法的时间复杂度时，一种方案是计算该算法的基本操作的平均值，也就是要计算出"条件"成立的概率，这样计算得到的时间复杂度称为平均时间复杂度。但是，算法的基本操作的平均值通常是很难计算的，这时，经常按输入数据集的内容最不理想的情形来计算，这样得到的时间复杂度称为最坏时间复杂度。本书中，如未指明，均指最坏时间复杂度。

2．算法的空间复杂度

一个算法在计算机上运行时需要占用存储空间，这些存储空间主要包括两部分：第一部分用于存放算法本身的指令、常数、变量和输入数据；第二部分是对数据进行操作时所需的辅助空间。通常情况下，对同一类问题，输入数据的表示形式是相同的，这时，可以近似认定第一部分的存储空间是固有的，而第二部分存储空间是额外的，分析算法的空间占有情况重点是分析其额外存储空间的占有情况。

通常，一个算法的空间复杂度（space complexity）反映了程序运行从开始到结束所需的额外存储量。通常使用"大 O 表示法"表示，$S(n)=O(f(n))$。其中，$f(n)$ 是算法的额外存储空间随问题规模 n 增长的函数，$S(n)$ 是空间复杂度。如果 $S(n)=O(1)$，表示算法为本地工作，即随问题规模 n 的增长，额外存储空间不变。

1.3　算法描述与 C 语言数据类型

1.3.1　算法描述语言

算法总是施加在特定类型的数据结构之上的。在算法的设计过程中，对数据的各种运算都是定义在数据的逻辑关系之上的，是处于比较抽象层次上的操作，也就是说，主要考虑的是"做什么"的问题。而究竟这些操作如何实现则依赖于数据所采用的存储结构。当然，在

算法讨论中，我们对于存储结构的描述是在高级程序设计语言的基础上进行的，而不是像在机器语言中用内存地址来直接描述数据的存储结构。由于在每种高级程序设计语言中所定义的数据类型都对应于一定的物理结构，实际上就是对数据的存储结构的一种抽象，因此，本书所讨论的存储结构指的是在 C 语言的数据类型基础上的一种较为抽象的虚拟存储结构。

本书对算法的描述采用的是结合自然语言的一种类 C 语言的描述方法。用自然语言描述便于人们相互交流和理解，也可以更加突出重点，而不拘泥于局部的细节实现，且条理性更好，也更便于表达。同时，结合 C 程序设计语言的描述使算法的表达更加准确，也更便于最终程序的实现和对算法性能的分析。

下面是对本书中所使用的算法描述语言的简介。

1．数据类型

本书中所使用的算法描述语言的数据类型包括 C 语言中的所有数据类型（整型、实型、字符型、数组、指针、结构、共用体等）。

2．变量和符号常量

变量的定义形式为

数据类型　变量名序列；

符号常量的定义形式为

#define　符号常量名　常量值；

其中，符号常量名常采用具有一定含义的标识符来命名，例如：

```
#define  TRUE  1
#define  FALSE  0
#define  OK  1
#define  ERROR  0
#define  OVERFLOW  -2
```

3．数据运算

数据运算主要包括算术运算、关系运算和逻辑运算三种。

算术运算符有+、−、*、/、%、++、−−等；

关系运算符有>、<、==、>=、<=、! =；

逻辑运算符有!、&&、||；

另外，还有指针运算符*、&、分量运算符.、−>和下标运算符[ ]。

4．赋值语句

赋值语句的形式为

变量名=表达式；

5．控制语句

控制语句包括：

（1）选择语句，包括条件语句、多项选择语句。

条件语句的形式为

```
if(条件表达式)
语句块；
```

或

```
if(条件表达式)
语句块 1;
else
语句块 2;
```

多项选择语句的形式为

```
switch(表达式)
{
case 常量表达式 1：语句块 1;break;
case 常量表达式 2：语句块 2;break;
⋮
default：语句块 n;
}
```

（2）循环语句，包括 for 语句、while 语句和 do-while 语句。

for 语句的形式为

```
for(循环变量初始表达式;终止条件表达式;循环变量修改表达式)
语句块;
```

while 语句的形式为

```
while(条件表达式)
语句块;
```

do-while 语句的形式为

```
do{
语句块;
}while(条件表达式);
```

6. 函数的定义、声明与调用

函数的定义形式为

```
返回类型　函数名(形式参数列表)
{
函数定义语句块;
};
```

函数的声明形式为

```
返回类型　函数名(形式参数列表);
```

函数的调用形式为

```
函数名(实际参数列表);
```

7. 输入、输出

输入语句为

```
scanf(格式字符串,输入变量序列);
```

输出语句为

```
printf(格式字符串,输出表达式序列);
```

8．结束语句

异常结束语句 exit，其形式为

```
exit(异常代码);
```

9．注释

注释语句的形式为

```
/*注释内容*/
```

1.3.2　C 语言的数据类型

C 语言的数据结构是以数据类型形式出现的，具体数据类型如下：

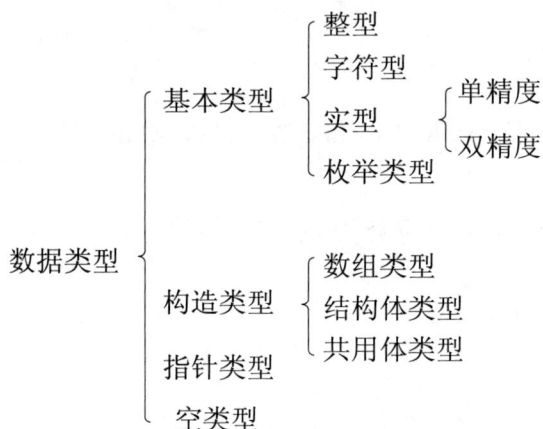

$$
\text{数据类型}\begin{cases}
\text{基本类型}\begin{cases}
\text{整型}\\
\text{字符型}\\
\text{实型}\begin{cases}\text{单精度}\\\text{双精度}\end{cases}\\
\text{枚举类型}
\end{cases}\\[2mm]
\text{构造类型}\begin{cases}
\text{数组类型}\\
\text{结构体类型}\\
\text{共用体类型}
\end{cases}\\[2mm]
\text{指针类型}\\[1mm]
\text{空类型}
\end{cases}
$$

C 语言中数据有常量与变量之分，它们分别属于以上这些类型。由以上这些数据类型还可以构成更复杂的数据类型。例如：利用指针和结构体类型可以构成表、树、栈等复杂的数据结构。下面分别对常用的数据类型做简单介绍。

1.3.2.1　基本数据类型

1．整型数据

整型常量即整型常数，如 123，－456 等。

整型变量的基本类型符为 int。可以根据数值的范围将变量定义为基本整型、短整型或长整型。在 int 之前可以根据需要分别加上修饰符 short 或 long。因此有以下三类整型变量。

（1）基本整型，以 int 表示。

（2）短整型，以 short int 表示。

（3）长整型，以 long int 表示。

一个 int 型变量的值的范围为 $-2^{15} \sim (2^{15}-1)$，即 $-32768 \sim 32767$。在实际应用中，变量的值通常是正的（如学号、库存量、年龄、存款额等）。为了充分利用变量的表示数的范围，此时可以将变量定义为"无符号"类型。对以上三类都可以加上修饰符 unsigned，以指定是"无符号数"。如果加上修饰符 signed，则指定是"有符号数"。如果既不指定为 signed，也不指定为 unsigned，则隐含为有符号（signed）。实际上，signed 是完全可以不写的。归纳起来，可以用以下 6 种基本整型，即：

有符号基本整型　　　[signed] int

无符号基本整型　　　unsigned int

有符号短整型	[signed]short [int]
无符号短整型	unsigned short [int]
有符号长整型	[signed]long [int]
无符号长整型	unsigned long[int]

2. 实型数据

实型常量即实数，如 123.345，6.45e6 等。

实型变量分为单精度（float 型）、双精度（double 型）和长双精度（long double）三类。如：

```
float x, y;  (指定 x、y 为单精度实数)
double z;    (指定 z 为双精度实数)
long double t;  (指定 t 为长双精度实数)
```

3. 字符数据

C 语言的字符常量是用单引号括起来的一个字符。如'a'、'A'等都是字符常量。注意，'a'和'A'是不同的字符常量。除了以上形式的字符常量外，C 语言还允许用一种特殊形式的字符常量，就是以一个"\"开头的字符序列。例如，在 printf 函数中的'\n'，它代表一个"换行"符。

字符变量用来存放字符常量，用 char 来定义。

1.3.2.2　构造类型

1. 数组类型

数组是相同类型的数据元素的有序集合。数组中的每一个元素都属于同一个数据类型，具有相同的名字——数组名，数组的下标指示了数据元素在数组中的位置，因此数组名和下标唯一地确定了一个数组元素。

数组的定义方式如下所示：

数据类型　数组名[常量表达式]；

其中，数据类型指的是数组元素的类型，数组名由一个标识符所指定，常量表达式表示数组元素的个数，即数组长度，它必须是一个不小于 0 的整型常量或是一个可以在编译时确定大小的表达式（表达式的值必须是一个不小于 0 的整数）。也就是说，常量表达式中可以包括常量和符号常量，不能包含变量，即不能定义一个长度可变的数组。数组的下标从 0 开始，如：

```
int a[5];
```

它表示数组名为 a，该数组有 5 个数组元素，每个数组元素的类型为 int，它们分别为 a[0]，a[1]，a[2]，a[3]，a[4]。

在内存中，一个数组占据了一片连续的存储空间，每个数组元素占据了这个连续的存储空间中的一个单元，而数组名代表了这片空间的起始地址，即该数组的第一个元素在内存中的地址。如图 1.3 所示是 a[5] 在内存中的存储示意图。在 C 语言中，只能通过下标运算符 [] 逐个地引用数组元素，而不能一次引用整个数组。下标可以是整型常量或整型表达式，如 a[2] 或 a[1+1]。

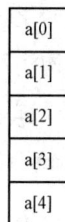

| a[0] |
| a[1] |
| a[2] |
| a[3] |
| a[4] |

图 1.3　数组的存储示意图

C 语言使用特定的语法来进行数组的初始化，如：

```
int a[5]={1,2,3,4,5};
```

在初始化时，也可以只对部分元素进行初始化，如：

```
int  a[5]={1,2};
```

这就初始化为 a［0］=1、a［1］=2。

如果初始化时对数组的全部元素都指定初值，就可以省略对数组长度的定义，系统会自动地根据初值的个数来判断数组的长度，例如：

```
int a[ ]={1,2,3,4,5};
```

系统根据 5 个初值就判断数组 a 的长度为 5。

如果初始化时只对部分数据元素进行初始化，则不能省略对数组长度的定义。

数组的类型可以是 C 语言中允许的任何数据类型（基本类型、构造类型和指针类型等），可以使用定义在该数据类型上的所有合法操作来操作数组元素。数组的基本操作是对数据元素的存和取，例如：

```
int i,a[5]={1,2,3,4,5};
a[0]=6;
i=8*a[1];
```

当数组作为函数参数传递时，它采用了地址传递的方法，即将数组第一个元素的地址值传递给函数的形参。

2．结构体类型

C 语言中，数组是用来存储多个相同数据类型的元素的有序集合，但是，有时数据类型的数据组合成一个有机的整体，以便于引用。在这种情况下，程序虽然用多个变量分别存储这些数据，但是由于这些数据之间具有相互联系，它们的值的组合构成了对一个事物的完整描述。如果能用一个数据类型的变量来存放多个不同类型的信息，那就能使程序更好地表示这些由多个部分组成的数据。C 语言中的结构（struct）就是这样的一种数据类型，它由多个成员组成，每个成员可以分属不同的数据类型。结构的使用减少程序所管理的变量的数目和传递给函数的参数的数目。

结构变量的定义格式如下。

首先，定义所需的结构类型：

```
struct 结构名称
{
    成员定义列表
};
```

在说明了结构数据类型之后，编译系统了解了如何为该结构的变量分配存储空间，但并不为该结构类型分配存储空间。

然后，定义具有该结构类型的结构变量：

```
struct  结构名称  变量名列表；
```

在定义了该结构类型的变量后，编译系统才为该变量分配存储空间。在存储器中，结构变量的各个成员按它们在结构类型定义时的说明次序，连续顺序存放。但为了提高结构变量的存取效率，在结构的存储中，一般将每个成员都从机器字的边界处开始分配，这样，结构类型所占用的存储空间大小可能会大于各个成员所占空间之和。

也可以将变量的定义直接跟在结构类型定义之后：

```
struct 结构名称
{
    成员定义列表 ;
}变量名列表;
```

例如：

```
struct person
{
    char name[20];
    int  age;
    char  sex;
    int height;
    float weight;
}person1,*person2;
```

结构变量的初始化形式与数组变量的初始化形式相似，都采用了初始化列表的方法，将各个成员的初始化数据用花括号"{}"括在一起，各个数据值之间用逗号"，"分开。例如：

```
struct person person1={"Zhang san",20,'M',175,68.5};
```

结构成员的类型可以为 C 语言所允许的任何类型。对结构中成员的访问，可以通过"."运算符来进行。其使用方法与同类型的普通变量相同，例如：

```
strcpy(personl.name,"Zhang san");
personl.age=20;
personl.sex='M';
personl.height=175;
person1.weight=68.5;
```

如果是通过指向结构变量的指针来访问结构变量的成员，就要使用"–>"运算符来访问，例如：

```
strcpy(person2->name,"Xiao wang");
person2->age=18;
person2->sex='F';
person2->height=165;
person2->weight=60.2;
```

"–>"运算符实际上是"*"与"."这两个运算符合用时的简化形式，即 person2–>age 等价于(*person2).age。

结构变量还可以作为函数参数和函数返回值。在函数的参数传递中，结构变量的传递方式是按值传递的方式，而不是像数组那样按地址传递。并且，结构变量可以整体赋值，如：

```
person1=*person2;
```

3. 共用体类型

在 C 语言中，有时需要用一个变量来存放多种数据类型的信息，然而在任一时刻，只需使用其中的某一个数据。这时就可以用共用体（union）数据类型来实现这种功能。共用体数据类型与结构数据类型具有许多相同的定义语法和引用方法。这两者的区别主要在于共用体类型的变量在任意时刻只有一个变量处于活动状态，所以在为共用体类型的变量分配存储空间时，系统会根据该共用体类型的各个成员中需要最大存储空间的那个成员的存储空间量来为共用体变量分配存储空间。在该共用体变量中，每个成员的存储开始地址都相同。

共用体的定义、使用方法与结构体类似，也同样利用"."运算符来访问共用体变量的成员，例如：

```
union value
{
  int  i;
  char  c;
  float    f;
  double  d;
}value1;
```

共用体变量一次只能存放一个成员的值，也就是说，当程序给其中的一个成员赋值时将会覆盖其他成员的值。

4. 枚举

所谓"枚举"就是将变量的值一一列举出来，变量的取值只限于列举出来的值的范围之内，它也属于构造类型。在实际应用中，有的变量只有几种可能的取值，例如每周 7 天从星期一到星期日等，那么可以定义一个枚举类型的变量来表示星期的概念。

```
enum  weekday{Sunday,Monday,Tuesday,Wednesday,Thursday,Friday, Saturday};
```

它定义了一个枚举类型 weekday，其中包含 Sunday、Monday 等 7 个枚举常量。

1.3.2.3　指针类型

我们知道，在计算机中内存是用来存放要执行的程序与数据的场所，内存的组织结构就像一个巨大的一维数组，从下标 0 开始，依次向上编码。而这种数组中的每个元素占用了 1B 大小的内存空间，这样的存储空间都有一个编号，类似于数组中的下标，我们把这种下标称为内存地址。各种类型的变量都存储在内存中特定的区域内。由于数据类型的不同，不同变量所占用的存储区域的大小也不相同。例如，字符型变量占用了 1B 的存储空间，整型变量根据类型的不同一般占用 2B（int、short）或 4B（long）的存储空间。如果在程序中定义了一个变量，在编译时就会根据其数据类型给这个变量分配相应的内存空间，变量的值就存放在该内存空间中，这样就在变量名与内存地址之间建立了对应关系。对变量的处理实际上就是对该内存中存放的数据的处理。在程序中使用该变量时，系统就根据变量名与地址之间的对应关系，从相应的内存空间中取出数据（变量的值）进行处理。这种称为直接访问方式。

另外，还可以采用间接访问方式，即把变量的存储地址存放在另一个内存空间中。这样就定义了一种特殊的专用于存放内存地址的变量——指针变量。指针变量也存储在内存的特定区域中。在 C 语言中，每一种数据类型都可以派生出相应的指针类型。如果一个指针变量 p 存储了另外一个变量 a 的存储地址，就称该指针变量 p 指向那个变量 a。这样，如果要访问变量 a，就可以通过指针变量 p 先找到 a 的内存地址，再到该内存地址中去找 a 的值。

指针变量定义的一般形式为

数据类型　　　*指针变量名;

在 C 语言中，指针运算符"*"表示"指向"，表示指针变量与它所指向的变量之间的联系。操作符"&"表示"取地址"运算，例如：

```
1    int a,b;
2    int *p;
3    p=&a;
4    a=10;
5    b=*p;
```

其中：语句 2 声明了一个指向整型变量的指针变量。语句 3 通过"取地址"操作和赋值语句使指针变量 p 指向整型变量 a。语句 4 给整型变量 a 赋值为 10。在语句 5 中，*p 表示指针变量 p 所指向的变量，即 a。因此，b=*p 实际上就是 b=a。要注意，在语句 2 和语句 5 中，"*p"具有不同的含义，在语句 2 中，"*p"只是表示 p 是一个指针变量，而语句 5 中，"*"却是一个实现间接访问的运算符，"*p"代表了 p 所指向的变量，其中的存储关系如图 1.4 所示。

在 C 语言中，指针和数组之间具有紧密的联系。由于数组名实际上就是一个指向数组中第一个元素的指针常量，因此，如果把数组的起始地址或者某个数组元素的地址存放在一个指针变量中，那么就可以通过对该指针变量的操作来访问数组元素。

图 1.4　变量与内存地址的关系

在 C 语言中，指针加 1 表示指向相邻的下一个元素，指针减 1 表示指向相邻的上一个元素。但是，由于不同数据类型的数据所占的内存空间的不同，指针移动时实际的位移量也会不同。如 p 指向的是 int 型，那么 p++ 就向后移动了 2B 的位移量。如 p 指向的是 long 型，那么 p++ 就向后移动了 4B 的位移量。

由于数组占据的是一片连续的存储单元，因此，如果知道了某个数组元素的位置，就可以通过算术运算来计算出任何一个数组元素的位置。这时，如果用指针变量建立了与数组元素的联系，那么就可以通过对指针的算术运算来引用数组的元素。在这种情况下，p+1 指向的就是数组中的下一个元素，例如：

```
1    int s[5]={1,2,3,4,5};
2    int *p,a;
3    p=&s[2];
4    *p=-9;
5    p++;
6    a=*p;
```

运行上述程序段时内存中的存储情况，如图 1.5 所示。

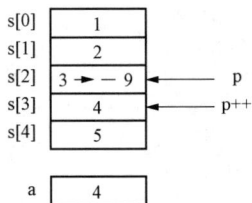

图 1.5　数组和指针的关系

由于数组名是一个指针常量，它的值是不能被改变的，而指针是一个变量，所以可以修改指针的值。这就使得用指针对其他数据进行处理，包括对数组进行处理，处理的能力更强，操作也更灵活。

C 语言中指针的一个重要作用是在函数间传递参数值。由于 C 语言的参数传递采用的是值传递的机制，也就是说，对于一个形参为基本数据类型变量的函数，参数传递时把实参的值复制给形参，这样，函数内对形参的访问和更新都不会影响到实参。使用值传递机制可以很好地隔离错误和隐藏信息。但是，由于函数只能有一个返回值，如果需要由一个函数返回多个运算结果时，值传递机制又限制了不能通过参数来返回运算结果。在这种情况下，就可以把指针作为形参，这样在参数传递时传送的是地址，即把实参的地址传送给形参，那么实参与形参实际上共用了同一个存储单元，如果函数中形参的值改变了，那么实参的值也会跟着改变。这样就可以将函数中的运算结果通过指针传递到函数外，比较灵活。但是，同样也会把函数的错误带出来。

例如：

```
void swap(int *a,int *b)
{   int p;
    p=*a;
    *a=*b;
    *b=p;
}
main()
{ int i=0,j=1;
  swap(&i,&j);
  printf("i=%d,j=%d",i,j);
}
```

运行该程序，内存中存储情况的变化如图 1.6 所示。

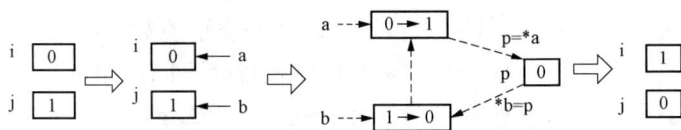

图 1.6   指针作为函数参数时内存中存储情况的变化

除了上述数据类型外，还可以定义新的数据类型来取代已有的数据类型名。定义形式为

typedef 已有数据类型名 新的数据类型名；

例如：

typedef int Status;

本 章 小 结

本章简要地介绍了数据、数据元素、数据对象、数据结构等基本概念。介绍了算法的定义和特性，讨论了算法设计的基本要求和算法分析的基本方法。最后介绍了 C 语言的各种数据类型和本书所用的算法描述工具——类 C 语言。

习 题 1

一、填空题

1．数据逻辑结构包括_____、_____和_____三种类型，树形结构和图结构全称_____。

2．在线性结构中，第一个结点_____前驱结点，其余每个结点有且只有_____个前驱结点；最后一个结点_____后续结点，其余每个结点有且只有_____个后续结点。

3．在树形结构中，树根结点没有_____结点，其余每个结点有且只有_____个前驱结点；

叶子结点没有_____结点，其余每个结点后续结点可以_____。

4．在图结构中，每个结点的前驱结点数和后续结点数可以_____。

5．线性结构中元素之间存在_____关系，树形结构中元素之间存在_____关系，图结构中元素之间存在_____关系。

6．_____是数据的基本单位，_____是数据不可分割的最小单位。

7．算法的 5 个特性是_____、_____、_____、_____和_____。

8．数据结构是一门研究非数值计算的程序设计问题中计算机的_____，以及它们之间的_____和操作等的学科。

二、选择题

1．数据结构通常研究数据的_____及运算。

    A．物理结构和逻辑结构　　　　　　　B．存储和抽象

    C．理想和抽象　　　　　　　　　　　D．理想与逻辑

2．数据结构中，在逻辑上可以把数据结构分成_____。

    A．动态结构和静态结构　　　　　　　B．紧凑结构和非紧凑结构

    C．线性结构和非线性结构　　　　　　D．内部结构和外部结构

3．数据在计算机存储器内表示时，如果元素在存储器中的相对位置能反映数据元素之间的逻辑关系，则称这种存储结构为_____。

    A．存储结构　　　　　　　　　　　　B．逻辑结构

    C．顺序存储结构　　　　　　　　　　D．链式存储结构

4．线性结构是指数据元素之间存在一种_____。

    A．一对多关系　　　　　　　　　　　B．多对多关系

    C．多对一关系　　　　　　　　　　　D．一对一关系

5．在非线性结构中，每个结点_____。

    A．无直接前驱

    B．只有一个直接前驱和个数不受限制的直接后继

    C．只有一个直接前驱和直接后继

    D．可能有个数不受限制的直接前驱和直接后继

6．顺序存储结构中逻辑上相邻元素的物理位置_____相邻，链式存储结构中逻辑上相邻元素的物理位置_____相邻。

    A．一定　　　　　　B．一定不　　　　　　C．不一定

7．下面的内容中，适合用线性数据结构表达的是_____。

    A．家谱　　　　　B．班级成绩单　　　　C．公司组织架构　　　D．同学间的关系

8．算法分析的目的是_____。

    A．找出数据结构的合理性　　　　　　B．研究算法中的输入和输出的关系

    C．分析算法的效率以求改进　　　　　D．分析算法的易懂性和文档性

9．数据结构被形式定义为（K，R），其中 K 是_____的有限集，R 是 K 上的_____有限集。

    A　①算法　　　　②数据元素　　　　③数据操作　　　　④逻辑结构

    B　①操作　　　　②映像　　　　　③存储　　　　　④关系

三、分析题

计算算法的时间复杂度

1.
```
for(i=0;i<m;i++)
    for(j=0; j<n; j++)
        x++;
```

2.
```
i=1;
while(i<=n)
    i=i*3;
```

3.
```
i=0;
 while(i<m)
 {
    x++;i++;
 }
```

4.
```
count=0;
for(i=1;i<100;i++)
 for(j=1; j<n; j++)
 count++;
```

5.
```
int fun(int n)   //n≥0
{
  if(n<=1) return 1;
  return n*fun(n-1);
}
```

第 2 章 线 性 表

💡 **本章学习目标**

（1）掌握线性表的基本概念。

（2）掌握顺序表的各种基本操作。

（3）掌握单链表、双向链表的各种基本操作。

（4）会运用线性表解决实际问题。

线性表是一种最简单、最基本，也是最常用的数据结构。线性表的概念在操作系统和数据库系统中有重要的应用。本章主要讨论线性表的定义及两种存储结构——顺序存储和链式存储，以及线性表涉及的基本操作——插入、删除和查找等。

2.1 线性表的基本概念

2.1.1 线性表的定义

线性表（list）是一种最常见的数据结构。例如，英文字母表（A，B，C，…，Z）就是一个线性表，表中的每一个英文字母是一个数据元素，又如成绩单是一个线性表，表中的每一行是一个数据元素，每一个数据元素又是由姓名、学号、成绩等数据项组成。线性表的特点是，组成它的数据元素之间是一种线性关系，即数据元素一个接在另一个的后面排列，每一个数据元素的前面和后面都至多有一个其他数据元素。

线性表定义如下：

线性表是由数据类型相同的 n（$n \geqslant 0$）个数据元素组成的有限序列，通常记为

$$(a_1, a_2, \cdots, a_{i-1}, a_i, a_{i+1}, \cdots, a_n) \tag{2.1}$$

其中，n 为表长，$n=0$ 时称为空表；下标 i 表示数据元素的位序。通常，用 L 表示一个线性表。

线性表的逻辑结构也就是线性表中数据元素之间的逻辑关系。线性表中相邻元素之间存在着顺序关系。将 a_{i-1} 称为 a_i 的直接前驱，a_{i+1} 称为 a_i 的直接后继。就是说，对于 a_i，当 $i=2$，3，…，n 时，有且仅有一个直接前驱 a_{i-1}；当 $i=1$，2，…，$n-1$ 时，有且仅有一个直接后继 a_{i+1}，而 a_1 是表中第一个元素，它没有前驱，a_n 是最后一个元素，无后继。线性表中所有数据的类型相同，可以是单一的整型、字符型，也可以是结构体类型。例如，一个班的所有学生的成绩构成一个线性表，线性表中的每个数据元素是一个学生的各科成绩。

2.1.2 线性表及其基本操作

线性表有以下几种常见的基本运算，其他更复杂的运算可以由这几种基本运算组合而成。

线性表上的基本运算如下。

（1）初始化线性表 InitList(L)。

初始条件　线性表 L 不存在。

运算结果　构造一个空的线性表。

（2）求线性表的长度 LenList(L)。

初始条件　表 L 存在。

运算结果　返回线性表中所含数据元素的个数。

（3）读取线性表中的第 i 个数据元素 GetfromList(L, i)。

初始条件　表 L 存在。

运算结果　返回线性表 L 中第 i 个元素的值或地址。如果线性表为空，或者 i 超过了线性表的长度，则报错。

（4）按值查找 SearchList(L, x)。

初始条件　线性表 L 存在，x 是给定的一个数据元素。

运算结果　在线性表 L 中查找值为 x 的数据元素。如果结果返回在 L 中首次出现的值为 x 的元素的位序或地址，称为查找成功；否则，在线性表 L 中未找到值为 x 的数据元素，返回一特殊值表示查找失败。

（5）插入操作 InsertList(L, i, x)。

初始条件　线性表 L 存在，i 表示新元素将要插入的位置，插入位置正确（$1 \leqslant i \leqslant n+1$，$n$ 为插入前的表长）。

运算结果　在线性表 L 的第 i 个位置上插入一个值为 x 的新元素，该元素成为新的第 i 个数据元素。原位序为 i，$i+1$，…，n 的数据元素的位序变为 $i+1$，$i+2$，…，$n+1$。如果插入位置 $i=n+1$，则直接在线性表的最后一个数据元素后增加 x，插入后，表长=原表长+1。

（6）删除操作：DeleteList(L, i)。

初始条件　线性表 L 存在，i 表示需要删除的数据元素的位序。

运算结果　如果 L 为空表或位序 i 大于线性表长度，则报错。在线性表 L 中删除位序为 i 的数据元素，删除后使位序为 $i+1$，$i+2$，…，n 的元素变成位序为 i，$i+1$，…，$n-1$，新表长=原表长-1。

2.2　线性表的顺序存储结构及其运算

2.2.1　顺序表

线性表的顺序存储结构是指用一组地址连续（存储空间紧邻）的存储单元依次存储线性表的数据元素，用这种存储形式存储的线性表称为顺序表。因此，顺序表的逻辑顺序与物理顺序是一致的，线性表中各个数据元素之间的逻辑关系可以由它们的存储空间的顺序知道。如图 2.1 所示，连续的方格表示紧邻的存储空间。由于线性表的各个数据元素的类型相同，所以线性表便于顺序存储。当线性表采用顺序存储时，根据线性表第一个数据元素的地址可以计算出其他数据元素的地址。

假设每个数据元素占据的存储块包括 c 个存储地址，则第一个存储地址通常称为该数据元素的地址。a_i 的地址用 $\text{Loc}(a_i)$ 表示，则第 $i+1$ 个数据元素的地址为

$$\text{Loc}(a_{i+1})=\text{Loc}(a_i)+c \quad 1 \leqslant i \leqslant n \tag{2.2}$$

数据元素 a_1 的地址通常称为线性表的基地址。很显然，根据式（2.2）有

$$\text{Loc}(a_i)=\text{Loc}(a_1)+(i-1)c \tag{2.3}$$

可见，在已知顺序表基地址和每个数据元素所占存储块的大小的情况下，可以根据数据元素的位序确定该数据元素的存储位置，进而进行读取，这种性质称为随机存取。

在程序设计语言中，一维数组在内存中占用的存储空间就是一组连续的存储区域，因此顺序表可以用一维数组表示。但由于线性表有插入、删除等运算，其长度是可变的，所以一维数组的长度需要定义得足够大。例如用 elem［MAXSIZE］来表示，其中 MAXSIZE 是一个根据实际问题定义的足够大的整数。线性表中的数据从 elem［0］开始依次顺序存放。此外，当前线性表中的实际元素个数可能达不到 MAXSIZE 那么多个，因此需要用一个变量 length 记录当前线性表中最后一个元素在数组中的位置，表空时 length=0。在 C 语言中，可用下述类型定义来描述顺序表。

```
#define MAXSIZE 100
typedef  struct
    {   DataType elem[MAXSIZE];   /*存放顺序表的容量*/
        int length;               /*顺序表的实际长度*/
    } Sqlist;
```

线性表的顺序存储示意如图 2.1 所示，表长为 length。

由于线性表所需最大存储空间不容易确定，通常可以使用动态分配的一维数组来存储线性表。因此，通常也可以定义如下结构来描述顺序表。

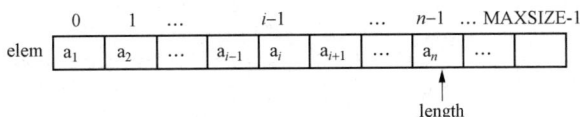

图 2.1   线性表的顺序存储示意图

```
typedef  struct
{
  DataType *elem;      /*线性表的基地址*/
  int length;          /*线性表当前的长度*/
  int listsize;        /*线性表当前分配的存储容量*/
}SeqList;
```

2.2.2 顺序表基本运算的实现

1. 初始化

顺序表的初始化，即构造一个空表，用 LIST_INIT_SIZE 表示最初分配给线性表的顺序存储空间。算法如下。

【算法 2.1】

```
Status InitSeqList(SeqList *L)
 { /* 操作结果:构造一个空的顺序线性表*/
  L->elem=(DataType*)malloc(LIST_INIT_SIZE*sizeof(DataType));
  if (!L->elem)
    exit(OVERFLOW);         /*存储分配失败*/
  L->length=0;              /*空表长度为 0*/
  L->listsize=LIST_INIT_SIZE; /*初始存储容量*/
  return OK;
 }
```

2. 插入运算

线性表的插入是指在表的序号为 i 的元素前面插入一个值为 e 的新元素，成为新的第 i

个元素，原来的第 i 个元素成为第 $i+1$ 个元素，插入后使原表长为 n 的表

$$(a_1, a_2, \cdots a_{i-1}, a_i, a_{i+1}, \cdots, a_n)$$

成为表长为 $n+1$ 的表

$$(a_1, a_2, \cdots a_{i-1}, e, a_i, a_{i+1}, \cdots, a_n)$$

其中，i 的合法取值范围 $1 \leqslant i \leqslant n+1$。算法如下。

【算法 2.2】

```
Status InsertSeqList(SeqList *L,int i,DataType e)
{ /* 初始条件:顺序线性表 L 已存在,1≤i≤ListLength(L)+1*/
  /* 操作结果:在 L 中第 i 个位置之前插入新的数据元素 e,L 的长度加 1*/
  DataType *q,*p;
  if(i<1||i>L->length+1)                    /* i 值不合法*/
    return ERROR;
  else
    if(L->length>=L->listsize)              /*当前存储空间已满,增加分配*/
      { printf("顺序表已满");return ERROR;}
    else
    {q=L->elem+i;                           /* q 为插入位置*/
     for(p=L->elem+L->length;p>=q;--p)      /* 插入位置及之后的元素右移*/
       *(p+1)=*p;
     *q=e;                                  /*插入 e*/
     ++L->length;                           /*表长增 1*/
     return OK;}
}
```

顺序表插入算法的时间复杂度分析如下。

顺序表上的插入运算，时间主要消耗在数据的移动上。在第 i 个位置上插入 e，从 a_i 到 a_n 都要向下移动一个位置，共需要移动 $n-i+1$ 个元素，而 i 的取值范围为 $1 \leqslant i \leqslant n+1$，即有 $n+1$ 个位置可以插入。假设在第 i 个位置上插入的概率为 P_i，则平均移动数据元素的次数为

$$E_{\mathrm{in}} = \sum_{i=1}^{n+1} P_i(n-i+1)$$

设 $P_i = 1/(n+1)$，即为等概率情况，则有

$$E_{\mathrm{in}} = \sum_{i=1}^{n+1} P_i(n-i+1) = \frac{1}{n+1}\sum_{i=1}^{n+1}(n-i+1) = \frac{n}{2}$$

这说明在平均条件下，在顺序表上进行插入操作需要移动表中一半的数据元素。所以，时间复杂度为 $O(n)$。

3. 删除运算

线性表的删除运算是指将表中第 i 个元素从线性表中去掉，删除后使原表长为 n 的线性表

$$(a_1, a_2, \cdots, a_{i-1}, a_i, a_{i+1}, \cdots, a_n)$$

成为表长为 $n-1$ 的线性表

$$(a_1, a_2, \cdots a_{i-1}, a_{i+1}, \cdots, a_n)$$

其中，i 的取值范围 $1 \leqslant i \leqslant n$。算法如下。

【算法 2.3】

```
int  DeleteSeqList(SeqList *L,int i)
```

```
{ /* 初始条件:顺序线性表 L 已存在,1≤i≤ListLength(L)*/
   int j;
   if(i<1||i>L->length)              /* i 值不合法*/
     { printf("不存在第 i 个元素!\n");
       return 0;
     }
   else
    {
      for(j=i;j<L->length;j++)
         L->elem[j]=L->elem[j+1]; /* 向上顺序移动元素*/
      L->length--;                 /* 表长减 1*/
      return 1;
     }
}
```

顺序表删除算法的时间复杂度分析如下。

与插入运算相同，其时间主要消耗在移动表中元素上，删除第 i 个元素时，其后面的元素 $a_{i+1}\sim a_n$ 都要向上移动一个位置，共移动了 $n-i$ 个元素，所以平均移动数据元素的次数为

$$E_{de} = \sum_{i=1}^{n} P_i(n-i)$$

在等概率情况下，$P_i=1/n$，则有

$$E_{de} = \sum_{i=1}^{n} P_i(n-i) = \frac{1}{n}\sum_{i=1}^{n}(n-i) = \frac{n-1}{2}$$

这说明在平均情况下，顺序表上进行删除运算时大约需要移动表中一半的元素，显然该算法的时间复杂度为 $O(n)$。

4. 按值查找

线性表中的按值查找是指在线性表中查找与给定值 x 相等的数据元素。在顺序表中完成该运算的最简单的方法是，从第一个元素 a_1 起依次与 x 比较，直到找到一个与 x 相等的数据元素，则返回它在顺序表中的位序，或者查遍整个表都没有找到与 x 相等的元素，返回 -1。

算法如下。

【算法 2.4】

```
Status SearchSeqList(SeqList *L, DataType x)
{
   int j=1;
   while(j<=L->length&&L->elem[j]!=x)
      j++;
   if(j>L->length)
      return(-1);
   else
      return j;     /*返回 x 所在位置的位序*/
}
```

上面算法的主要运算是比较。显然比较的次数与 x 在表中的位置有关，也与表长有关。

当 $a_1=x$ 时，比较一次成功；当 $a_n=x$ 时比较 n 次成功。因此，平均比较次数为$(n+1)/2$，时间复杂度为 $O(n)$。

2.3　线性表的链式存储结构及其运算

线性表的顺序存储结构的特点是借助于元素物理位置上的邻接关系来表示元素间的逻辑关系，因此可以随机地存取表中任何一个元素，但它的缺点也很明显，如元素的插入、删除需要移动大量的数据元素，操作效率低，而且由于顺序表要求连续的存储空间，存储空间必须预先分配，表的最大长度很难确定。最大长度估计过小会出现表满溢出，估计过大又会造成存储空间的浪费。

本节将介绍线性表的另一种存储方法，称为链式存储结构。链式存储结构的特点是通过指针反映元素之间的关系，不要求逻辑上相邻的元素在物理位置上也相邻，所以该方法可以克服顺序表的上述缺点，但随之而来的却是随机存取性能的消失。通常把链式存储的线性表简称为链表。单链表、循环链表和双向链表都是线性表的链式存储结构。

2.3.1　单链表存储结构

链表是用一组任意的存储单元来依次存储线性表中的各个数据元素，这些存储单元可以是连续的，也可以是不连续的。为了正确反映数据元素之间的逻辑关系，可以用指向直接后继的指针来表示。用链式存储结构表示线性表的一个元素时至少要有两部分信息：一是这个数据元素的值；二是这个数据元素的直接后继的存储地址。这两部分信息一起组成了链表的一个结点。链表中结点的结构如下：

data	next

其中，data 域是数据域，用来存放数据元素的值；next 域称指针域（又称链域），用来存放该数据元素的直接后继结点的地址。链表正是通过每个结点的指针域将线性表的 n 个结点按其逻辑次序链接成为一个整体。由于这种链表的每个结点只有一个指针域，故称这种链表为单链表。

由于我们只注重链表中结点的逻辑顺序，并不关心每个结点的实际存储位置，通常用箭头表示链域中的指针，于是单链表就可以直观地画成用箭头链接起来的结点序列，如图 2.2 所示。由图 2.2 可见，单链表中每个结点的存储地址存放在其直接前驱的指针域中，因此访问单链表的每一个结点必须从表头指针开始进行，这表明单链表在逻辑上依然是顺序结构的。

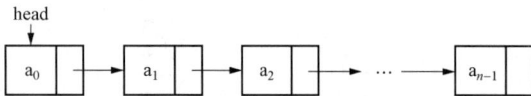

图 2.2　一般单链表示意图

用 C 语言描述单链表的结点结构如下。

```
typedef struct node
{ /*单链表结点结构*/
  DataType data ;/* DataType 可以是任何相应的数据类型如 int,char 等*/
  struct node *next;
}LinkList;
```

指针变量和结点变量是两个容易混淆而又必须清楚的概念。定义指针变量后，要使它有

确定的指向，必须给它赋值或者使用标准函数调用来完成，如

$$p=(LinkList\ *)malloc(sizeof(LinkList))$$

函数 malloc 分配一个类型为 LinkList 的结点空间，并将起始地址放入 p 中。这就是说指针变量所指向的结点变量的存储空间只是在程序的执行过程中，当需要时才产生，故称动态变量。一旦所指向的结点变量不再需要，又可通过标准函数 free(p) 释放 p 所指向的结点变量占用的空间。结点变量的访问是通过指向它的指针 p 来实现的，即用*p 作为该结点变量的名字来访问。在 C 语言中，对指针所指向结点的成员进行访问时，通常用运算符 "–>" 来表示。例如：取上面结构中的两个分量，可以写成(*p).data 和(*p).next，也可以写成 p–>data 和 p–>next。它们之间的关系如图 2.3 所示。

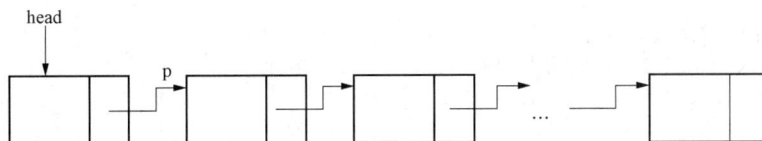

图 2.3　指针变量与结点变量

在单链表上实现线性表的基本运算方法如下。

1．建立单链表

假设线性表中结点的数据类型为整型，有效值域为非负整数，那么可以依次输入这些整数，并以 0 作为输入结束标志符，动态地建立单链表。建表的方法通常有两种：一种是前插入法，也就是每输入一个不为零整数就建立结点，把结点插入到当前链表的表头之前；另外一种是尾插入法，它是把新生成的结点插入到当前链表的表尾结点之后。这两种方法的区别是生成链表的结点的次序和输入的顺序不一样。

为了使链表上的操作实现起来简单、清晰，通常在链表的第一个结点之前增设一个类型相同的附加结点，称为头结点，如图 2.4 所示。在单链表中引入头结点通常有两个好处：①线性表中的第一个元素结点的地址存放在头结点的指针域中，这样对第一个元素结点的处理与其他结点处理一致，无需特殊处理，简化了算法；②无论链表是否为空，头指针总指向头结点，除初始化外，任何操作都不会改变头指针，给算法的处理带来方便。

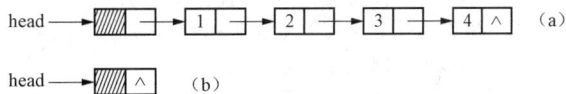

图 2.4　带头结点的单链表
（a）非空链表；（b）空链表

（1）前插入法建表。

【算法 2.5】

```
LinkList *AddHead1()
{ /*用头插法建立带头结点的单链表*/
  int x;
  LinkList *head,*p;
  head=(LinkList*)malloc(sizeof(LinkList));
  head->next=NULL;        /*初始化一个空链表,L 为头指针*/
  scanf("%d",&);          /*x 是和链表结点的数据域值具有相同类型的变量*/
```

```
    while(x!=flag)              /*flag 为结束输入的标志*/
{   p=(LinkList *(malloc(sizeof(LinkList));    /*生成新的结点*/
    p->data=x;              /*输入元素值*/
    p->next= head ->next; head ->next=p;        /*插入到表头*/
    scanf("%d",&x);     /*读入下一个元素的值*/
    }
return head;
    }
```

这里只考虑带头结点的情况即可，如果不带头结点，应该怎样做，请读者思考。

（2）尾插入法建表。带头结点的尾插入算法的执行过程如图 2.5 所示，其算法如下。

【算法 2.6】

```
LinkList  *AddHead( )
{/*尾插入法建立一个带头结点的单链表,返回表头指针*/
    LinkList *head->next=NULL,*q=head,*p;
    int x;
    scanf("%d",&x);
    while(x!=flag)
      {p=(LinkList *)malloc(sizeof(LinkList));
       p->data=x;
       if(head->next==NULL) head->next=p;  /*第一个结点的处理*/
       else q->next=p;                     /*其他结点的处理*/
       q=p;                                /*q 指向新的尾结点*/
       scanf("%d",&x);
       }
 if(q!=NULL) q->next=NULL;                 /*对于非空表,最后结点的指针域放空指针*/
 return head;
}
```

2. 初始化单链表

【算法 2.7】

```
void InitList(LinkList  *head)
{/*初始化带头结点的链表头指针*/
    head=(LinkList*)malloc(sizeof(LinkList));
    head->next=NULL;
 }
```

3. 单链表中插入元素

图 2.6 描述的是最基础的后插入操作，该操作要求提供单链表 PL 插入点之前的结点指针 ptr，ptr 可以是头指针或链表中的任意一个数据结点指针。

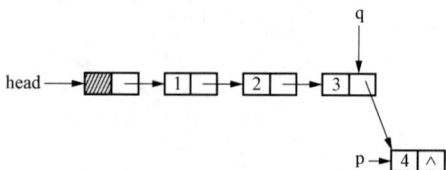

图 2.5 尾插入法建立单链表的插入过程   图 2.6 单链表在结点 ptr 后插入结点操作示意图

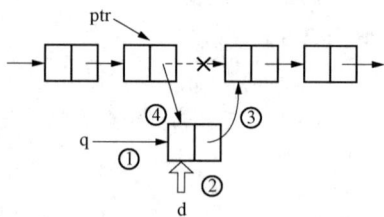

已知 ptr 指向单链表中某结点，在 ptr 所指结点的后面插入一个值为 d 的新结点的操作可以分解为四步：

（1）q=(LinkList *)malloc(sizeof (LinkList)); /*申请一个新结点,用 q 保存结点的地址*/
（2）q->data=d;　　　　　　 /*把值 d 写入 q 所指的结点的数据域*/
（3）q->next=ptr->next; /*令 q->next 指向 ptr 所指结点的下一个结点(或 NULL)*/
（4）ptr->next=q;　　　　 /*令 ptr->next 指向 q 所指结点*/

该操作的时间复杂度为 $O(1)$。

4. 单链表中删除元素

与单链表中插入结点操作类似，在单链表中删除结点实质上也只能进行后删除操作。

如果已知 ptr 指向单链表中某结点，删除 ptr 所指结点的下一个结点（设结点存在）的操作（见图 2.7）可以分解为三步：

（1）q=ptr->next;　　　　　　　　 /*让 q 指向 ptr 所指结点的下一个结点*/
（2）ptr->next=q->next;　　　　 /*令 ptr->next 指向 q 所指结点的下一个结点(或 NULL)*/
（3）free(q);　　　　　　　　　　 /*释放 q 所指结点*/

该操作的时间复杂度为 $O(1)$。

5. 单链表按序号查找

单链表是一种顺序存取结构，如果要访问表中第 i 个结点必须从头结点出发开始搜索，直到第 i 个结点为止。这种存取方式称为顺序存取。

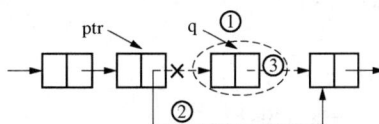

图 2.7　线性单链表在结点 ptr 后删除结点操作示意图

设单链表的长度为 n，从头结点开始，头结点上指向的结点看成第 0 个结点，其他结点编号依次顺序编号。从头结点开始顺着链搜索，用指针 p 指向当前扫描到的结点，用 j 作计数器。p 的初值指向头结点，j 的初值为 0，当 p 扫描下一个结点时，计数器 j 相应地加 1。当 $j==i$ 时，p 所指的结点就是要找的第 i 个结点。算法如下。

【算法 2.8】

```
LinkList *GetNode(LinkList *head,int i)
{/*在带头结点的单链表中查找第 i 个结点,找到返回该结点指针,否则返回 NULL*/
    LinkList *p=head;
    int j=0;
    while(p->next&&j<i)
     {
        j++;
        p=p->next;          /*p 右移一个结点*/
     }
    if(j==i)  return p;
    else  return  NULL;
    }
```

6. 单链表按值查找

按值查找是在带头结点的查找单链表中查找第一个和给定值 x 相等的结点，若查到则返回指向该结点的指针，否则返回 NULL。查找过程从头结点开始，依次将每个结点的值与 x

做比较，直到查找成功或到达表尾为止。算法如下。

【算法 2.9】

```
LinkList *LocateNode(LinkList *head,int x)
{/*在带头结点的单链表中查找值为 x 的结点,找到返回结点指针,否则返回 NULL*/
    LinkList *p=head->next;
    while(p&&p->data!=x)  p=p->next;
    return p;
}
```

7. 求单链表长度

要获得单链表的表长就需要依次访问链表中的每个结点，每访问一个结点，表长变量 len 自动加 1，直到访问完所有结点，操作的算法可以描述如下：

【算法 2.10】

```
int ListLen(LinkList *head)
{/*在带头结点的单链表求表的长度*/
    int len=0;
    LinkList *p=head ;
    while(p->next!=NULL)
    {
        len++;
        p=p->next;
    }
    return len;
}
```

这样操作的算法时间复杂度为 O(n)。

2.3.2　循环单链表存储结构

单链表尾部结点的指针域是 NULL，如果将链表的头指针放置在尾部结点的指针域，则使得链表首尾相连［见图 2.8（a）］，这种链表称为循环单链表（circular singly linked list），如果将链表头指针放在头结点的指针域就构成空的循环单链表［见图 2.8（b）］。

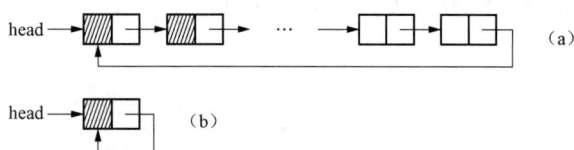

图 2.8　循环单链表结构示意图
（a）非空循环单链表；（b）空循环单链表

在单链表中，从任意一个结点出发只能访问该结点之后的每个结点，而在循环单链表中，从任意一个结点出发可以访问链表中的任意结点，理论上说，循环单链表可以用链表中的任意一个结点的指针来标识。对于某些特定的操作，利用循环单链表实现比用单链表实现的效率高。

例如，完成链表 pL 连接到 L 所指链表上的操作。如用单链表来实现，需要利用循环找到 pL 所指链表的尾结点，然后修改其尾结点的 next 域值为 head->next，再释放 head，故其时间复杂度为 O(pL->len)，而如果用以尾指针标识的循环单链表来实现［见图 2.9（a）］，则时间复杂度为 O(1)，实现步骤［见图 2.9（b）］如下：

（1）p=L->next;　　　　　　　　　　/*保存 L 的头结点指针*/

（2）L->next=pL->next->next;　　　　/*头尾连接*/

（3）free(pL->next);　　　　　　　　/*释放 pL 所指链表的头结点*/

（4）pL->next=p;　　　　　　　　　　/*重新构成循环单链表*/

循环单链表存储结构类型定义与单链表相同，其基本操作的实现与单链表差别也不大，主要是在判定链表结束时的条件不是判断 p 是否为空，而是判断 p 是否为头指针。

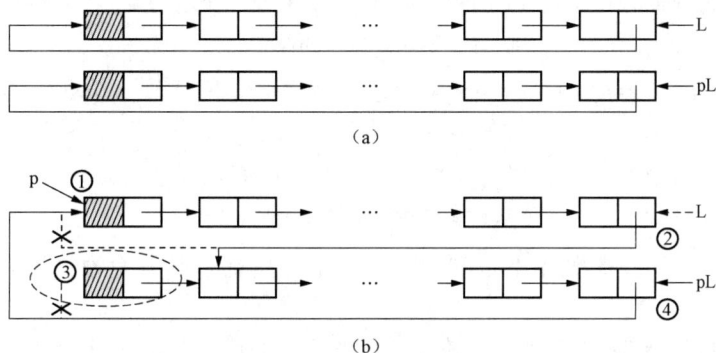

图 2.9　两个用尾指针指示的循环单链表的合并操作示意图

（a）两个用尾指针指示的循环单链表；（b）两个循环单链表的合并步骤

2.3.3　双向链表存储结构

2.3.3.1　双向链表

在单链表中若已知某结点的指针 ptr，找 ptr 的后继结点很容易，其算法时间复杂度是 $O(1)$，但要找其前驱结点则比较困难，其算法时间复杂度是 $O(n)$，这种情形在循环单链表中也并未有丝毫改善。如果希望找前驱结点的时间复杂度也是 $O(1)$，一种解决方法是为链表中的每个结点增加一个指向前驱的指针域，这种每个结点中都包含有双向指针的链表 [见图 2.10（a）] 称为双向链表（doubly linked list），图 2.10（b）表示的是空双向链表。

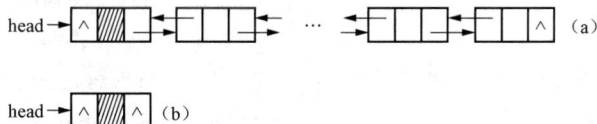

图 2.10　双向链表结构示意图

（a）非空双向链表；（b）空双向链表

双向链表存储结构用 C 语言数据类型描述如下：

```
typedef struct node
{
   ListDT data;
   struct node *prior,*next;
}DNode,*DLink;
```

2.3.3.2　线性表基本运算在双向链表上的实现

在双向链表中，求已知结点 ptr 的前驱与后继结点操作的时间复杂度都是 $O(1)$，其中 ptr 的前驱结点是 ptr->prior，ptr 的后继结点是 ptr->next。而且，对于插入结点或删除结点操作也不再有"实质只能在某结点后插入或删除"的限制了。

1. 双向链表的插入元素操作

对双向链表而言，既可以在某结点之后插入新结点，也可以在某结点之前插入新结点。

已知 ptr 指向双向链表中某结点，在 ptr 所指结点的后面插入一个值为 d 的新结点的操作（见图 2.11）可以分解为六步：

（1）q=(DNode*)malloc(sizeof(DNode));　 /*申请一个新结点,用 q 保存结点的地址*/

（2）q->data=d;　　　　　　/*把值 d 写入 q 所指的结点的数据域*/

（3）q->next=ptr->next; /*令 q->next 指向 ptr 所指结点的后继结点(或 NULL)*/

（4）if(ptr->next)ptr->next->prior=q; /*令 ptr 后继结点(如果不空)的 prior 指向 q*/

（5）q->prior=ptr;　　　　/*令 q->prior 指向 ptr 所指结点*/

（6）ptr->next=q;　　　　　/*令 ptr->next 指向 q 所指结点*/

其中（3）～（6）步的顺序不是唯一的，只是要注意不要中途丢失 ptr 所指结点的后继结点。

已知 ptr 指向双向链表中某结点，在 ptr 所指结点的前面插入一个值为 d 的新结点的操作（见图 2.12）也可以分解为六步：

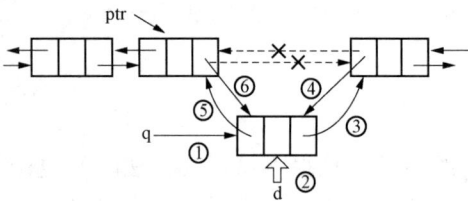

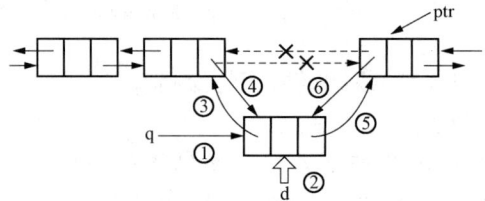

图 2.11　双向链表中在结点 ptr 后插入结点操作示意图　　图 2.12　双向链表在结点 ptr 前插入操作示意图

（1）q=(DNode*)malloc(sizeof(DNode));　　　/*申请一个新结点,用 q 保存结点的地址*/

（2）q->data=d;　　　　　　　　　　　　　　/*把值 d 写入 q 所指结点的数据域*/

（3）q->prior=ptr->prior;　　　　　　　　/*令 q->prior 指向 ptr 所指结点的前导结点*/

（4）ptr->prior->next=q;　　　　　　　　　/*令 ptr 所指结点的前导结点的 next 指向 q*/

（5）q->next=ptr;　　　　　　　　　　　　/*令 q->next 指向 ptr 所指结点*/

（6）ptr->prior=q;　　　　　　　　　　　　/*令 ptr->prior 指向 q 所指结点*/

其中（3）～（6）步的顺序同样不是唯一的，也要注意不要中途丢失 ptr 所指结点的前驱结点。

2. 双向链表的删除元素操作

与插入元素的操作类似，对双向链表而言，既可以删除某结点之后的结点，也可以删除某结点之前的结点。

已知 ptr 指向双向链表中某结点，删除 ptr 所指结点后面的结点（设结点存在）的操作（见图 2.13）可以分解为四步：

（1）q=ptr->next;　　　　　　　　　　/*让 q 指向 ptr 所指结点的后继结点*/

（2）ptr->next=q->next;　　　　　　　/*令 ptr->next 指向 q 所指结点的后继结点(或 NULL)*/

（3）if(q->next)q->next->prior=ptr;/*把q->next所指结点(若不空)的prior指向ptr*/

（4）free(q);　　　　　　　　　　　　/*释放 q 所指结点*/

其中（2）、（3）两步操作的顺序可以颠倒。

删除 ptr 所指结点之前的结点的操作也是类似的四步，这里就不再赘述了。

2.3.3.3　循环双向链表

双向链表也可以构成循环链表的形式［见图 2.14（a）］，把头结点当作尾结点的后继结点，把尾结点当作头结点的前驱结点，通常把这样的双向链表称为循环双向链表（circular doubly linked list）。图 2.14（b）表示的是空的循环双向链表，其头结点的前驱指针和后继指针都是头结点本身。

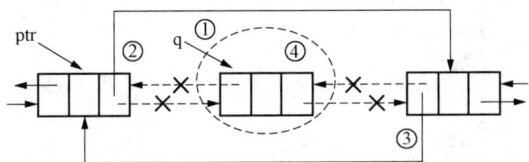

图 2.13　双向链表中删除 ptr 之后
结点的操作示意图

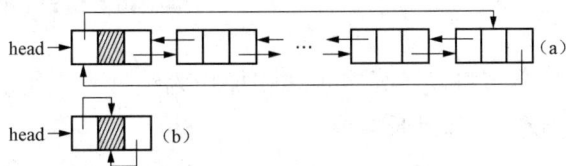

图 2.14　循环双向链表结构示意图
（a）非空循环双向链表；（b）空循环双向链表

循环双向链表兼具循环单链表和双向链表的优点。在循环双向链表中的 ptr 所指结点之后插入新结点时无需判断原先链表中的 ptr–>next 是否为空，因为 ptr–>next 至少也是头结点的指针，同理，在循环双向链表中删除 ptr 所指结点之后的结点 q 时也无需判断 q–>next 是否为空（q 指向 ptr 的后继结点，q 不能是头结点）。

2.4　顺序表和链表的比较

在运用线性表解决实际问题时，要充分考虑实际需求，反复权衡利弊，选择最合适的存储结构。

总体上看，顺序表主要具有以下优点：

（1）顺序表可以按序号随机访问表中元素。

（2）顺序表使用的方法比较简单，容易编程。

（3）无需为表示表中元素之间的逻辑关系而增加额外的指针域空间。

但顺序表也有两个缺点：

（1）在顺序表中做插入或删除元素的操作时，可能会发生大量的数据移动，设表长为 n，插入元素操作平均要移动 $n/2$ 个元素、删除元素操作平均要移动 $(n–1)/2$ 个元素，当 n 较大时，这两个操作的效率非常低。

（2）需要预先分配足够大的存储空间，其存储空间长度通常要被预设为线性表使用过程中表长的最大值。

链表的优缺点恰好与顺序表相反，其主要优点：

（1）在链表中做插入或删除结点的操作（对于结点中只有后继指针的链表是指"后插入或删除"）时，不会发生数据移动，操作效率比较高。

（2）链表的存储空间占用量是动态的，无需事先分配备用空间。

其主要缺点：

（1）链表不具备随机访问表中元素的特性。

（2）链表的操作要频繁使用指针，编程难度较大。

（3）链表需要为表示表中元素之间的逻辑关系而增加额外的指针域空间。

另外，不同样式的链表各有特点，循环单链表在单链表的基础上增加了从链表中一个结点出发可以访问其他任意结点的能力、循环双向链表则在单链表的基础上简化了访问前驱结点的操作等。

2.5　线性表的应用

本节将以一元多项式相加作为线性表应用的一个例子进行讲解。数学上，一元多项式 $P_n(x)$ 可按升幂写成

$$P_n(x)=P_0+P_1x+P_2x^2+\cdots+P_nx^n$$

它由 $n+1$ 个系数唯一确定。因此，它可以用一个线性表 P 表示

$$P=(P_0,\ P_1,\ P_2,\ \cdots,\ P_n)$$

每一项的指数 i 隐含在其系数 P_i 的序号里。

一般情况下，多项式的次数很高且变化很大，例如：多项式

$$A(x)=1+2x^{100}+3x^{1000}+4x^{10000}$$

如果用上述方法表示则线性表有 10001 个元素，但是只有四个非零元素，浪费了大量的存储空间。在这种情况下，可用系数和指数的组合表示多项式的一个项，则多项式 $A(x)$ 可表示成如下线性表的形式。

$$A=((1，0)，(2，100)，(3，1000)，(4，10000))$$

至于线性表的存储结构是顺序存储结构还是链接存储结构，要视其做何种运算以及是否有利于这种运算的实现而定。如只对多项式求值，由于不会改变多项式的系数和指数，用顺序表即可；如需对多项式作求和运算，则插入、删除操作不可避免，而且线性表的长度变化比较大，故宜用链表结构。

多项式 $A(x)$ 用带头结点的单链表表示，如图 2.15 所示。

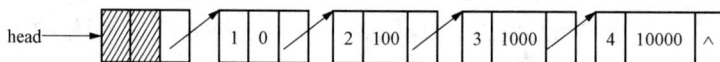

图 2.15　多项式的单链表表示

多项式的链式存储结构描述如下。

```
typedef struct pnode
{/*多项式结点结构*/
  float coef;      /*表示多项式的系数*/
  int exp;         /*表示多项式的指数*/
  stuct pnode *next;
}Poly;
```

　　对两个多项式 A 和 B 相加，按照多项式相加的原则，可以这样实现多项式加法运算：设指针 p 和 q 分别指向多项式 A 和多项式 B 中当前进行比较的某个结点，比较两个结点中的 exp 指数域，有下列三种情况：①p->exp<q->exp，*p 应为多项式的一项；②p->exp==q->exp，则将两个结点中的系数相加，若相加为零，则释放指针 p 和 q 所指结点，否则修改*p 结点的 coef 系数域，并释放指针 q 所指结点；③p->exp>q->exp，*q 应为多项式的一项，把*q 插入到*p 之前。

　　操作过程如图 2.16 所示。

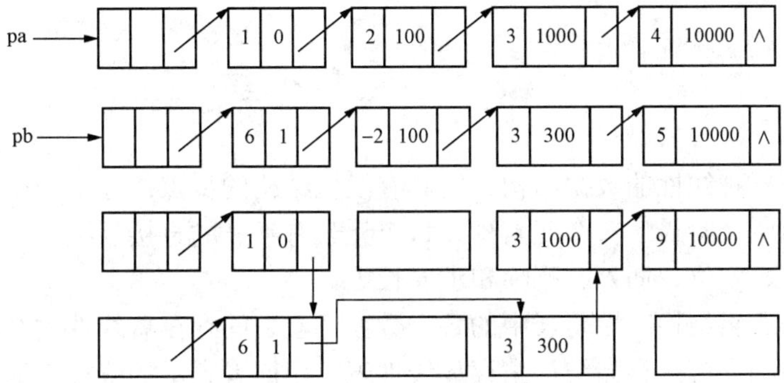

图 2.16　多项式相加

其算法如下。

```
Poly PolyAdd(Poly *pa,Poly *pb)
{/*求两多项式之和，多项式用带头结点的单链表表示,pa,pb 为头指针*/
    Poly *p,*q,*r,*s;
    int x;
    p=pa->next;
    r=pa;                           /*r 为 p 的前驱指针*/
    q=pb->next;  free(pb);
    while(p!=NULL&&q!=NULL)
        if(p->exp<q->exp)
            {/*指针顺链向后移动*/
             r=p;p=p->next;
             }
        else if(p->exp==q->exp)
            {
            x=p->coef+q->coef;
            if(x==0)
              {r->next=p->next;
              free(p);              /*释放 P 所指结点*/
              }
            else{
               p->coef=x;  r=p;
               }
            p=r->next;
            s=q->next;              /*s 为辅助指针,指向 q 的后继结点*/
            free(q);               /*释放 q 所指结点*/
```

```
            q=s;
        }
    else{                    /*q 所指结点插入到 r,p 所指结点之间*/
        s=q->next;r->next=q;
        q->next=p;
        r=q;  q=s;
        }
    if(q!=NULL)  r->next=q;   /*将 pb 表的剩余结点插入到 pa 表尾*/
    return(pa);              /*返回新多项式表头指针,与 pa 一致*/
}
```

本 章 小 结

　　线性表是一种线性的数据结构，它具有线性结构的特点：除第一个元素外，每个元素有唯一的直接前驱；除最后一个元素外，每个元素有唯一的直接后继。对线性表的操作通常有线性表初始化、定位、插入、删除和求表长等。

　　线性表的逻辑结构特性是表中的各个数据元素之间存在着线性关系，在计算机中通常采用顺序存储结构和链式存储结构来存放线性表。用前者表示的线性表简称为顺序表，用后者表示的线性表简称为链表。顺序表中元素的物理顺序与逻辑顺序一致，其存储空间要求连续。链表是用一组任意的存储单元来依次存储线性表中的各个数据元素，这些存储单元可以是连续的，也可以是不连续的，数据元素之间的逻辑关系用指向直接后继的指针来表示。针对这两类存储结构，分别给出了它们的描述方法及各种基本操作的实现。

习 题 2

一、名词解释

1．线性表

2．顺序表

3．单链表

4．循环单链表

5．循环双向链表

二、选择题

1．_____是顺序存储结构的优点。

A．存储密度大   B．删除操作方便

C．插入操作方便   D．不存在存储空间不足的问题

2．不带头结点的单链表 head 为空的判定条件是_____；带头结点的单链表为空的判定条件是_____；带头结点的循环单链表为空的判定条件是_____。

A．`head==NULL`   B．`head->next==NULL`

C．`head->next==head`   D．`head->next->next==NULL`

3．将长度为 n 的单链表接在长度为 m 的单链表后面，其算法的时间复杂度为_____。

A．$O(1)$ B．$O(m)$ C．$O(n)$ D．$O(m+n)$

4. 一个顺序表的第一个元素的存储地址是 100，每个元素的长度为 5，则第 7 个元素的地址是_____。

A. 130   B. 125   C. 120   D. 135

5. 非空的循环单链表 head 的尾结点（由 p 所指向）满足_____。

A. `p->next==NULL`   B. `p==NULL`

C. `p->next==head`   D. `p==head`

6. 设线性链表中结点的结构为（data，next），已知指针 q 所指结点是指针结点 p 的直接前驱，若在 q 与 p 之间插入结点 s，则应执行_____操作。

A. `s->next=p->next;p >next=s;`   B. `s->next=p;q->next=s;`

C. `p->next=s->next;s >next=p;`   D. `p->next=s;s->next=q;`

7. 设线性链表中结点的结构为（data，next），已知指针 p 所指结点不是尾结点，若在 p 之后插入结点 s，则应执行_____操作。

A. `s->next=p;p->next=s;`   B. `s->next=p->next;p->next=s;`

C. `s->next=p->next;p=s;`   D. `p->next=s;s->next=p;`

8. 设线性链表中结点的结构为（data，next），若想删除结点 p 的直接后继，则应执行_____操作。

A. `p->next=p->next->next;`   B. `p=p->next; p->next=p->next->next;`

C. `p->next=p->next;`   D. `p=p->next->next;`

9. 假设双链表结点的类型如下：

```
Typedf struct  linknode
   {
       Int  data;                 /*数据域*/
       Struct  linknode *llink;   /*llink 是指向前驱结点的指针域*/
       Struct  linknode *rlink;   /*rlink 是指向后续结点的指针域*/
   } bnode
```

下面给出的算法段是要把一个 q 所指新结点作为非空双向链表中的 p 所指结点的前驱结点插入到该双链表中，能正确完成要求的算法段是_____。

A.
```
q->rlink=p;
q->llink=p->llink;
p->llink=q;
p->llink->rlink=q;
```

B.
```
p->llink=q;
q->rlink=p;
p->llink->rlink=q;
q->llink=p->llink;
```

C.
```
q->llink=p->llink;
q->rlink=p;
p->llink->rlink=q;
p->llink=q;
```

D. 以上都不对

10. 与单链表相比，双向链表的优点是_____。

A. 可以实现随机访问   B. 插入和删除更加方便

C. 显著提升存储密度   D. 访问前后相邻结点更加灵活

三、填空题

1. 按顺序存储方法存储的线性表称为_____，按链式存储方法存储的线性表称为_____。

2．在双向链表中，每个结点有两个指针域，一个指向_____，另一个指向_____。

3．在一个长度为 n 的顺序表中的第 i 个元素之前（$1 \leqslant i \leqslant n$）插入一个元素时，需要向后移动_____个元素。在顺序表中访问任意一结点的时间复杂度均为_____。

4．对于一个具有 n 个结点的单链表，在已知 p 所指结点后插入一个新结点的时间复杂度是_____；在给定值为 x 的结点后插入一个新结点的时间复杂度是_____。

5．链表相对于顺序表的优点有_____和_____操作方便。

6．在 n 个结点的顺序表中插入一个结点需平均移动_____个结点，具体的移动次数取决于_____。

7．在 n 个结点的顺序表中删除一个结点需平均移动_____个结点，具体的移动次数取决于_____。

8．在 n 个结点的单链表中要删除已知结点 p，需要找到_____。其时间复杂度为_____。

9．顺序表插入和删除操作的时间复杂度主要产生于_____操作；链表的插入和删除操作的时间复杂度主要产生于_____操作。

10．_____表具有"逻辑上相邻的元素物理位置一定相邻"的性质。

四、编程题

1．有一个单链表，其头指针为 head，编写一个函数计算数据域为 x 的结点个数。

2．有一个单链表 L（至少有一个结点），其头结点指针为 head，编写一个函数将 L 逆置，即最后一个结点变成第一个结点，原来倒数第二个结点变成第二个结点，依次类推。

3．对给定的单链表 L，编写一个删除 L 中值为 x 的结点的直接前驱结点的算法。

4．有两个循环单链表，链表头指针分别为 head1 和 head2，编写一个函数将链表 head1 链接到链表 head2 之后，链接后的链表仍保持是循环链表的形式。

5．已知一个单链表，编写一个函数将该单链表复制一个拷贝。

本 章 实 验

实验 1　顺序表的建立

1．实验目的

了解顺序表的结构特点及有关概念，掌握顺序表建立的基本操作算法。

2．实验内容

建立 4 个元素的顺序表 list[]={2，3，4，5}，实现顺序表建立的基本操作。

3．实验要点及说明

顺序表又称为线性表的顺序存储结构，它用一组地址连续的存储单元依次存放线性表的各个元素。

可定义顺序表如下：

```
#define maxnum   11              /*顺序表最大元素个数11*/
Datatype list[maxnum];          /*定义顺序表 list*/
int num=-1;                     /*定义当前数据元素下标,并置初值为-1*/
```

参考程序中，通过 while 循环给 list［］表中输入元素。参考程序所建立的顺序表示意如图 2.17 所示。

4. 参考程序

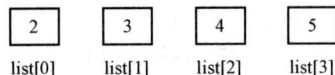

图 2.17　顺序表示意图

```
#include<stdio.h>
#define max 10
main()
{ int i=0,x,*num=&i,ch;
  int list[max];
  printf("Input list: ");
  while((ch=getchar())!='\n')      /*输入顺序表元素,以换行符结束*/
  {
      list[i]=ch;
      i++;
  }
  *num=i-1;
  for(i=0;i<=*num;i++)             /*输出顺序表元素*/
      printf("list[%d]=%c",i,list[i]);
  printf("\n");
}
```

5. 思考题与习题

如果按由表尾至表头的次序输入数据元素，则顺序表建立的程序如何设计？

实验 2　顺序表的复制

1. 实验目的

进一步了解顺序表的结构，掌握顺序表复制的基本操作算法。

2. 实验内容

复制顺序表。先构造一个顺序表 qa={2，3，4，9，5}和一个空表 qb，再将 qa 复制到 qb 中，实现顺序表复制的基本操作。

3. 实验要点及说明

顺序表又称为线性表的顺序存储结构，它用一组地址连续的存储单元依次存放线性表的各个元素。

可定义顺序表如下：

```
#define maxnum   11        /*顺序表最大元素个数11*/
Datatype list[maxnum];     /*定义顺序表 list*/
int num=-1;                /*定义当前数据元素下标,并置初值为-1*/
```

参考程序中，函数 insertq(int list[], int *num, int i, int x)实现构造顺序表；函数 copyqlist (int qa[], int numa, int qb[], int *num)实现将顺序表 qa 复制到 qb 中。顺序表 qa 示意如图 2.18 所示。

4. 参考程序

图 2.18　顺序表 qa 示意图

```
#include<stdio.h>
#define max 10
#define true  1
```

```
#define false 0
int insertq(int list[],int *num,int i,int x)     /*构造顺序表 qa*/
{  int j;
   if((i<0)||(i>*num+1))
   {
     printf("i 值不合法.");
     return(false);
   }
    if(*num>=max-1)
    {
      printf("表已满无法再插入.");
      return(false);
    }
   for(j=*num+1;j>i;j--)
     list[j]=list[j-1];
   list[i]=x;
   (*num)++;
   return(true);
  }
  void copyqlist(int qa[],int numa,int qb[],int *num)
  /*把有 numa+1 个数据元素的顺序表 qa 复制到顺序表 qb 中,*num 指示 qb 表的当前表尾*/
  { int i;
    int x;
    (*num)=-1;
    for(i=0;i<=numa;i++)
    { x=qa[i];
      insertq(qb,num,i,x);
     }
}
   print(int list[],int *num)                     /*输出 qb 表的元素*/
   { int i;
    for(i=0;i<=*num;i++)
      printf("list[%d]=%c",i,list[i]);
    }
   main()
    { int i=0,*num1,numa,ch;
      int qa[max],qb[max];
      printf("Input qa: ");
      while((ch=getchar())!='\n')
      {  qa[i]=ch;
        i++;
      }
      numa=i-1;
      copyqlist(qa,numa,qb,num1);
      printf("output qb: ");
      print(qb,num1);
      printf("\n");
     }
```

5. 思考题与习题

如何用程序实现将两个不同的顺序表复制到一个顺序表中？

实验 3 单链表的建立

1. 实验目的

了解单链表的结构特点、描述方法及有关概念，掌握单链表建立的基本操作算法。

2. 实验内容

建立一个包括头结点和 3 个结点（4，2，1）的单链表，实现单链表建立的基本操作。

3. 实验要点及说明

单链表：线性表的链式存储结构中每个结点只有一个指针域的链表称为单链表。

单链表的结点结构定义为

```
typedef struct node
{ Datatype data;
  struct node *next;
}slnode;
```

参考程序中，函数 initiate( )实现单链表的初始化，即建立头结点；append( )函数实现其三结点的建立；s 指针指向待建立的新结点。整个建立单链表的过程采用前插法。参考程序执行时单链表建立示意如图 2.19 所示。

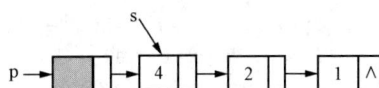

图 2.19　单链表建立示意图

4. 参考程序

```
#include<stdio.h>                          /*定义单链表结构体*/
#define NULL 0
typedef struct node
 {int data;
  struct node *next;
  }slnode;
void *initiate(slnode **h)                 /*初始化单链表*/
{
  *h=(slnode*)malloc(sizeof(slnode));      /*建立由头指针 h 指示的头结点*/
  (*h)->next=NULL;
}
slnode append(slnode *p,int x)             /*将 x 结点插入到头结点后*/
{
 slnode *s;
 s=(slnode*)malloc(sizeof(slnode));        /*申请一个空结点由 s 指示*/
 s->data=x;                                /*给结点的数据域赋值/*
 s->next=p->next;
 p->next=s;                                /*完成结点插入*/
}
main()
{ int i,x;
  slnode *p;
  initiate(&p);
  for(i=1;i<4;i++)
  {
```

```
      printf("ch%d=",i);
      x=getchar();
      getchar();
      append(p,x);
      printf("point ch%d=%c\n",i,x);
    }
  }
```

5. 思考题与习题

如果在链尾插入新结点，是否需要增加指针？程序如何设计？

实验 4　单链表的遍历

1. 实验目的

进一步了解单链表的结构特点，掌握单链表遍历的基本操作算法。

2. 实验内容

遍历整个单链表，实现单链表遍历的基本操作。

3. 实验要点及说明

单链表的结点结构定义为

```
typedef struct *node
{ Datatype data;
  struct node *next;
 }slnode;
```

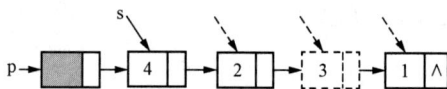

图 2.20　单链表遍历过程示意图

参考程序中，函数 initiate( )实现单链表的初始化，即建立头结点，append( )函数实现其他结点的建立，函数 travel( )遍历整个单链表，首先定义一个指针 s，不断令 s=p->next 遍历各结点，直到 s 为空。参考程序执行时，单链表遍历过程示意如图 2.20 所示。

4. 参考程序

```
#include<stdio.h>                        /*定义单链表结构体*/
#define NULL 0
typedef struct node
{  int data;
   struct node *next;
  } slnode;
void *initiate(slnode **h)               /*初始化单链表*/
{ *h=(slnode*)malloc(sizeof(slnode));    /*建立由头指针 h 指示的头结点*/
  (*h)->next=NULL;
}
slnode append(slnode *p,int x)           /*将 x 结点插入到头结点后*/
{  slnode *s;
   s=(slnode*)malloc(sizeof(slnode));    /*申请一个空结点由 s 指示*/
   s->data=x;                            /*给结点的数据域赋值*/
   s->next=p->next;
   p->next=s;                            /*完成结点插入*/
   }
```

```
void travel(slnode *p)
{
   slnode *s;
   s=p->next;
   while(s!=NULL)
   {
     putchar(s->data);
     s=s->next;
   }
   putchar('\n');
   }
 main()
   {int i,ch1,ch2,n;
    slnode *q,*p;
    initiate(&p);
    for(i=0;i<4;i++)
    {
      printf("ch%d=",i);                       /*建立单链表*/
      ch1=getchar();
      getchar();
      append(p,ch1);                           /*头结点后插入*/
      printf("point ch%d=%cha",i,ch1);
      }
     travel(p);
     }
```

5. 思考题与习题

（1）能否将 travel( )函数改写为如下形式：

```
void travel(slnode *p)
{ slnode *s;
  s=p;
  while(s->next!=NULL)
    {s=s->next;
     putchar(s->data);
    }
}
```

（2）用程序实现单链表的逆置。

第3章 栈 和 队 列

本章学习目标

（1）理解栈的定义及其基本运算。

（2）掌握顺序栈和链栈的各种操作实现。

（3）理解队列的定义及其基本运算。

（4）掌握循环队列和链队列的各种操作实现。

（5）学会利用栈和队列解决一些问题。

栈和队列是两种重要的线性数据结构，也是两种特殊的线性数据结构。从数据的逻辑结构角度看，栈和队列是线性表；从运算的角度看，栈和队列的基本运算是线性表运算的子集，是操作受限的线性表。本章介绍栈和队列的概念、存储结构和基本运算的实现算法。

3.1 栈

3.1.1 栈的基本概念

栈是一种特殊的线性表，这种线性表上的插入和删除运算限定在表的某一端进行。允许进行插入和删除的一端称为栈顶，另一端称为栈底。处于栈顶位置的数据元素称为栈顶元素。不含任何数据元素的栈称为空栈。在栈顶插入元素的操作称为入栈（进栈或压栈，push）操作，在栈顶删除元素的操作称为出栈（退栈或弹栈，pop）操作。如图 3.1 所示，栈中共有 n 个元素，它们入栈的顺序是 E_1、$\cdots$、E_{n-1}、E_n，如果连续执行出栈操作得到的序列为 E_n、E_{n-1}、$\cdots$、E_1，所以，栈有时也称为先进后出（first in last out，FILO）或后进先出（last in first out，LIFO）的线性表。

栈可用洗碗过程中的两摞碗来形象地描述，一摞是放在左边的脏碗，另一摞是放在右边的干净碗，如图 3.2 所示。洗碗工不停地从左手的栈 1 中取出脏碗，洗碗池里洗净后，将洗干净的碗放到右手的栈 2 中。洗碗工从栈 1 中取碗时，取走的是这摞碗最上面那只（出栈操作）；而在将干净碗放回到栈 2 时，放入到该摞碗的最上面（入栈操作）。以后使用干净碗时，也是从顶上开始取。

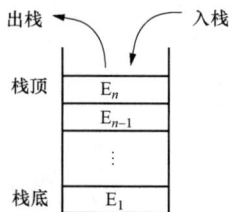

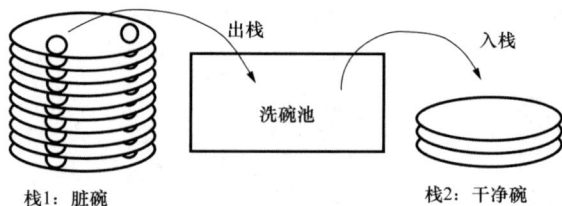

图 3.1　栈示意图　　　　图 3.2　洗碗过程看作栈

栈的基本运算至少包括以下几种。

InitStack（s）：初始化操作，创建一个空栈。

IsEmpty（s）：判断栈空函数。如果 s 是空栈，返回 true，否则返回 false。

IsFull（s）：判断栈满函数。该函数主要应用在顺序存储结构中，如果 s 栈满，返回 true，否则返回 false。

Push（s，x）：压栈操作。将元素 x 插入到栈 s 中，并使 x 成为新的栈顶元素。

Pop（s）：出栈函数。如果栈 s 非空，那么函数的返回值为栈顶元素，并从栈中删除该栈顶元素，否则返回空值 NULL。

GetTop（s）：获取栈顶元素函数。如果栈 s 非空，那么函数的返回值为栈顶元素，否则返回空值 NULL。

EmptyStack（s）：清空栈操作。将栈 s 中的所有元素清除掉，使之成为一个空栈。

DestroyStack（）：销毁栈。释放栈占用的存储空间。

3.1.2 栈的顺序存储结构

和线性表类似，栈也有两种存储结构：顺序存储结构和链式存储结构。

栈的顺序存储结构称为顺序栈。顺序栈通常由一个一维数组和一个记录栈顶元素位置的变量组成。习惯上将栈底放在数组下标小的那端。假设用一维数组 sq［5］（下标 0～4）表示一个栈，则需使用一个变量 top 记录当前栈顶下标值。图 3.3 展示了这个顺序栈的几种状态。

图 3.3（a）表示顺序栈为栈空，这也是初始化运算得到的结果。此时栈顶下标值 top=−1。如果做出栈运算，则会"下溢"。

图 3.3（b）表示栈中只含一个元素 A，在图 3.3（a）的基础上用进栈运算 Push(sq, 'A')，可以得到这种状态。此时栈顶下标值 top=0。

图 3.3（c）表示在图 3.3（b）基础上又有两个元素 B、C 先后进栈，此时栈顶下标值 top=2。

图 3.3（d）表示在图 3.3（c）状态下，执行一次 Pop(sq，x)运算得到。此时栈顶下标值 top=1。故 B 为当前的栈顶元素。

图 3.3（e）表示在图 3.3（d）状态下，执行两次 Pop(sq，x)运算得到。此时栈顶下标值 top=−1，又变成栈空状态。

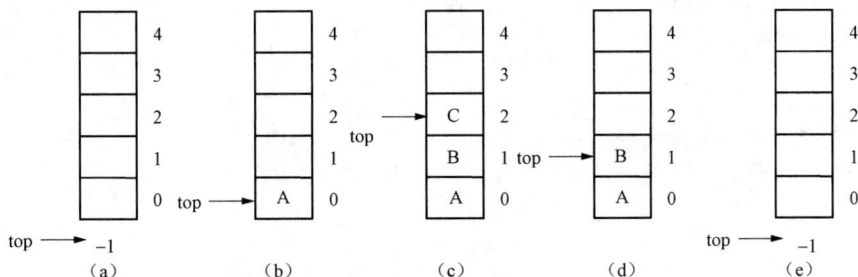

图 3.3 顺序栈的几种状态

（a）空栈；（b）元素 A 进栈；（c）元素 B、C 进栈；（d）出栈一次；（e）出栈二次

顺序栈类型定义如下：

```
#define  StackSize 100        /*顺序栈的初始分配空间*/
typedef struct sqst
{
  DataType data[StackSize];   /*保存栈中元素*/
```

```
    int  top;                              /*栈指针*/
}SeqStack;
```

顺序栈被定义为一个结构体类型，它有两个域 data 和 top。data 为一个一维数组，用于存储栈中元素，DataType 为栈元素的数据类型，可以根据需要而指定为某种具体的类型。top 为 int 型，其实际取值范围为 0～StackSize-1。top=-1 表示栈空；top=StackSize-1 表示栈满。

顺序栈的基本运算算法如下。

（1）初始化栈运算算法。此算法主要用于创建一个空栈，并将栈顶下标 top 初始化为-1。

```
void InitStack(SeqStack *sq)
{
    sq=(SeqStack *)malloc(sizeof(SqStack));
    sq->top=-1 ;
}
```

（2）进栈运算算法。其主要操作：栈顶指针加 1，将进栈元素放进栈顶指针所指的位置上。

```
int Push(SeqStack *sq,DataType x)
{
  if(sq->top== StackSize-1)    /*栈满*/
      return 0;
  else
   {
    sq->top++;
    sq->data[sq->top]=x;
    return 1;
   }
}
```

（3）出栈运算算法。其主要操作：先将栈顶元素取出，然后将栈顶指针减 1。

```
int Pop(SeqStack *sq,DataType x)
{
    if(sq->top==-1)              /*栈空*/
      return 0;
    else
    {
     x=sq->data[sq->top];
     sq->top--;
     return 1;
    }
}
```

（4）取栈顶元素运算算法。其主要操作：将栈中 top 处的元素取出赋给变量 x。

```
int GetTop(SeqStack *sq,DataType  x)
{
   if(sq->top==-1)              /*栈空*/
      return 0;
   else
   {
     x=sq->data[sq->top];
```

```
        return 1;
     }
}
```

（5）判断栈空运算算法。其主要操作：若栈为空（top==-1）则返回值1，否则返回值0。

```
int StackEmpty(SeqStack *sq)
{
  if(sq->top==-1)
     return 1;
  else
     return 0;
}
```

3.1.3　栈的链式存储结构

栈的链式存储结构是以某种形式的链表作为栈的存储结构，栈的链式存储结构简称为链栈，其组织形式与单链表类似，如图 3.4 所示。其中，单链表的第一个结

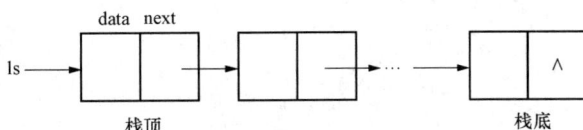

图 3.4　链栈示意图

点就是链栈栈顶结点，ls 称为栈顶指针。类似地，栈由栈顶指针 ls 唯一确定。栈中的其他结点通过它们的 next 域链接起来。栈底结点的 next 域为 NULL。因链栈本身没有容量限制，故在用户内存空间的范围内不会出现栈满情况。

链栈的类型定义如下：

```
typedef struct stnode
{
     DataType data;              /*存储结点数据*/
     struct stnode *next ;       /*指针域*/
}LinkStack;
```

栈的基本运算算法如下。

1．初始化栈运算算法

其主要操作：创建一个栈顶指针 ls，用 ls=NULL 标识栈为空栈。

```
void InitStack(LinkStack *ls)
{
     ls=NULL;
}
```

2．进栈运算算法

其主要操作：先创建一个新结点，其 data 域值为 x；然后将该结点插入到 ls 结点之后作为栈顶结点。

```
void Push(LinkStack *ls,DataType x)
{
     LinkStack *p;
     p=(LinkStack *)malloc(sizeof(LinkStack));
     p->data=x;
     p->next=ls;
     ls=p;
}
```

3. 出栈运算算法

其主要操作：将栈顶结点的 data 域值赋给 x，然后删除该栈顶结点。

```c
int Pop(LinkStack *ls, DataType  x)
{
    LinkStack *p;
    if(ls==NULL)                    /*栈空,下溢出*/
      return 0;
    else
    {
      p=ls;
      x=p->data;
      ls=p->next;
      free(p);
      return 1;
    }
}
```

4. 取栈顶元素运算算法

其主要操作：将栈顶结点的 data 域值赋给 x。

```c
int GetTop(LinkStack *ls, DataType  x)
{
    if(ls==NULL)                    /*栈空,下溢出*/
      return 0;
    else
    {
      x=ls->data;
      return 1;
    }
}
```

5. 判断栈空运算算法

其主要操作：若栈为空则返回值 1，否则返回值 0。

```c
int StackEmpty(LinkStack *ls)
{
    if(ls==NULL)
      return 1;
    else
      return 0;
}
```

3.2　队　　列

3.2.1　队列的基本概念

队列（queue）是插入元素操作被限定在表的一端进行，而删除元素操作被限定在表的另一端进行的线性表，可以插入元素的一端称为队尾（rear），可以删除元素的一端称为队首（front），队尾的元素称为队尾元素，队首的元素称为队首元素，在队尾插入元素的操作称为入队列操作（enqueue），在队首删除元素的操作称为出队列操作（dequeue）。如图 3.5 所示，

队列中共有 n 个元素，它们入队列的顺序是 E_1、…、E_{n-1}、E_n，如果连续执行出队列操作得到的序列为 E_1、…、E_{n-1}、E_n，所以，队列有时也称为先进先出（first in first out，FIFO）或后进后出（last in last out，LILO）的线性表。队列中数据元素的个数称为队列长度，队列长度为 0 时称队列空，或称这个队列是空队列。

队列以线性表为逻辑结构，其基本运算如下。

队列的基本操作主要有如下几种。

（1）InitQueue（Q）：构造一个空队列 Q。

（2）QueueEmpty（Q）：判断队列是否为空。

（3）QueueLength（Q）：求队列的长度。

（4）GetHead（Q）：返回 Q 的队头元素，不改变队列状态。

（5）EnQueue（Q，x）：插入元素 x 为 Q 的新的队尾元素。

（6）DeQueue（Q）：删除 Q 的队头元素。

（7）ClearQueue（Q）：清除队列 Q 中的所有元素。

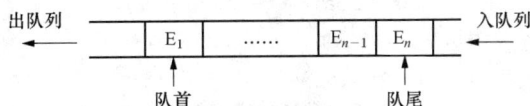

图 3.5　队列示意图

和线性表类似，队列也有两种存储表示，即顺序队列和链队列。由于链队列相对比较简单，因此先介绍链队列。

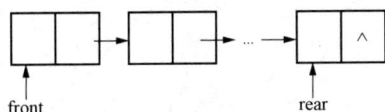

图 3.6　链队示意图

3.2.2　队列的链式存储结构

队列的链式存储结构简称为链队，它实际上是一个同时带有首指针和尾指针的单链表。首指针指向队头结点，尾指针指向队尾结点即单链表的最后一个结点，如图 3.6 所示。

链队的类型定义如下：

```
typedef struct QNode
{
  DataType data;
  struct QNode *next;
}QType;                      /*链队中结点的类型*/
typedef struct qptr
{
  QType *front,*rear;
}LinkQueue;                  /*链队类型*/
```

在这样的链队中，队空的条件是 lq->front==lq->rear ==NULL。一般情况下，链队是不会出现队满的情况。

在链队上实现队列基本运算算法如下。

1. 初始化队列运算算法

其主要操作：置队列 lq 的 rear 和 front 均为 NULL。

```
void InitQueue(LinkQueue *lq)
{
  lq->rear=lq->front=NULL;       /*初始情况*/
}
```

2. 入队运算算法

其主要操作：创建一个新结点，将其链接到链队列的末尾，并由 rear 指向它。

```
void EnQueue(LinkQueue *lq,DataType x)
{
 QType *s;
 s=(QType *)malloc(sizeof(QType));              /*创建新结点,插入到链队的末尾*/
 s->data=x;s->next=NULL;
 if(lq->front==NULL && lq->rear==NULL)         /*空队*/
    lq->rear=lq->front=s;
else
{
   lq->rear->next=s;
   lq->rear=s;
   }
}
```

3. 出队运算算法

其主要操作：将 front 结点的 data 域值赋给 x，并删除该结点。

```
int DeQueue(LinkQueue *lq,DataType  x)
{
  QType *p;
  if(lq->front==NULL && lq->rear==NULL)       /*空队*/
    return 0;
  p=lq->front;
  x=p->data;
  lq->front=p->next;
  if(lq->rear==lq->front)             /* 若原队列中只有一个结点,删除后队列变空*/
    lq->rear=lq->front=NULL;
  free(p);
  return x;
  }
```

4. 取队头元素运算算法

其主要操作：将 front 结点的 data 域值赋给 x。

```
DataType GetHead(LinkQueue *lq,DataType  x)
{    if(lq->front==NULL&&lq->rear==NULL)           /*空队*/
        return 0;
    x=lq->front->data;
    return x;
  }
```

5. 判断队空运算算法

其主要操作：若链队为空，则返回 1；否则返回 0。

```
int QueueEmpty(LinkQueue *lq)
{   if   (lq->front==NULL&&lq->rear==NULL)
      return 1;
    else
      return 0;
}
```

3.2.3　循环队列

1．顺序队列的定义

队列的顺序存储结构称为顺序队列。和顺序栈相类似，在队列 Q 的顺序存储结构中，用一组地址连续的存储单元依次存放从队列头到队列尾的元素。但它的顺序存储结构比栈的顺序存储结构稍微复杂一些，除了定义一个一维数组外，还需附设两个指针 front 和 rear 分别指示当前队头元素和队尾元素在数组中的位置。

为了描述方便，我们约定：初始化建空队列时，令 front=rear=0，入队操作的过程：把新插入的元素放在 rear 所指的空单元内，成为新的队尾元素，尾指针 rear 增 1；出队操作的过程：每当删除一个队头元素时，头指针 front 增 1。因此，在非空队列中，头指针始终指向队头元素，而尾指针始终指向队尾元素的下一个位置，如图 3.7 所示。

在入队操作时会出现如图 3.7（d）所示的情况，由于在入队和出队操作时总是使 front 和 rear 的值增加，因此，当进行了若干次入队和出队操作后，队尾指针到了最后，无法插入了，但队列并没有满，即元素的个数少于队列满时的个数 MAXSIZE，这种现象称为假溢出。

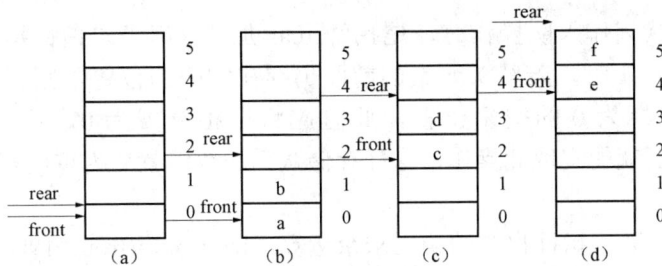

图 3.7　头、尾指针和队列中元素之间的关系

（a）空队；（b）a、b 入队；（c）a、b 出队，c、d 入队；（d）假溢出

避免假溢出有两种办法：

（1）像日常生活中的排队一样，每次一个元素出队，将整个队列向前移动一个位置。

（2）较为巧妙的办法是，将顺序队列的数据区 data[0～MAXSIZE-1]看成一个首尾相接的圆环，头尾指针的关系不变（见图 3.8），这种队列称为循环队列。在这里我们采用循环队列来解决假溢出现象。

循环队列的类型定义如下：

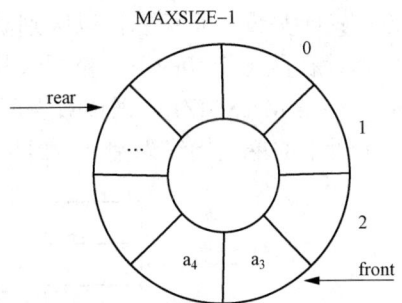

图 3.8　循环队列示意图

```
#define MAXSIZE 100          /*最大队列长度 */
typedef struct
{
  datatype data[MAXSIZE];    /*存储队列的数据空间*/
  int front;                 /*队头指针,若队列不空,则指向队头元素*/
  int rear;                  /*队尾指针,若队列不空,则指向队尾元素的下一个位置*/
}SeqQueue;
```

2．循环队列的特点

通过对如图 3.9 所示的循环队列的几种状态进行分析，可以知道：

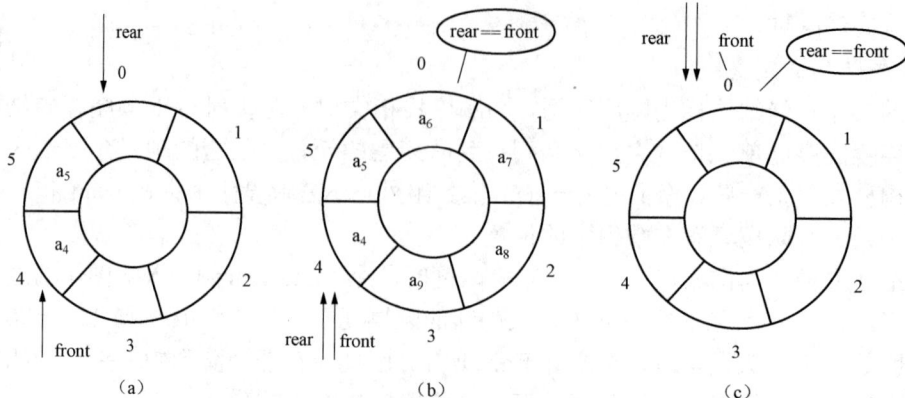

图 3.9   循环队列的几种状态表示

（a）一般情况；（b）队满；（c）队空

（1）在对循环队列作入队操作时，尾指针 rear 加 1，但当尾指针指向数组空间的最后一个位置 MAXSIZE−1 时，若队头元素的前面仍存在空闲的位置，则表明队列未满，下一个存储位置应是下标为 0 的空闲位置，此时应将尾指针置为 0，通过求余运算：rear=(rear+1)%MAXSIZE 就能实现此操作，这样存储队列的数组就变为首尾相接的一个环，即为循环队列。

（2）在出队时，队头指针也必须采用求余运算，即 front=(front+1)%MAXSIZE，才能实现存储空间的首尾相接。

（3）由于入队时尾指针向前追赶头指针，出队时头指针向前追赶尾指针，故队空和队满时头尾指针均相等。因此，无法通过 front==rear 来判断队列"空"还是"满"。有两种处理方法：①另设一个标志位以区别队列的"空"和"满"；②少用一个元素的空间，约定以"队头指针在队尾指针的下一位置（指环状的下一位置）上"作为队列"满"的标志。即若数组的大小是 MAXSIZE，则该数组所表示的循环队列最多允许存储 MAXSIZE−1 个结点（注意：rear 所指的单元始终为空），如图 3.10 所示。本书采用第二种处理方法，这样，有以下结论。

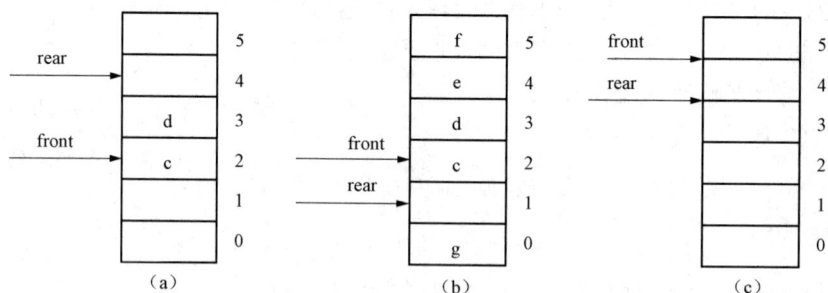

图 3.10   循环队列操作示意图

（a）正常情况；（b）队满；（c）队空

循环队列队满的条件：(rear+1)%MAXSIZE==front；

循环队列队空的条件：rear==front。

3.　循环队列的基本操作

（1）构造空队列。

```
SeqQueue *InitQueue()
{ SeqQueue *q;
  q=(SeqQueue *)malloc(sizeof(SeqQueue));      /*开辟一个足够大的存储队列空间*/
  q->front=q->rear=0;                          /*将队列头尾指针置为零*/
  return q;
}
```

（2）判断队空。

```
int QueueEmpty(SeqQueue *q)
{ return(q->front==q->rear);                    /*如果队列为空,则返回1,否则返回0*/
}
```

（3）入队。

```
int EnQueue(SeqQueue *q, datatype x)
{ if((q->rear+1)%MAXSIZE==q->front)             /*判断队列是否满*/
    { printf("\n 循环队列满!");
      return FALSE;                             /*若队列满,则终止*/
    }
  q->data[q->rear]=x;                           /*将元素 x 入队*/
  q->rear=(q->rear+1)%MAXSIZE;                  /*修改队尾指针*/
  return TRUE;
}
```

（4）出队。

```
datatype DeQueue(SeqQueue *q)
{ datatype x;
  if(q->front==q->rear)                         /*判断队列是否空*/
   {printf("\n 循环队列空!不能做删除操作!");
    return FALSE;                               /*若队列空,则终止*/
    }
  x=q->data[q->front];                          /*将队头元素出队并赋给变量 x*/
  q->front=(q->front+1)%MAXSIZE;                /*修改队列头指针*/
  return x;                                     /*将被删除元素返回*/
}
```

3.3　应　　用

3.3.1　栈的应用

【例 3.1】设计一个算法，判断一个表达式中符号"（"与"）""［"与"］""｛"与"｝"是否匹配。若匹配，则返回 1；否则返回 0。

解：设置一个栈 st，用 i 扫描表达式 exps，当遇到"（""［""｛"时，将其进栈，遇到"｝""］""）"时，判断栈顶是否是相匹配的括号。若不是，则退出扫描过程，返回 0；否则直至 exps 扫描完毕为止。若 top==0，则返回 1。对应的算法如下：

```
#define Max 100
int match(char *exps)
{
```

```
char st[Max];
int top=-1,i=0;
int nomatch=0;
while(exps[i]!='\0'&&nomatch==0)
            /*nomatch 符号匹配标志,若为 1,则表示不匹配,退出扫描过程*/
{
  switch(exps[i])
   {
   case '(': top++;st[top]=exps[i] ; break;
   case '[': top++;st[top]=exps[i] ; break;
   case '{': top++;st[top]=exps[i] ; break;
       case ')':if(exps[top]== '(')top--;
               else nomatch=1 ;
               break;
       case ']':if(exps[top]== '[')top--;
               else nomatch=1 ;
               break;
       case '}':if(exps[top]== '{')top--;
                else nomatch=1;
                break;
   }
   i++;
 }
 if(nomatch==0&&top==-1)          /*栈空且符号匹配则返回 1*/
     return 1;
 else
     return 0 ;                   /*否则返回 0*/
}
```

【例 3.2】 数制转换问题。把一个非负十进制整数转换成 n（$2 \leqslant n \leqslant 35$）进制数，其中各位的系数如果大于 9 的依次用大写英文字母 A～Z 表示。

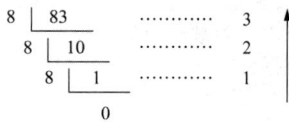

十进制整数 x 转换成 n 进制数的法则是：对 x 除 n 取余，直到整商为 0 为止，先得到的余数需要后输出。例如，十进制整数 83 转换成八进制数的过程如图 3.11 所示，结果为（123）$_8$。

图 3.11　十进制整数 83 转换成八进制数的过程示意图

显然，可以利用栈来保存每次除得的余数，最后出栈输出结果。

```
typedef int StackDT;
main()
{
    int x,n;
    SeqStack stack;
    InitStack (stack);              /*初始化栈 stack*/
    do
    {
        printf("x=");
        scanf("%d",&x);
        printf("n=");
        scanf("%d",&n);
```

```
    }while(n<2 || n>35 || x<0);      /*输入有效数据,x 是十进制数,n 是进制*/
    while(x)                         /*除 n 取余,余数保存在堆栈中*/
    {
        Push(stack,x%n);
        x/=n;
    }
    while(!IsEmpty(stack))           /*依次出栈,直到栈空*/
    {
        Pop(stack,x);
        if(x<10)
            printf("%c",x+'0');      /*输出位的系数,范围'0'~'9'*/
        else
            printf("%c",x+'A'-10);   /*输出位的系数,范围'A'~'Z'*/
    }
    printf("\n");
    DestroyStack(stack);
}
```

【例 3.3】利用一个栈逆置一个带头结点的单链表,已知 head 是带头结点的单链表（a_1, a_2,…, a_n）（其中 $n \geq 0$）,有关说明如下:

```
typedef int datatype;
typedef struct node
{ datatype data;
  struct node *next;
}linklist;
linklist *head;
```

请设计一个算法,利用一个顺序栈将上述单链表实现逆置,即利用一个顺序栈将单链表（a_1, a_2,…, a_n）（其中 $n \geq 0$）逆置为（a_n, a_{n-1},…, a_1）,如图 3.12 所示。

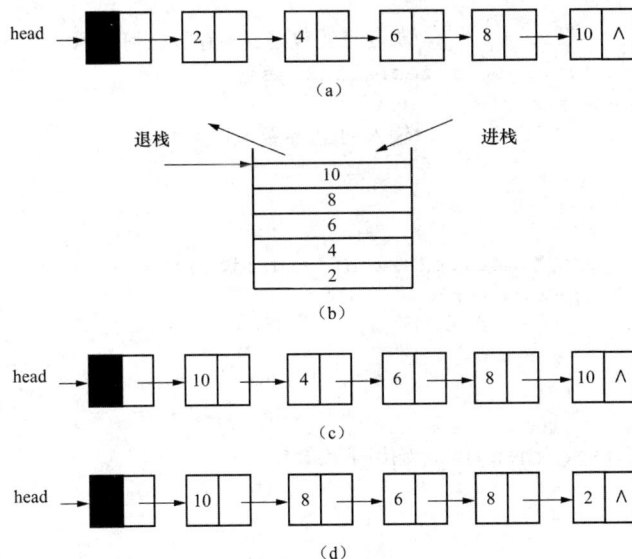

图 3.12 利用一个栈逆置单链表的示意图

(a) 原单链表;(b) 栈;(c) 从栈中弹出第一个元素,存入链表后的状态;

(d) 从栈中弹出所有元素,依次存入链表后的状态

解题思路（用顺序栈实现）：

（1）建立一个带头结点的单链表 head。

（2）输出该单链表。

（3）建立一个空栈 s（顺序栈）。

（4）依次将单链表的数据入栈。

（5）依次将单链表的数据出栈，并逐个将出栈的数据存入单链表的数据域（自前向后）。

（6）再输出单链表。

程序如下（采用顺序栈实现）：

```
#include <stdio.h>              /*利用顺序栈逆置单链表*/
#include <malloc.h>
#define maxsize 100            /*栈的最大元素数为100*/
typedef int datatype;
typedef struct node            /*定义单链表结点类型*/
{ datatype data;
  struct node *next;
}linklist;
linklist *head;                /*定义单链表的头指针*/
typedef struct                 /*定义顺序栈*/
{ datatype d[maxsize];
  int top;
}seqstack;
seqstack s;                    /*定义顺序栈 s，s 是结构体变量,且 s 是全局变量*/
linklist *creatlist()          /*建立单链表 */
{ linklist *p,*q;
  int n=0;
  p=q=(struct node *)malloc(sizeof(linklist));
  head=p;
  p->next=0;                   /*头结点的数据域不存放任何东西*/
  p=(struct node *)malloc(sizeof(linklist));
  scanf("%d",&p->data);
  while(p->data!=-1)           /*输入-1 表示链表结束*/
    {n=n+1;
     q->next=p;
     q=p;
     p=(struct node *)malloc(sizeof(linklist));
     scanf("%d",&p->data);
    }
  q->next=0;
  return(head);
}
void print(linklist *head)  /*输出单链表*/
{ linklist *p;
  p=head->next;
  if(p==0)
     printf("This is an empty list. \n");
  else
  {  do{printf("%6d",p->data);
        p=p->next;
```

```
        }while(p!=0);
     printf("\n");
  }
}
seqstack initstack()                    /*构造一个空栈 s*/
 {  s.top=-1;
    return s;
 }
int push(seqstack *s,datatype x)        /*入栈,此处 s 是指向顺序栈的指针*/
{if((*s).top==maxsize-1)                /*(*s).top 即为 s->top,下同*/
    { printf("栈已满,不能入栈!\n");
      return 0;
    }
else
    {(*s).top++;                        /*栈顶指针上移*/
     (*s).d[(*s).top]=x;                /*将 x 存入栈中*/
     return x;
    }
}
datatype pop(seqstack *s)               /*出栈,此处 s 是指向顺序栈的指针*/
{ datatype y;
    if((*s).top==-1)
       {printf("栈为空,无法出栈!\n");
        return 0;
       }
     else
        {y=(*s).d[(*s).top];            /*栈顶元素出栈,存入 y 中*/
         (*s).top--;                    /*栈顶指针下移*/
         return y;     }
    }
    int stackempty(seqstack s)          /*判栈空,此处 s 是结构体变量*/
    {
       return s.top==-1;
    }
    int stackfull(seqstack s)           /*判栈满,此处 s 是结构体变量*/
    {
       return s.top==maxsize-1;
    }
    linklist *backlinklist(linklist *head)  /*利用顺序栈 s 逆置单链表 head*/
    { linklist *p;
     p=head->next;
     initstack();
     while(p)
      { push(&s,p->data);               /*单链表的数据依次入栈 s*/
        p=p->next;
      }
     p=head->next;
     while(!stackempty(s))
      { p->data=pop(&s);                /*数据出栈依次存入单链表的数据域*/
       p=p->next;
      }
```

```
    return(head);
}
void main()
{
    linklist *head;
    head=creatlist();
    print(head);
    head=backlinklist(head);
    print(head);
}
```

3.3.2 队列的应用

队列在算法设计中的应用是非常广泛的。比如：在计算机科学领域中，解决主机与外部设备之间速度不匹配的问题，解决由多用户引起的资源竞争问题等，都需要利用队列来处理。又如：后续内容将会用到的优先队列（即每个元素都带有一个优先级别，每个元素在队列中的位置按照其优先级高低来调整，无论是做插入操作还是删除操作，都确保优先级最高的元素被调整到队首），在操作系统的各种调度算法中应用广泛。在应用程序中，队列通常用来模拟排队情景。

【例3.4】打印杨辉三角形是一个初等数学问题。系数表中的第 i 行有 $i+1$ 个数，除了第 1 个和最后一个数为 1 外，其余的数为上一行中位于其左、右的两数之和（见图 3.13）。

解决此问题的方法很多，如采用一个二维数组。更为直接的方法是用两个一维数组，其中一个存放已经计算得到的第 i 行的值，在输出第 i 行值的同时计算出第 $i+1$ 行的值，如此写出的算法虽然结构清晰，但需要两个辅助空间，并且这两个数组在计算过程中需相互交换。只用一个数组的空间也可以，但整个算法就不是很清晰了。在此引入"循环队列"，就可以省去一个数组的辅助空间，而且可以利用队列的操作特点，使程序结构变得清晰。

该算法的基本思想：如果要计算并输出二项系数表（即杨辉三角形）的前 n 行的值，则所设循环队列的最大空间应为 $n+2$。假设队列中已存有第 i 行的值，为计算方便，在两行之间均加一个"0"作为行间的分隔符，则在计算第 $i+1$ 行之前，头指针正指向第 i 行的"0"，而尾元素为第 $i+1$ 行的"0"。由此，从左至右输出第 i 行的值，并将计算所得的第 $i+1$ 行的值插入队列。

分析第 i 行元素与第 $i+1$ 行元素的关系如图 3.14 所示。

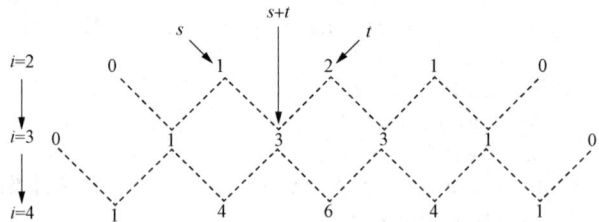

图 3.13　杨辉三角形　　　　图 3.14　第 $i+1$ 行元素值与第 i 行元素间的关系示意图

假设 $n=4$，$i=3$，则输出第 3 行元素并求解第 4 行元素值的循环执行过程中队列的变化状态如图 3.15 所示。

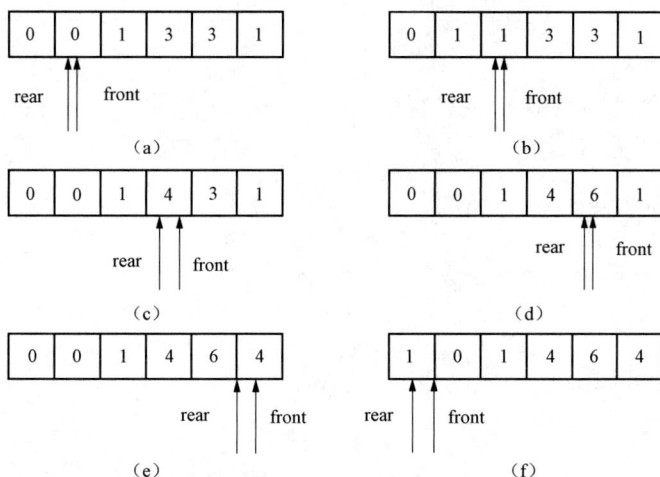

图 3.15　计算二项式系数第 4 行的队列变化状况

（a）计算第 4 行前的循环队列；（b）输出第 3 行 "1"，第 4 行的 "1" 入队

（c）输出第 3 行 "3"，第 4 行的 "4" 入队；（d）输出第 3 行 "3"，第 4 行的 "6" 入队

（e）输出第 3 行 "1"，第 4 行的 "4" 入队；（f）输出换行符，第 4 行的 "1" 入队

输出当 $n \leqslant 7$ 时的杨辉三角形的 C 语言程序如下：

```c
#define MAXSIZE 10          /*定义队列的最大长度*/
#include<stdio.h>
typedef int datatype;
typedef struct
{ int data[MAXSIZE];
  int front;
  int rear;
}SeqQueue;
SeqQueue  *InitQueue()
{ SeqQueue  *q;
  q=(SeqQueue*)malloc(sizeof(SeqQueue));
  q->front=q->rear=0;
  return q;
}
void EnQueue(SeqQueue *q,datatype x)
{ if((q->rear+1)%MAXSIZE==q->front)
  {printf("\n 顺序循环队列是满的!");exit(1);}
  q->data[q->rear]=x;
  q->rear=(q->rear+1)%MAXSIZE;
}
datatype DeQueue(SeqQueue *q)
{ datatype x;
  if(q->front==q->rear)
   {printf("\n 顺序队列是空的!不能做删除操作!");exit(1);}
  x=q->data[q->front];
  q->front=(q->front+1)%MAXSIZE;
```

```
        return x;
    }
    int QueueEmpty(SeqQueue *q)
    {  return(q->front==q->rear);
    }
    int GetHead(SeqQueue *q)
    { int e;
      if(q->front==q->rear)
         e=0;
      else
         e=q->data[q->front];
      return e;
    }
    void YangHui(int n)                    /*打印杨辉三角形的前 n 行*/
    { SeqQueue *q;
      int i,j,s,t;
      for(i=1;i<=n;i++)
         printf("   ");
      printf("l\n");                       /*在中心位置输出杨辉三角最顶端的 1*/
      q=InitQueue();                       /*设置容量为 n+2 的空队列*/
      EnQueue(q,0);                        /*添加行分隔符*/
      EnQueue(q,1);EnQueue(q,1);           /*第一行的值入队*/
      for(j=1;j<n;j++)                     /*利用循环队列输出前 n-1 行的值*/
       {for(i=1;i<n-j;i++)                 /*在输出第 j 行的首元素之间输出 n-j 个空格*/
          printf("   ");
          EnQueue(q,0);                    /*行分隔符 0 入队*/
          do                               /*输出第 j 行并计算第 j+1 行*/
            {s=DeQueue(q);                 /*删除队头元素并赋给 s*/
             t=GetHead(q);                 /*取队头元素给 t*/
             if(t) printf("%5d",t);        /*若不到行分隔符则输出 t，再输出一个空格*/
             else  printf("\n");           /*否则输出一个换行符*/
             EnQueue(q,s+t);               /*将第 j+1 行的对应元素 s+t 入队*/
            }while(t!=0);
       }
      DeQueue(q);                          /*删除行分隔符*/
      printf("%3d",DeQueue(q));            /*输出第 n 行的第一个元素*/
      while(!QueueEmpty(q))                /*输出第 n 行的其余元素*/
      {  t=DeQueue(q);
         printf("%5d",t);
      }
    }
    main()
    { int n;
      printf("\n 请输入杨辉三角形的行数:\n");
      scanf("%d",&n);
      YangHui(n);
    }
```

本 章 小 结

栈和队列是两种常见的数据结构，它们都是运算受限制的线性表。栈的插入和删除均在栈顶进行，其特点是后进先出；队列的插入在队尾，删除在队头，其特点是先进先出。在解决具有后进先出特点的实际问题时，可以使用栈；在解决具有先进先出特点的实际问题时，可以使用队列。

根据存储方式的不同，栈可以分为顺序栈和链栈；而队列也可以分为顺序队列和链队列，但一般情况下使用的顺序队列是循环队列。本章介绍了顺序栈、链栈、链队列和循环队列的各种基本运算，读者应该掌握。

读者应该重点领会栈和队列的"溢出"（上溢和下溢）概念及其判别条件，并掌握栈空、栈满、队列空和队列满的正确判别方法，以便及时控制返回。

习 题 3

一、填空题

1. 线性表、栈和队列都是_____结构，线性表可以在_____位置插入和删除元素；栈只能在_____插入和删除元素；队列只能在_____插入和_____删除元素。

2. 栈是一种特殊的线性表，允许插入和删除运算的一端称为_____，不允许插入和删除运算的一端称为_____。

3. _____是被限定为只能在表的一端进行插入运算，在表的另一端进行删除运算的线性表。

4. 为解决循环队列空队和满队判定条件相同的问题，将 front 指向队首元素，将 rear 指向队尾元素的_____位置。

5. 在具有 n 个单元的循环队列中，队满时共有_____个元素。

6. 向栈中压入元素的操作是先_____，后_____。

7. 从循环队列中删除一个元素时，其操作是先_____，后_____。

8. 在操作序列 push(1)，push(2)，pop( )，push(5)，push(7)，pop( )，push(6)之后，栈顶元素是_____，栈底元素是_____。

9. 已知循环队列的存储空间为 A[15]，front 指向队首元素的前一个位置，rear 指向队尾元素。当 front=7、rear=3 时，该队列的长度为_____。

10. 用单链表表示的链式队列的队头是在链表的_____位置。

二、选择题

1. 栈和队列具有相同的_____。
   A．抽象数据类型　　　　　　　　　B．逻辑结构
   C．存储结构　　　　　　　　　　　D．运算

2. 若已知一个栈的入栈序列是 1，2，3，…，n，其输出序列为 p_1，p_2，p_3，…，p_n，若 $p_1=n$，则 p_i 为_____。
   A．i　　　　　　B．$n=i$　　　　　　C．$n-i+1$　　　　　　D．不确定

3．当利用长度为 N 的数组顺序存储一个栈时，假定用 top==N 表示栈空，则向这个栈插入一个元素时，首先应执行_____语句修改 top 指针。

    A．top++ 　　　　　　B．top－－ 　　　　　　C．top 　　　　　　D．top=0

4．假定一个链栈的栈顶指针用 top 表示，当 p 所指向的结点进栈时，执行的操作是_____。

A．`p->next=top;top=top->next;`

B．`top=p->lp;p->next=top;`

C．`p->next=top->next;top->next=p;`

D．`p->next=top;top=p;`

5．一个栈的入栈序列是 a，b，c，d，e，则栈的不可能的输出序列是_____。

    A．edcba 　　　　　　B．decba 　　　　　　C．dceab 　　　　　　D．abcde

6．一个队列的入列序列是 1、2、3、4，则队列的输出序列是_____。

    A．4，3，2，1 　　　B．1，2，3，4 　　　C．1，4，3，2 　　　D．3，2，4，1

7．判定一个栈 ST（最多元素为 m0）为栈满的条件是_____。

    A．ST–>top!=0 　　　　　　　　　　　B．ST–>top==0

    C．ST–>top!=m0-1 　　　　　　　　　D．ST–>top==m0-1

8．判定一个循环队列 QU（最多元素为 m0）为空的条件是_____。

    A．QU–>front==QU–>rear 　　　　　　B．QU–>front!==QU–>rear

    C．QU–>front=(QU–>rear+1)%m0 　　D．QU–>front!=(QU–>rear+1)%m0

9．判定一个循环队列 QU（最多元素为 m0）为满队列的条件是_____。

    A．QU–>front==QU–>rear 　　　　　　B．QU–>front!=QU–>rear

    C．QU–>front=(QU–>rear+1)%m0 　　D．QU–>front!=(QU–>rear+1)%m0

10．循环队列用数组 A[0,$m-1$] 存放其元素值，已知其头尾指针分别是 front 和 rear，则当前队列中的元素个数是_____。

    A．(rear-front+m)%m 　　　　　　　B．rear-front+1

    C．rear-front-1 　　　　　　　　　　D．rear-front

三、算法设计题

1．设单链表中存放着 n 个字符，试设计算法判断字符串是否与中心对称。如"abcdedcba"就是中心对称的字符串。

2．写出一个表达式中开、闭括号是否合法配对的算法。

3．设有两个栈 sl、s2 都采用顺序栈方式，并且共享一个存储区 [0..MAXSIZE−1]，为了尽量利用空间，减少溢出的可能，可采用栈顶相向、迎面增长的存储方式，试设计入栈、出栈的算法。

4．假设用一个循环单链表来表示循环队列，该队列只设一个队尾指针，不设队头指针，编写如下函数：

（1）向循环链队中插入一个元素为 x 的结点。

（2）从循环链队中删除一个结点。

5．假设将循环队列定义为：以域变量 rear 和 length 分别表示循环队列中队尾元素的位置和内含元素的个数。试给出循环队列的队满条件，并写出相应的入队和出队的算法。

本 章 实 验

循环队列的建立及入队

1. 实验目的

了解顺序队列产生假溢出的原因及循环队列的结构特点和有关概念，掌握循环队列的建立及入队的基本操作算法。

2. 实验内容

建立循环队列，并实现元素（3，4，5，6，7）入队，实现循环队列的建立和入队的基本操作。

3. 实验要点及说明

解决假溢出的方法是采用循环队列，即将队列的首尾相接。当 q->rear=q->front 时，队列为空；当(q->rear+1)%maxnum=q->front 时，队列为满，即牺牲一个数据元素空间作为队满标志。

参考程序中，函数 initiateqq()实现循环队列的初始化；函数 enterqq()实现进队。入队时由 q->rear 指针的变化实现入队过程。循环队列的初始化及入队过程示意如图 3.16 所示。

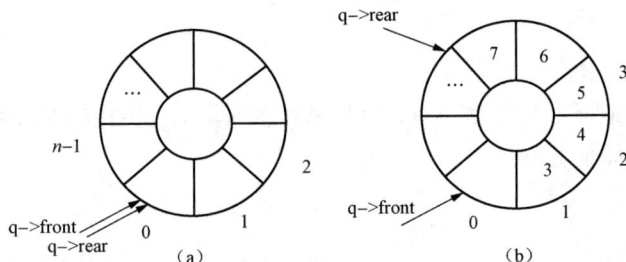

图 3.16　循环队列的初始化及入队过程示意图

（a）循环队列的初始化示意图；（b）循环队列的入队过程示意图

4. 参考程序

```c
#include<stdio.h>
#define max 10
#define NULL 0
typedef struct                          /*定义结构体*/
 { int queue[max];
  int front;
  int  rear;
 }qqtype;
 void initiateqq(qqtype *q)             /*初始化*/
 { q->front=0;
  q->rear=0;
 }
 int enterqq(qqtype *q,int x)
 { if((q->rear+1)%max==q->front)        /*判断队满*/
```

```
            return(0);
    else        /*入队列*/
       {q->rear=(q->rear+1)%max;              /*尾指针循环加1*/
        q->queue[q->rear]=x;
        return(1);
        }
    }
 main()
 {char ch;
  int sign;
  qqtype *q;
  initiateqq(q);
  printf(">");
   while((ch=getchar())!='\n')          /*以换行符结束输入*/
     if ((sign=enterqq(q,ch))!=1)
         break;
 printf("creat queue:\n");
 while(q->front!=q->rear)
 {
    q->front=(q->front+1)%max;        /*头指针循环加1*/
    printf("%c",q->queue[q->front]);
 }
 printf("\n");
 }
```

5. 思考题与习题

如果循环队列的下标不是 0 到 $n-1$，而是从 1 到 n，那么头指针加 1 的操作应如何修改？判断队满的条件又应如何修改？

第4章 串、数组和广义表

💡 **本章学习目标**

（1）掌握串、数组和广义表的基本概念。

（2）掌握串的顺序存储表示及其实现算法。

（3）掌握串的匹配算法。

（4）掌握二维数组的存储结构和稀疏矩阵的压缩存储。

随着计算机应用的扩展，对非数值对象的处理要求日益强烈。例如，网页的搜索，专利的分类和查询。作为一种变量类型，字符串越来越多地出现在程序设计语言中，于是产生了一系列字符串操作。串（即字符串）是一种特殊的线性表，它的数据元素仅由一个字符组成。数组在数值和非数值计算中发挥着非常重要的作用。广义表是人工智能语言 LISP 中的基本数据结构。本章将介绍串、数组和广义表的概念和相关运算。

4.1 串

4.1.1 串的基本概念

串（string）是由有限个字符组成的连续序列，例如，串 S 可以记为 S="$S_0S_1\cdots S_{n-1}$"。串中包含的字符序列称为串的值。串中字符的个数称为串的长度，长度为零的串称为空串（null string）。一个串 S 中任意连续的字符序列 T 称为串 S 的子串，而串 S 就称为串 T 的主串，空串是任意串的子串。子串在主串中的位置通常用子串中的首字符在主串中的位置来表示。在对两个串进行比较时，对两个串自左至右逐个字符进行比较，如果两个串的长度相等且所有字符也对应相等时，称这两个串是相等的，否则，通常以第一个不相同的字符的 ASCII 码值的大小来断定两个串的大小。

4.1.2 串的运算及存储

1. 串的运算

串的运算很多，下面介绍部分基本运算。

（1）求串长：StrLen(S)。

操作条件：串 S 存在。

操作结果：求出串 S 的长度。

（2）串赋值 StrAssign(S_1，S_2)。

操作条件：S_1 是一个串变量，S_2 或者是一个串常量，或者是一个串变量。

操作结果：将 S_2 串值赋值给 S_1，S_1 原来的值被覆盖掉。

例如，S_1="www.bbdd.cc"；S_2=' '；$S_1=S_2$；则将得到 S_1=' '。

（3）连接操作 StrCat(S_1，S_2)。

操作条件：串 S_1、S_2 存在。

操作结果：将串 S_2 紧接着放在串 S_1 的末尾，与 S_1 连接起来构成一个新的串。

例如，S_1="English"，S_2="␣book"，则操作结果是 S_1="English book"。

（4）求子串 StrSub(S，i，piecelen)。

操作条件：串 S 存在，$1 \leqslant i \leqslant StrLen(S)$，$0 \leqslant piecelen \leqslant StrLen(S)$。

操作结果：返回从串 S 的第 i 个字符开始(包括第 i 个字符)的长度为 piecelen 的子串。piecelen=0 时，得到的是空串。

例如，StrSub("work hard"，6，4)="hard"。

（5）串比较 StrCmp(S_1，S_2)。

操作条件：串 S_1、S_2 存在。

操作结果：字符的大小由该字符在 ASCII 码及国标码中出现的先后顺序确定，出现在前的字符小于出现在后的字符。串的大小通常是按字典顺序定义的。例如，当 S_1="China"，S_2="Canada"时，有 $S_1 > S_2$。

（6）子串定位 StrIndex(S，T)。

操作条件：串 S、T 存在。

操作结果：查找子串 T 在主串 S 中首次出现的位置。如果串 S 中不包含串 T，则返回值为0。例如，StrIndex("work hard"，"hard")=6，StrIndex("work hard"，"hair")=0。

（7）串插入 StrInsert(S，i，T)。

操作条件：串 S、T 存在，$0 \leqslant i \leqslant StrLen(S)$。

操作结果：将串 T 插入串 S 的第 i 个字符之后，S 中第 i 个字符之后的字符后移。当 $i=0$ 时，表示串 T 整个插入到串 S 的前面。当 $i=StrLen(S)$时，函数 StrInsert 与函数 StrCat 的结果相同。本操作可间接实现串连接。例如，S= "I am a boy"且 T=" bright"，则执行 StrInsert(S，6，T)后，有 S="I am a bright boy" 。

（8）子串删除 StrDelete(S，i，piecelen)。

操作条件：串 S 存在，$1 \leqslant i \leqslant StrLen(S)$，$0 \leqslant piecelen \leqslant StrLen(S)$。

操作结果：删除串 S 中从第 i 个字符开始（包含第 i 个字符）的长度为 piecelen 的子串，S 的串值改变。例如，S="I am a bright boy"，且 T=" bright"，则执行 StrDelete(S，7，7)后，有 S="I am a boy"。

（9）串替换 StrReplace(S，i，T)。

操作条件：串 S、T 存在。

操作结果：用串 T 替换串 S 中自第 i 个字符开始，长度与 T 相等的子串，S 的串值改变。

2. 串的存储

串的顺序存储结构简称为顺序串。类似于顺序表，顺序串中的字符被顺序地存放在一组地址连续的存储单元中。定长，是指按预定义的大小为每一个串变量分配一个长度固定的存储区。顺序串可以用字符数组描述如下。

```
#define MAXSIZE 255      /*假设要处理的串的长度不会超过255*/
char S[MAXSIZE];
```

▲思考在以上定义中如何标识字符串的实际长度?

在串尾存储一个不会在串中出现的特殊字符作为串的终结符，以此表示串的结尾。例如，C 语言中用"\0"来表示串的结束。这种存储方法不能直接得到串的长度，而是用判断当前字符是否是"\0"来确定串是否结束，从而求得串的长度，串长是隐含的。定长顺序串存储结构示意图如图 4.1 所示。

如果不使用特殊字符作为串的终结符，则需要一个整数来存储串的长度。在这种情况下，串可以用如下结构描述。

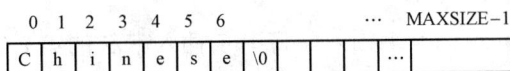

0	1	2	3	4	5	6		…	MAXSIZE–1
C	h	i	n	e	s	e	\0	…	

图 4.1　定长顺序串存储结构示意图

```
typedef struct
{
  char s[MAXSIZE];
  int len;              /*串的实际长度*/
}SeqString;
```

下面主要讨论定长顺序串的串连接、求子串、串插入和串删除等算法。串的定义采用 SeqString 类型的定义。

（1）串连接。串连接就是把两个串 S_1 和 S_2 首尾连接成一个新串 S_1。

【算法 4.1】
```
int StrCat(SeqString *S1,SeqString *S2)
/*将 S2 连接到 S1 的末尾构成新串,若 S2 完全连接到 S1 末尾则返回 1,否则返回零*/
 { int i;
 if(S1->len+S2->len<MAXSIZE)
 {
     for(i=0;i<S2->len;i++)
         S1->s[S1->len+i]=S2->s[i];        /*把 S2->s 连接到 S1->s 之后*/
     S1->len=S1->len+S2->len;
   return 1;
   }
 else
 {
   for(i=0;i<MAXSIZE-S1->len;i++)
     S1->s[S1->len+i]=S2->s[i];
   S1->len=MAXSIZE ;
   return 0;
   }
 }
```

（2）求子串。求子串的方法是从字符串的第 i 个字符开始（包括第 i 个字符），提取出 piecelen 个字符区构成一个新的串。

【算法 4.2】
```
Status StrSub(SeqString *S,SeqString *S1,int i,int piecelen)
    /*S 为主串,S1 为子串,i 为起始位置,piecelen 为长度*/
  {
    if(i-1+piecelen>S->len)
      {printf("子串超界") return 0;}
    else
    {
      for(k=0; k< piecelen;  k++)
        S1->s[k]=S->s[i+k-1];                  /*把子串赋给 S1*/
    }
    S1->len=piecelen ;
```

```
        return OK;
     }
```

（3）串插入。将串 T 插入串 S 的第 *i* 个字符之后，S 中第 *i* 个字符之后的字符后移。
【算法 4.3】

```
    status StrInsert(Seqstring *S,int i,Seqstring *T)
    {
     if(i>S->len|| S->len+T->Ien>MAXSIZE)
      {
      printf("不能插入");
      return 0;
      }
     else if(i==0)
       { for(k=S->len+T->len-1;k>=T->len ;k--)
          S->s[k]=S->s[k-T->len];
        for(k=0;  k< T->len;k++)
          S->s[k]=T->s[k];
        S->len=S->len+T->len;
        return 1;
      }
     else if(i==S->len)
       {
         for(k=0;  k<T->len;  k++)
          S->s[S->1en+k]=T->s[k];
         S->len=S->len+T->len;
         return 1;
       }
    else
      {
        for(k=S->len-1;k>=i;k--)
         S->s[T->len+k]=S->s[k];        /*将 S 后移*/
        for(k=0;k< T->len; k++)
         S->s[i+k]=T->s[k];             /*将 T 插入 S 中*/
        S->len=S->len+T->len;
        return 1;
      }
  }
```

（4）删除子串。删除串 S 中从第 *i* 个字符开始（包含第 *i* 个字符）的长度为 piecelen 的
子串。
【算法 4.4】

```
Status StrDelete(SeqString *S，int i, int piecelen)
{
 if(i-1+piecelen>S->len)                /*所要删除的子串超界*/
 {  printf("子串超界");
    return 0;}
 else
 {
    for(k=i-1+piecelen; k<S->len; k++, i++)
    S->s[i-1]=S->s[k];                   /*将 r 后面的部分覆盖到前面*/
```

```
    }
  S->len-=piecelen;
  return OK;
}
```

3. 串的模式匹配

串的模式匹配即子串定位是一种重要的串操作。设 S 和 T 是给定的两个串，在主串 S 中找到等于子串 T 的位置的过程称为模式匹配，如果在 S 中找到等于 T 的子串，则称匹配成功，函数返回 T 在 S 中首次出现的存储位置（或序号），否则匹配失败，返回-1。T 也称为模式串。

进行模式匹配可以使用回溯匹配法。设 $S=S_0S_1\cdots S_{N-1}$，$T=T_0T_1\cdots T_{M-1}$，回溯匹配法的算法思想如下：首先将 S_0 与 T_0 进行比较，若不同，就将 S_1 与 T_0 进行比较，……直到 S 的某一个字符 S_i 和 T_0 相同，再将它们之后的字符进行比较，若也相同，则如此继续往下比较，当 S 的某一个字符 S_i 与 T 的字符 T_j 不同时，则 S 返回到本趟开始字符的下一个字符，即 S_{i-j+1}，T 返回到 T_0，继续开始下一趟的比较，重复上述过程。若 T 中的字符全部比完，则说明本趟匹配成功，本趟的起始位置是 $i-j+1$，否则，匹配失败。依据这个思想，采用定长顺序存储结构，算法描述如下：

【算法 4.5】

```
int StrIndex(SeqString *S, SeqString *T)
 /*返回模式 T 在主串 S 中第一次出现的位置。若不存在,则函数值为零,其中 T 非空*/
{
  int i=0,j=0;
  while(i<S->len-T->len&&j<T->len)
    if(S->s[i]==T->s[j])
      {i++;j++;}    /*继续比较后续字符*/
    else
      {i=i-j+1;j=0;}
  if(j==T->len)
    return i-T->len+1;/*等同于 i-j+1*/
  else
  return 0;
}
```

设主串 S= "ababcabcdeabc"，模式串 T= "abcde"，pos=0，则算法 StrIndex 的匹配过程如图 4.2 所示。结果在第 6 趟匹配成功，返回值为 i(9)-j(4)+1=6。可见，回溯匹配法的效率与主串 S 及模式串 T 的样式有关，其决定因素主要有两个：①模式串 T 在主串 S 中完全匹配的实际位置，它反映了 i 的宏观移动距离；②模式串 T 的

第一次匹配	s= ababcabcdeabc	i=2	失败
	t=abcde	j=2	
第二次匹配	s= ababcabcdeabc	i=1	失败
	t=abcde	j=0	
第三次匹配	s= ababcabcdeabc	i=5	失败
	t=abcde	j=3	
第四次匹配	s= ababcabcdeabc	i=3	失败
	t=abcde	j=0	
第五次匹配	s= ababcabcdeabc	i=4	失败
	t=abcde	j=0	
第六次匹配	s= ababcabcdeabc	i=9	成功
	t=abcde	j=4	

图 4.2 简单模式匹配的匹配过程

部分前缀串在主串 S 中反复匹配的长度，它反映了 i 每次回溯的距离。在最坏的情况下，例如：当主串 S=aaaaaaaaaaaaab，模式串 T="aaaab"，pos=0 时，回溯匹配法的时间复杂度是 O($n*m$)，其中 n 是主串 S 的长度，m 是模式串 T 的长度。在最好的情况下，例如：当主串 S=abcabaaabab，模式串 T=abc，pos=0 时，时间复杂度是 O(m)。而有时该算法的时间复杂度是 O($n+m$)，例如：当主串 S=abcdefghi，模式串 T=ghi，pos=0 时。

串的模式匹配算法是可以改进的，改进后的算法可以在 O(n+m)的时间数量级上完成串的模式匹配操作，读者要了解改进算法的具体实现，可以参考其他数据结构方面的书籍，本书不再赘述。

4.2 数   组

**4.2 数组的世界
只有一维**

$$A_{m \times n} = \begin{bmatrix} a_{11} & a_{12} & \cdots & a_{1n} \\ a_{21} & a_{22} & \cdots & a_{2n} \\ & & \vdots & \\ a_{m1} & a_{m2} & \cdots & a_{mn} \end{bmatrix}$$

图 4.3   二维数组

4.2.1   数组的基本概念

数组(array)由相同的数据元素组成，是程序设计中一种非常基本的数据类型。几乎所有的程序设计语言都将数组类型规定为固有数据类型。一维数组是线性结构，而多维数组是非线性结构。多维数组是向量的推广。

如图 4.3 所示的二维数组，可以看作由 m 个行向量组成的，也可以看作由 n 个列向量组成。二维数组中的每个元素 a_{ij} 均属于两个向量，即第 i 行的行向量和第 j 列的列向量。如果 a_{ij} 不是边界元素，则它在行向量上有一个直接前驱 $a_{i-1,\ j}$ 和一个直接后继 $a_{i+1,\ j}$，在列向量上有一个直接前驱 $a_{i,\ j-1}$ 和一个直接后继 $a_{i,\ j+1}$。同样，三维数组中的每个元素都属于 3 个向量，每个元素最多可以有 3 个直接前驱和 3 个直接后继。m 维数组的每个元素都属于 m 个向量，每个元素最多可有 m 个直接前驱和 m 个直接后继。

4.2.2   数组的顺序表示和实现

数组是固定长度的线性表，没有插入元素或删除元素操作，所以适合采用顺序存储结构。计算机内存的地址空间在逻辑上看是一维的结构，因而，多维数组的存储在申请一块足够大的连续的内存空间的同时还需要合理约定单元的次序，所以，数组的存储需要两个要素：

（1）一块足够大的连续的内存空间，可存放所有的数组单元。

（2）一个寻址函数 Loc，可根据数组元素的下标得到其存储单元地址。

其中，重点是寻址函数的定义。

1. 一维数组的寻址函数

对于一维数组来说比较简单，数组元素是按顺序存放的。设有一维数组 A1 [$b \cdots b+n-1$]，其中 b 表示数组中首单元（最低地址单元）序号，n 表示数组中单元的个数，如果每个数组元素占据 s 个地址单元，则寻址函数是 Loc(i)=Loc(b)+($i-b$)×s，其中 i 的值域是 $b \le i \le b+n-1$。

对应到 C 语言中的一维数组，由于 b 等于 0，故寻址函数是 Loc(i)=Loc(0)+$i×s$，其中 i 的值域是 $0 \le i \le n-1$。

2. 二维数组的寻址函数

对于二维数组，要把数组元素存储在一维空间中，一般有两种存储方式：一种是行优先（即逐行地）的顺序存储。

设有 $m×n$ 的二维数组 A2 [$r \cdots r+m-1$][$c \cdots c+n-1$] 如图 4.4（a）所示，则该数组以行优先的存储情况如图 4.4（b）所示，以列优先的存储情况如图 4.4（c）所示。

从图 4.4（c）中可以看出，当数组 A2 以列优先存储时，寻址函数：

$$Loc(i, j) = Loc(r, c) + ((j-c) \times m + (i-r)) \times s$$

其中 i、j 的值：$r \le i \le r+m-1$，$c \le j \le c+n-1$

这是因为数组元素 a_{ij} 的前面有 $j-c$ 列，每一列的元素个数为 m，在第 j 列中它的前面还

有 $i-r$ 个数组元素。

当数组 A2 以行优先存储时，寻址函数：

$$Loc(i, j)=Loc(r, c)+((i-r)\times n+(j-c))\times s$$

其中 i、j 的值域是：$r \leqslant i \leqslant r+m-1$，$c \leqslant j \leqslant c+n-1$

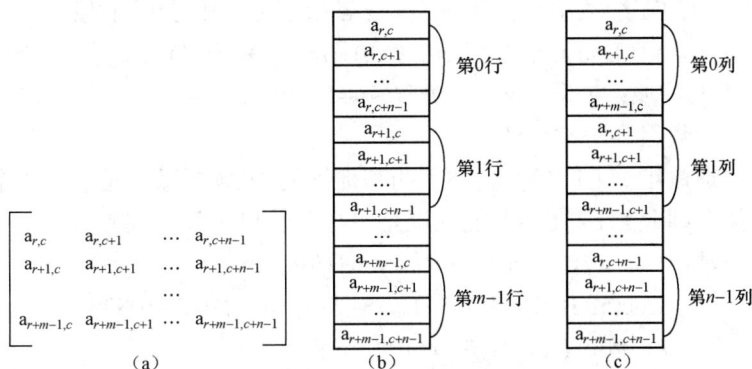

图 4.4　二维数组顺序存储示意图

（a）二维数组；（b）行优先存储；（c）列优先存储

这是因为数组元素 a_{ij} 的前面有 $i-r$ 行，每一行的元素个数为 n，在第 i 行中其前面还有 $j-c$ 个数组元素。

对应到 C 语言中的二维数组，由于 r、c 都等于 0，故寻址函数：

$$Loc(i, j)=Loc(0, 0)+(i \times n+j)\times s$$

其中 i、j 的值域是：$0 \leqslant i \leqslant m-1$，$0 \leqslant j \leqslant n-1$。

3．三维数组的寻址函数

对于一个 $m \times n$ 的二维数组，如果是行优先存储，其实是把二维数组理解成一个长度为 m 的一维数组，数组的每个元素是一个长度为 n 的一维数组；如果是列优先存储，是把二维数组理解成一个长度为 n 的一维数组，数组的每个元素是一个长度为 m 的一维数组。同理，对于 $m \times n \times p$ 三维数组，如果是行优先存储，是把三维数组理解成一个长度为 m 的一维数组，数组的每个元素是一个 $n \times p$ 的二维数组，而对每个 $n \times p$ 的二维数组，又理解成一个长度为 n 的一维数组，数组的每个元素是长度为 p 的一维数组；如果是列优先存储，是把三维数组理解成一个长度为 p 的一维数组，数组的每个元素是一个 $n \times m$ 的二维数组，而对每个 $n \times m$ 的二维数组，又理解成一个长度为 n 的一维数组，数组的每个元素是长度为 m 的一维数组。于是，对于 $m \times n \times p$ 三维数组 A3 $[x \cdots x+m-1]$ $[y \cdots y+n-1]$ $[z \cdots z+p-1]$，以列优先存储时，寻址函数是：

$$Loc(i, j, k)=Loc(x, y, z)+((k-z)\times n \times m+(j-y)\times m+(i-x))\times s$$

其中，i、j、k 的值域是：$x \leqslant i \leqslant x+m-1$，$y \leqslant j \leqslant y+n-1$，$z \leqslant k \leqslant z+p-1$

这是因为数组元素 a_{ijk} 的前面有 $k-z$ 个二维数组，每一个二维数组的元素个数为 $n \times m$，在第 k 个二维数组中它的前面有 $j-y$ 个列，每一列的元素个数为 m，在第 k 个二维数组中的第 j 列中它前面还有 $i-x$ 个数组元素。

当数组 A3 以行优先存储时，寻址函数：

$$Loc(i, j, k)=Loc(x, y, z)+((i-x)\times n \times p+(j-y)\times p+(k-z))\times s$$

其中，i、j、k 的值域：$x{\le}i{\le}x+m-1$，$y{\le}j{\le}y+n-1$，$z{\le}k{\le}z+p-1$。

这是因为数组元素 a_{ijk} 的前面有 $i-x$ 个二维数组，每一个二维数组的元素个数为 $n{\times}p$，在第 i 个二维数组中它的前面有 $j-y$ 个行，每一行的元素个数为 p，在第 i 个二维数组中的第 j 行中它前面还有 $k-z$ 个数组元素。

对应到 C 语言中的三维数组，由于 x、y、z 都等于 0，故寻址函数：

$$Loc(i, j, k)=Loc(0, 0, 0)+(i{\times}n{\times}p+j{\times}p+k){\times}s$$

其中，i、j、k 的值域：$0{\le}i{\le}m-1$，$0{\le}j{\le}n-1$，$0{\le}k{\le}p-1$。

对于维数更多的数组也是类似的。

【例 4.1】 设二维数组 a [1..10] [2..8] 的基地址为 1024，每个元素占 2 个存储单元，若以行优先顺序存储，则元素 a [5，3] 的地址是多少？若以列优先呢？

因为当行优先时，$Loc(i, j)=Loc(r, c)+((i-r){\times}n+(j-c)){\times}s$

故　　　　　　$Loc(5, 3)=1024+((5-1){\times}(8-2+1)+(3-2)){\times}2=1082$

当列优先时，$Loc(i, j)=Loc(r, c)+((j-c){\times}m+(i-r)){\times}s$

故　　　　　　$Loc(5, 3)=1024+((3-2){\times}(10-1+1)+(5-1)){\times}2=1052$

【例 4.2】 如果二维数组 a [0..10] [2..10] 按行优先方式存储时元素 a [7] [4] 相对基地址的偏移量（距离）与当 a 按列优先方式存储时的元素 a [i] [j] 相对基地址的偏移量是相等的，则 i、j 分别等于多少？

行优先时，$Loc(7, 4)=Loc(0, 2)+(7{\times}(10-2+1)+(4-2)){\times}s=Loc(0, 2)+65{\times}s$

列优先时，$Loc(i, j)=Loc(0, 2)+((j-2){\times}11+i){\times}s$

由于当 a 按列优先方式存储时 $a[i][j]$ 与按行优先方式存储时元素 a [7] [4] 相对基地址的偏移量相同，则 $(j-2){\times}11+i=65$，由于 $0{\le}i{\le}10$，且 i、j 均为正整数，故 $j=65/11+2=7$；$i=65\%11=10$。

4.2.3　矩阵的压缩存储

小规模的矩阵通常用二维数组来表示，但对于某些非常大的特定矩阵，从节省空间方面考虑，可以寻求其他存储方式来压缩所需的存储空间。

1.　特殊矩阵的压缩存储

特殊矩阵（special matrix）是指元素之间具有特定规律的矩阵。常见的特殊矩阵有对称矩阵、三角矩阵和对角矩阵等。对这类矩阵（以下用 M 表示）的存储，可以用一维数组 B 按某种规律只保存矩阵中特定的一部分元素，但要提供一个转换函数 $k=f(i, j)$ 来表示出每个矩阵元素 m_{ij} 与一维数组 B 中元素 b_k 的对应关系。下面分别说明几种特殊矩阵的压缩存储方法。

（1）对称矩阵。在一个 n 阶方阵 M 中，如果满足

$$m_{ij}=m_{ji}　　　其中，0{\le}i, j{\le}n-1$$

则称为 n 阶对称矩阵。

对于 n 阶对称矩阵 M 的存储，用一维数组 B 按从上至下、从左到右的顺序保存 M 的下三角部分的元素即可（见图 4.5），这样，便从原来采用二维数组存储时所需的 $n{\times}n$ 个存储单元减少为现在所需的 $n(n+1)/2$ 个存储单元了，共节省了 $n(n-1)/2$ 个存储单元。

在 n 阶对称矩阵 M 中，下三角的元素 m_{ij} 的 i、j 关系是 $i{\ge}j$，存储到 B 中后，根据存储规律，m_{ij} 的上面有 i 行，共有 $1+2+{\cdots}+i=i(i+1)/2$ 个元素，另外，m_{ij} 所在行的左面还有 j 个元

素，因此 m_{ij} 与一维数组 B 中元素 b_k 的对应关系为

$$k=i(i+1)/2+j \quad （当 i \geqslant j 时）$$

矩阵 M 中剩下的元素 m_{ij} 的 i、j 关系是 $i<j$，它们是上三角中（不含主对角线上的元素）的元素，由于 $m_{ij}=m_{ji}$，因此 m_{ij} 与一维数组 B 中元素 b_k 的对应关系为

$$k=j(j+1)/2+i \quad （当 i<j 时）$$

这种存储方法的思想适用于多数的特殊矩阵。

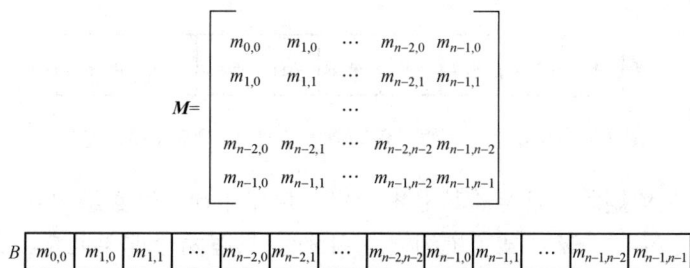

$$M=\begin{bmatrix} m_{0,0} & m_{1,0} & \cdots & m_{n-2,0} & m_{n-1,0} \\ m_{1,0} & m_{1,1} & \cdots & m_{n-2,1} & m_{n-1,1} \\ & & \cdots & & \\ m_{n-2,0} & m_{n-2,1} & \cdots & m_{n-2,n-2} & m_{n-1,n-2} \\ m_{n-1,0} & m_{n-1,1} & \cdots & m_{n-1,n-2} & m_{n-1,n-1} \end{bmatrix}$$

B | $m_{0,0}$ | $m_{1,0}$ | $m_{1,1}$ | $\cdots$ | $m_{n-2,0}$ | $m_{n-2,1}$ | $\cdots$ | $m_{n-2,n-2}$ | $m_{n-1,0}$ | $m_{n-1,1}$ | $\cdots$ | $m_{n-1,n-2}$ | $m_{n-1,n-1}$ |

图 4.5 对称矩阵压缩存储示意图

（2）三角矩阵。与对称矩阵不同，三角矩阵有上三角矩阵和下三角矩阵两种。上三角矩阵如图 4.6 所示，它的下三角（不包括主对角线）中的元素均为常数 c。下三角与上三角相反，它的主对角线上方的元素均为常数 c，如图 4.7 所示。

$$M_{m \times n}=\begin{bmatrix} m_{00} & m_{01} & \cdots & m_{0n-1} \\ c & m_{11} & \cdots & m_{1n-1} \\ & & \cdots & \\ c & c & \cdots & m_{n-1n-1} \end{bmatrix}$$

图 4.6 上三角矩阵

$$M_{m \times n}=\begin{bmatrix} m_{00} & c & \cdots & c \\ m_{10} & m_{11} & \cdots & c \\ & & \cdots & \\ m_{n-10} & m_{n-11} & \cdots & m_{n-1n-1} \end{bmatrix}$$

图 4.7 下三角矩阵

三角矩阵中的重复元素 c 可以共享一个存储空间，其余元素正好是 $n(n+1)/2$ 个，所以三角矩阵可以压缩存放到向量 $s[n(n+1)/2+1]$ 中，常数 c 存储在最后一个分量中。

上三角矩阵中，除主对角线下的常数 c 外，第 p 行（$0 \leqslant p<n$）中还有 $n-p$ 个元素，按行优先顺序存放上三角矩阵中的元素 m_{ij} 时，m_{ij} 之前的 i 行（从第 0 行到第 $i-1$ 行）共有

$$(n-0)+(n-1)+(n-2)+\cdots+(n-i-1)=i*(2n-i+1)/2$$

个元素，在第 i 行中 m_{ij} 是该行的第 $j-i$ 个元素。于是 $s[k]$ 与 m_{ij} 的对应关系可以描述为

$$k=\begin{cases} i(2n-i+1)/2+(j-i)(i \leqslant j) \\ n(n+1)/2(i>j) \end{cases}$$

▲思考下三角矩阵存储时，$s[k]$ 与 m_{ij} 的对应关系如何？

（3）对角矩阵。若一个 n 阶方阵 M 满足其所有非零元素都集中在以主对角线为中心的带状区域中，则称其为 n 阶对角矩阵。其主对角线上下方各有 b 条次对角线，称 b 为矩阵半带宽，（$2b+1$）为矩阵的带宽。对于半带宽为 $b\left(0 \leqslant b \leqslant \dfrac{n-1}{2}\right)$ 的对角矩阵，其 $|i-j| \leqslant b$ 的元素 $a_{i,j}$ 不为零，其余元素为零。图 4.8 所示是半带宽为 b 的对角矩阵示意图。

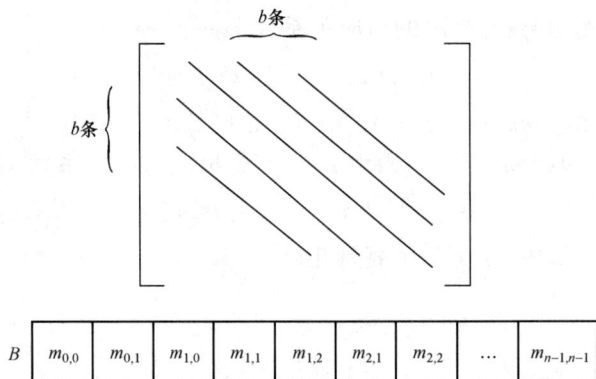

图 4.8　半带宽为 b 的对角矩阵及 $b=1$ 的压缩存储示意图

对于 $b=1$ 的三对角矩阵，只存储其非零元素，并存储到一维数组 B 中，将 M 的非零元素 $m_{i,j}$ 存储到 B 的元素 b_k 中。M 中第 0 行和第 $n-1$ 行都只有两个非零元素，其余各行有 3 个非零元素。对于不在第 0 行的非零元素 $m_{i,j}$ 来说，在它前面存储了矩阵的前 i 行元素，这些元素的总数 k 为 $2+3(i-1)$。若 $m_{i,j}$ 是本行中需要存储的第 1 个元素，则 $k=2+3(i-1)=3i-1$，此时，$j=i-1$，即 $k=2i+i-1=2i+j$。若 $m_{i,j}$ 是本行中需要存储的第 2 个元素，则 $k=2+3(i-1)+1=3i$，此时，$i=j$，即 $k=2i+i=2i+j$。若 $m_{i,j}$ 是本行中需要存储的第 3 个元素，则 $k=2+3(i-1)+2=3i+1$，此时 $j=i+1$，即 $k=2i+i+1=2i+j$。归纳起来有：$k=2i+j$。

以上讨论的对称矩阵、三角矩阵、对角矩阵的压缩存储方法，是把有一定分布规律的值相同的元素（包括 0）压缩存储到一个存储空间中。这样的压缩存储只需在算法中按公式作一映射即可实现矩阵元素的随机存取。

2．稀疏矩阵的压缩存储

在一个矩阵中，元素值为某常量值 C 的元素的个数如果远远超过元素值不为 C 的元素的个数，并且这些元素值为 C 的元素在矩阵中的分布是无规律的，这时，通常称该矩阵为稀疏矩阵（sparse matrix），本书称那些元素值为 C 的元素为公共元，元素值不为 C 的元素称为特殊元。

稀疏矩阵的压缩存储方法很多，如三元组顺序表、二元组顺序表、带辅助向量的二元组顺序表和十字链表等。其中三元组顺序表尤其常用，下面对这种方法加以说明。

（1）稀疏矩阵的三元组表示。三元组顺序表的数据结构可定义如下：

```
#define MAXSIZE 100      /*矩阵中非零元素的最多个数*/
typedef struct
{
  int row;               /*行号*/
  int col;               /*列号*/
  DataType value;        /*元素值*/
}TupNode;                /*三元组定义*/
 typedef struct
 {
  int m ;                /*行数值*/
  int n;                 /*列数值*/
  int len;               /*非零元素个数*/
  TupNode data[MAXSIZE];
 } TSMatrix;             /*三元组顺序表定义*/
```

三元组表示法是一种线性表表示形式，表中的每个数据元素包括行号 row、列号 col 和元素值 value 三个成员，在表中按"以行优先的顺序并保持同一行中列号从小到大的规律"保存稀疏矩阵中的所有特殊元。假设图 4.9（a）表示的 5×7 的矩阵 M 可以看作是稀疏矩阵，则矩阵 M 的三元组表示形式如图 4.9（b）所示。

$$M=\begin{bmatrix} 0&0&0&2&0&0&0 \\ 7&0&0&0&6&0&0 \\ 0&0&1&0&0&0&0 \\ 0&0&0&5&0&3&0 \\ 0&4&0&0&8&0&0 \end{bmatrix}$$

	row	col	value
0	0	3	2
1	1	0	7
2	1	4	6
3	2	2	1
4	3	3	5
5	3	5	3
6	4	1	4
7	4	4	8

（a）　　　　　　　　（b）

图 4.9　稀疏矩阵的三元组表示示意图
（a）稀疏矩阵；（b）三元组表示

在三元组顺序表中，保存特殊元（在动态一维数组 data 中）的同时，也封装了顺序表所需的表空间尺寸 MAXSIZE 和表长度 len，其中表长度实际上就是稀疏矩阵中特殊元的个数，另外，还包含有矩阵的行数 m 和列数 n，所有这些信息组成了三元组顺序表的存储结构类型 TSMatrix。

稀疏矩阵的三元组顺序表存储结构的常见基本操作有：

1）矩阵初始化 MatrixInitialize( )；

说明：初始化一个新的空的三元组顺序表。

2）输出矩阵 MatrixPrint( )；

说明：按指定的数据格式输出稀疏矩阵。

3）获取矩阵元素 GetElem( )；

说明：获取矩阵元素 a_{ij} 的值。

4）写矩阵元素 PutElem( )；

说明：更改矩阵元素 a_{ij} 的值。

5）拷贝矩阵 MatrixCopy( )；

说明：生成一个新矩阵，它与指定的矩阵完全相同。

6）矩阵加法 MatrixAdd( )；

说明：完成两个矩阵的加法运算，结果保存在一个已完成初始化的矩阵中。

7）矩阵减法 MatrixSub( )；

说明：完成两个矩阵的减法运算，结果保存在一个已完成初始化的矩阵中。

8）矩阵乘法 MatrixMult( )；

说明：完成两个矩阵的乘法运算，结果保存在一个已完成初始化的矩阵中。

9）矩阵转置 MatrixTranspose( )；

说明：完成一个矩阵的转置运算，结果保存在一个已完成初始化的矩阵中。

10）销毁矩阵 MatrixDestroy( )；

说明：释放矩阵占用的空间。

下面首先以稀疏矩阵的转置运算为例，介绍采用三元组表时的实现方法。矩阵转置，是指变换元素的位置，把位于（row，col）位置上的元素换到（col，row）位置上，也就是说，把元素的行列互换。如图 4.9（a）所示的 5×7 矩阵 M，它的转置矩阵就是 7×5 的矩阵，并且 $N(row, col)=M(col, row)$，其中，$0 \leqslant row \leqslant 6$，$0 \leqslant col \leqslant 4$。采用矩阵的正常存储方式时，实现矩阵转置的经典算法如下。

【算法 4.6】void MatrixTran (DataType source[n][m]，DataType dest[m][n])

```
{/*source 和 dest 分别为被转置的矩阵和转置以后的矩阵(用二维数组表示)*/
    int i,j;
    for(i=0;i<m;i++)
      for(j=0;j<n;j++)
        dest[i][j]=source[j][i];
    }
```

显然，稀疏矩阵的转置仍为稀疏矩阵，所以可以采用三元组表实现矩阵的转置。

假设 *A* 和 *B* 是矩阵 *source* 和矩阵 *dest* 的三元组表，实现转置的简单方法是：

a. 矩阵 *source* 的三元组表 *A* 的行、列互换就可以得到 *B* 中的元素，如图 4.10 所示。

b. 为了保证转置后的矩阵的三元组表 *B* 也是以"行序为主序"进行存放，则需要对行、列互换后的三元组表 *B* 按 *B* 的行下标（即 *A* 的列下标）大小重新排序，如图 4.11 所示。

(i,j,x)-------(j,i,x)
　↑　　　　　↑
　A　　　　*B*

图 4.10　稀疏矩阵的转置示例

可以看出，步骤 a 很容易实现，但步骤 b 重新排序时势必要移动元素，从而影响算法的效率。为了避免元素的移动，可以采取以下两种处理方法：

方法一：回溯法。为了避免行、列互换后重新排序，我们按照三元组表 *A* 的列序（即转置后三元组表 *B* 的行序）进行转置，并依次送入 *B* 中，这样转置后得到的三元组表 *B* 恰好是以"行序为主序"的。如图 4.12 所示，第一遍扫描三元组表 *A* 时，逐个找出其中所有 *col*=0 的三元组，转置后按顺序送到三元组表 *B* 中。同理，第二遍扫描三元组表 *A* 时，逐个找出其中所有 *col*=1 的三元组，转置后按顺序送到三元组表 *B* 中。第 *k* 遍扫描三元组表 *A* 时，逐个找出其中所有 *col*=*k*-1 的三元组，转置后按顺序送到三元组表 *B* 中。

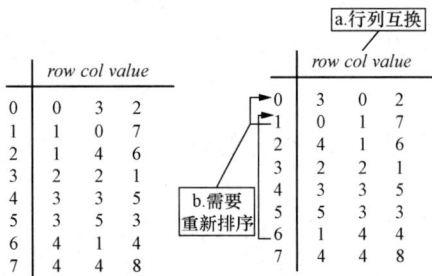

a.行列互换

	row	col	value
0	0	3	2
1	1	0	7
2	1	4	6
3	2	2	1
4	3	3	5
5	3	5	3
6	4	1	4
7	4	4	8

	row	col	value
0	3	0	2
1	0	1	7
2	1	4	6
3	2	2	1
4	3	3	5
5	5	3	3
6	1	4	4
7	4	4	8

b.需要重新排序

图 4.11　矩阵的转置

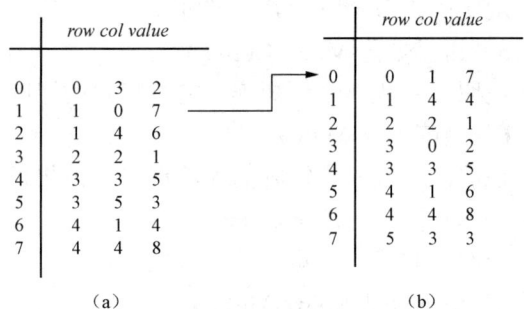

	row	col	value
0	0	3	2
1	1	0	7
2	1	4	6
3	2	2	1
4	3	3	5
5	3	5	3
6	4	1	4
7	4	4	8

（a）

	row	col	value
0	0	1	7
1	1	4	4
2	2	2	1
3	3	0	2
4	3	3	5
5	4	1	6
6	4	4	8
7	5	3	3

（b）

图 4.12　矩阵的转置

（a）三元组表 *A*；（b）三元组表 *B*

附设一个位置计数器 *j*，用于指向当前转置后元素应放入三元组表 *B* 中的位置。处理完一个元素后，*j* 加 1，*j* 的初值为 0。具体转置算法如下：

【算法 4.7】基于稀疏矩阵的三元组表示矩阵的转置算法。

```
void MatrixTranspose (TSMatrix A,TSMatrix *B)
  {/*把矩阵 A 转置到 B 所指向的矩阵中去,矩阵用三元组表表示*/
    int  i,j,k;
    B->m=A.n;B->n=A.m;B->len=A.len;
    if(B->len>0)
    {
```

```
        j=0;
        for(k=0;k<A.n;k++)
         for(i=0;i<A.len;i++)
           if(A.data[i].col==k)
            {
            B->data[j].row= A.data[i].col;
            B->data[j].col=A.data[i].row;
            B->data[j].e=A.data[i].e;
            j++;
            }
        }
    }
```

算法的时间耗费主要是在双重循环中，其时间复杂度为 $O(A.n \times A.len)$，最坏情况下，当 $A.len=A.m \times A.n$ 时，时间复杂度为 $O(A.m \times A.n^2)$。采用正常方式实现矩阵转置的算法时间复杂度为 $O(A.m \times A.n)$。

方法二：依次按三元组表 A 的次序进行转置，转置后直接放到三元组表 B 的正确位置上。这种转置算法称为快速转置算法。

为了能将待转置三元组表 A 中元素一次定位到三元组表 B 的正确位置上，需要预先计算以下数据：

1）待转置矩阵 **source** 每一列中非零元素的个数（即转置后矩阵 **dest** 每一行中非零元素的个数）。

2）待转置矩阵 **source** 每一列第一个非零元素在三元组表 B 中的正确位置（即转置后矩阵 dest 每一行中第一个非零元素在三元组 B 中的正确位置）。

为此，需要设两个数组 num［］和 position［］，其中 num［col］用来存放三元组表 A 中第 col 列中非零元素个数（三元组表 B 中第 col 行非零元素的个数），position［col］用来存放转置前三元组表 A 中第 col 列（转置后三元组表 B 中第 col 行）中第一个非零元素在三元组表 B 中的正确位置。

num［col］的计算方法：将三元组表 A 扫描一遍，对于其中列号为 k 的元素，给相应的 num[k]加 1。

position［col］的计算方法：

position［0］=0，

position［col］=position［col–1］+num ［col–1］，其中 $1 \leqslant col < A.n$。

通过上述方法，可以得到图 4.9 的 M 的 num［col］和 position[col]的值，如图 4.13 所示。

col	0	1	2	3	4	5	6
num[col]	1	1	1	2	2	1	0
position[col]	0	1	2	3	5	7	8

图 4.13　矩阵 M 的 num［col］和 position［col］的值

将三元组表 A 中所有的非零元素直接放到三元组表 B 中正确位置上的方法：

position［col］的初值为三元组表 A 中第 col 列（三元组表 B 的第 col 行）中第一个非零元素的正确位置，当三元组表 A 中第 col 列有一个元素加入三元组表 B 时，则 position［col］=position［col］+1，即使 position［col］始终指向三元组表 A 中第 col 列下一个非零元素的正确位置。

具体算法如下：

【算法 4.8】 快速稀疏矩阵转置算法。

```
MatrixFastTranspose(TSMatrix A,TSMatrix *B)
{/*基于矩阵的三元组表示,采用快速转置法,将矩阵A转置为B所指的矩阵*/
    int col,t,p,q;
    int num[MAXSIZE],position[MAXSIZE];
    B->len=A.len;B->n=A.m;B->m=A.n;
    if(B->len)
    {
      for(col=0;col<A.n;col++)
        num[col]=0;
      for(t=0;t<A.len;t++)
        num[A.data[t].col]++;      /*计算每一列的非零元素的个数*/
      position[0]=0;
      for(col=1;col<A.n;col++)    /*求col列中第一个非零元素在B.data[]中的正确位置*/
        position[col]=position[col-1]+num[col-1];
      for(p=0;p<A.len;p++)
      {
        col=A.data[p].col;q=position[col];
        B->data[q].row=A.data[p].col;
        B->data[q].col=A.data[p].row;
        B->data[q].value=A.data[p].value;
        position[col]++;/*当同一行有多个元素时,顺延其存储地址*/
      }
    }
}
```

快速转置算法的时间主要耗费在四个并列的单循环上，这四个并列的单循环分别执行了 $A.n$，$A.len$，$A.n-1$，$A.len$ 次，因而总的时间复杂度为 $O(A.n)+O(A.len)+O(A.n)+O(A.len)$，即为 $O(A.n+A.len)$。当待转置矩阵 M 中非零元素个数接近于 $A.m×A.n$ 时，其时间复杂度接近于经典算法的时间复杂度 $O(A.m×A.n)$。

快速转置算法在空间耗费上除了三元组表所占用的空间外，还需要两个辅助向量空间，即 num $[1..A.n]$，position $[1..A.n]$。可见，算法在时间上的节省，是以更多的存储空间为代价的。

（2）稀疏矩阵的链式存储结构：十字链表。与用二维数组存储稀疏矩阵比较，用三元组表表示的稀疏矩阵不仅节约了空间，而且使得矩阵某些运算的运算时间比经典算法还少。但是在进行矩阵加法、减法和乘法等运算时，有时矩阵中的非零元素的位置和个数会发生很大的变化。如 $A=A+B$，将矩阵 B 加到矩阵 A 上，此时若还用三元组表表示法，势必会为了保持三元组表"以行序为主序"而大量移动元素。为了避免大量移动元素，我们将介绍稀疏矩阵的链式存储法——十字链表，它能够灵活地插入因运算而产生的新的非零元素，删除因运算而产生的新的零元素，实现矩阵的各种运算。

在十字链表中，矩阵的每一个非零元素用一个结点表示，该结点除了（row，col，value）以外，还要有以下两个链域：

right：用于链接同一行中的下一个非零元素。

down：用于链接同一列中的下一个非零元素。

　　整个结点的结构如图 4.14 所示。在十字链表中，同一行的非零元素通过 right 域链接成一个单链表，同一列的非零元素通过 down 域链接成一个单链表。这样，矩阵中任一非零元素 $M[i][j]$ 所对应的结点既处在第 i 行的行链表上，又处在第 j 列的列链表上，这好像是处在一个十字交叉路口上，所以称其为十字链表。同时再附设一个存放所有行链表的头指针的一维数组和一个存放所有列链表的头指针的一维数组。整个十字链表的结构如图 4.15 所示。

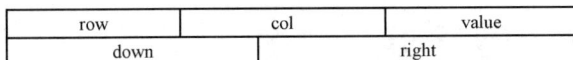

图 4.15　十字链表的结构

row	col	value
down		right

图 4.14　十字链表中结点的结构示意图

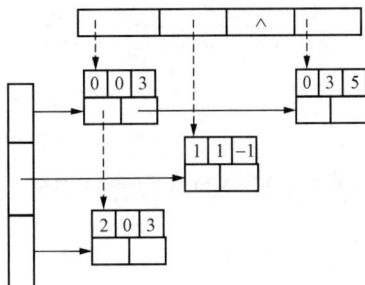

十字链表的结构类型说明如下：

【算法 4.9】 建立稀疏矩阵的十字链表。

```
typedef struct OLNode
{
 int row,col;                        /*非零元素的行和列下标*/
 DataType value;
 struct OLNode *right,*down;         /*非零元素所在行表、列表的后继链域*/
 } OLink;
typedef struct
{
 OLink *row_head,*col_head;          /*行、列链表的头指针向量*/
 int m,n,len;                        /*稀疏矩阵的行数、列数、非零元素的个数*/
}CrossList;
CreateCrossList(CrossList *M)
{/*采用十字链表存储结构,创建稀疏矩阵 M*/
if(M!=NULL)       free(M);
scanf("%d%d%d",&m,&n,&len);          /*输入 M 的行数,列数和非零元素的个数*/
M->m=m;M->n=n; M->len=len;
if(!(M->row_head=(OLink*)malloc(m*sizeof(OLink))))exit(OVERFLOW);
if(!(M->col_head=(OLink*)malloc(n*sizeof(OLink))))exit(OVERFLOW);
M->row_head =M->col_head =NULL;
/*初始化行、列头指针向量,各行、列链表为空的链表*/
for(scanf("%d%d%d",&i,&j,&e);i!= 0;scanf("%d%d%d",&i,&j,&e))
{
 if(!(p=(OLink*)malloc(sizeof(OLink)))) exit(OVERFLOW);
 p->row=i;p->col=j;p->value=e ;      /*生成结点*/
 if(M->row_head==NULL)
    M->row_head=p;
 else
 {                                    /*寻找行表中的插入位置*/
  for(q=M->row_head;q->right&&q->right->col<j;q=q->right)
    p->right=q->right; q->right=p;    /*完成插入*/
```

```
     }
  if(M->col_head==NULL)
     M->col_head=p;
  else
    {                                    /*寻找列表中的插入位置*/
     for(q=M->col_head;q->down&&q->down->row<i;q=q->down)
       p->down=q->down;q->down=p;        /*完成插入*/
    }
    }
}
```

建十字链表的算法的时间复杂度为 O($t \times s$)，s=max(m，n)。

4.3 广 义 表

4.3.1 广义表的定义

4.3 矩阵
压缩存储

广义表（generalized list）是 n（$n \geqslant 0$）个相互具有线性关系的数据元素组成的有限序列，n 称为广义表长度，表中的每个数据元素可以是原子（atom，单个元素），也可以是一个子表（子表也是一个广义表）。当广义表不空时，称第一个数据元素为该广义表的表头（head），称其余数据元素组成的表为该广义表的表尾（tail）。

广义表的定义是递归的，广义表中可以包含广义表。

习惯上，常用大写字母表示广义表，用小写字母表示原子，广义表用圆括号括起来，圆括号内的数据元素用逗号分隔。下面列举一些广义表的表示：

（1）A=( ) A 是一个空广义表，表长为零。
（2）B=(a) B 含有一个原子，表长为 1。
（3）C=(b，(c，d，e)) C 含有一个原子和一个子表，表长为 2。
（4）D=(B，C，e) D 含有两个子表和一个原子，表长为 3。
（5）E=(( )) E 含有一个空子表，表长为 1。

广义表的结构非常灵活，在特定的约束下，它可以表达线性表、数组和树等多种常用的数据结构。

广义表有两个重要的基本操作：取表头操作（GetHead）和取表尾操作（GetTail）。

根据广义表的表头、表尾的定义可知，对于任意一个非空的广义表，其表头可能是原子，也可能是广义表，而表尾必为广义表。例如：

```
GetHead(B)=a,GetTail(B)=(),
GetHead(C)=b,GetTail(C)=((c,d,e)),
GetHead(E)=(),GetTail(E)=(),
```

此外，广义表的基本操作还有初始化广义表 GListInitialize、销毁广义表 GListDestroy 等许多操作。

4.3.2 广义表的存储结构

广义表的结构非常灵活，通常只适合使用链式存储结构。由于广义表中的每个数据元素既可以是原子，又可以是子表，所以链表的结点类型中可以引入共用体成员来体现这种逻辑。广义表存储结构类型可以描述如下：

```
typedef struct glnode
{
  Tag  tag;
  union
  {
      GListDT atom;
      struct glnode *list;
  }elem;
  struct glnode *next;
}GNode, *GList;
```

设有广义表 L=(a，(b，(c，d))，( ))，则其链式存储结构如图 4.16 所示。

由于广义表存储结构比较复杂，导致基于其上的操作的实现也就很烦琐，本书对其就不再深入讨论了。

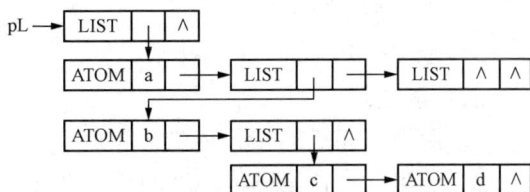

图 4.16 广义表 L 链式存储结构示意图

本 章 小 结

本章简要介绍了串、数组和广义表的有关内容。主要包括串的两种存储结构及其运算；数组的顺序表示和实现；稀疏矩阵可看作是一种特殊的二维数组，对稀疏矩阵进行压缩存储，可以有效地节省存储空间；广义表是一种复杂的数据结构，本章主章讨论它的存储表示方法。

习 题 4

一、选择题

1．串是一种特殊的线性表，其特殊性体现在_____。
    A．可以顺序存储　　　　　　　　　　B．数据元素是一个字符
    C．可以链接存储　　　　　　　　　　D．数据元素可以是多个字符

2．设有两个串 p 和 q，求 q 在 p 中首次出现的位置的运算称为_____。
    A．连接　　　　　B．模式匹配　　　　C．求子串　　　　D．求串长

3．设主串 T="aabaababaabaa"，子串 P="abab"，则简单模式匹配算法中直至匹配成功，单个字符比较的次数为_____。
    A．12　　　　　　B．13　　　　　　C．14　　　　　　D．15

4．二维数组 M 的元素是 4 个字符（每个字符占一个存储单元）组成的串，行下标 i 的范围为 0～4，列下标 j 的范围为 0～5，M 按行存储时元素 $M[3][5]$ 的起始地址与 M 按列存储时元素_____的起始地址相同。
    A．$M[2][4]$　　B．$M[3][4]$　　　C．$M[3][5]$　　　D．$M[4][4]$

5．数组 A 中，每个元素的长度为 4B，行下标 i 为 0～7，列下标 j 为 0～9，从首地址 SA 开始连续存放在存储器内，该数组按行存放时，元素 $A[7][4]$ 的起始地址为_____。
    A．SA+292　　　B．SA+296　　　C．SA+300　　　D．304

6. 对称数组 A 中，每个元素的长度为 4B，行下标 i 为 $0\sim 7$，列下标 j 为 $0\sim 7$。将其下三角中的元素连续存储在从首地址 SA 开始的存储器内，该数组是按行存放的，元素 $A[4][7]$ 的起始地址为_____。

  A. $SA+124$ B. $SA+128$ C. $SA+132$ D. 136

7. 将一个 $A[0..99][0..99]$ 的上三角矩阵，按列优先存储入一维数组 B[0..5050]中，A 中元素 $A[10][20]$ 在数组 B 中的位置 k 为_____。

  A. 75   B. 220   C. 965   D. 1800

8. 广义表 $((a))$ 的表头是_____，表尾是_____。

  A. a B. (a) C. $((a))$ D. $()$

二、填空题

1. 两个串相等的充分必要条件是_____。

2. 子串的定位运算称为串的模式匹配，_____称为目标串，_____称为模式。

3. 设目标 T="abccdcdccbaa"，模式 P="cdcc"则第_____次匹配成功，匹配成功时比较次数为_____。

4. 设二维数组 $a[1..60][2..70]$ 的基地址为 2048，每个元素占 2 个存储单元，若以行优先顺序存储，元素 $a[32][58]$ 的地址是_____；若以列优先顺序存储，该元素的地址是_____。

5. 如果二维数组 $a[0..9][1..20]$ 按行优先方式存储时元素 $a[8][5]$ 相对基地址的偏移量与当 a 按列优先方式存储时的元素 $a[i][j]$ 相对基地址的偏移量是相等的，则 i 的值为_____，j 的值为_____。

6. 对 n 阶对称矩阵压缩存储时，需要表长至少为____的顺序表。

7. 设有一个 10×10 的对称矩阵采用压缩存储，$M[0][0]$ 为第一个矩阵元素，其存储地址为 d，每个元素占 2B，则矩阵元素 $M[6][8]$ 的存储地址为_____。

三、简答题

1. 画出主串为"ababcabcacbab"，子串为"abc"的模式匹配过程。

2. 已知 $n\times n$ 右下三角矩阵 M 如图 4.17 所示，请为矩阵 M 设计一个压缩存储的方案。

3. 已知稀疏矩阵 M 如图 4.18 所示，请画出三元组顺序表的表示。

$$M=\begin{bmatrix} & & & m_{0,n-1} \\ & 0 & & m_{1,n-2}\ m_{1,n-1} \\ & & \cdots & \\ m_{n-2,1} & \cdots & m_{n-2,n-2}\ m_{n-2,n-1} \\ m_{n-1,0}\ m_{n-1,1} & \cdots & m_{n-1,n-2}\ m_{n-1,n-1} \end{bmatrix}$$

图 4.17 右下三角矩阵示意图

$$M=\begin{bmatrix} 0 & 0 & 0 & 0 & 3 & 0 & 0 \\ 0 & -1 & 0 & 0 & 0 & 0 & 4 \\ 7 & 0 & 0 & 0 & 0 & 0 & 0 \\ 0 & 0 & 0 & 0 & 0 & 0 & 0 \\ 0 & 6 & 0 & 0 & 8 & 0 & 0 \end{bmatrix}$$

图 4.18 稀疏矩阵 M 示意图

4. 若 x 和 y 是两个采用顺序结构存储的串，编写一个比较两个串是否相等的函数。

5. 对于采用顺序存储结构存储的串 x，编写一个函数删除其值等于 ch 的所有字符，要求具有较高的效率。

6. 采用顺序存储结构存储的串 s，编写一个函数，删除 s 中的第 i 个字符开始的 j 个字符。

7. 采用顺序存储结构存储串，编写一个函数 substring(s1,s2)，用于判定 s2 是否是 s1 的子串。

本章实验

实验 1　求顺序串的子串

1. 实验目的

了解串的有关概念及串和线性表的关系，掌握串的存储结构及串的基本运算。

2. 实验内容

在顺序结构下，求主串 S 中从第 i 个字符起，长度为 k 的子串。

3. 实验要点及说明

串是由零个或多个字符组成的有限序列。

参考程序中，当参数 i 和 k 满足约束条件时，从位置 i 开始，取出 k 个字符，所求子串由函数返回；否则函数返回空值。当 $i=3$，$k=4$ 时，串 S 及所求子串 T 如图 4.19 所示。

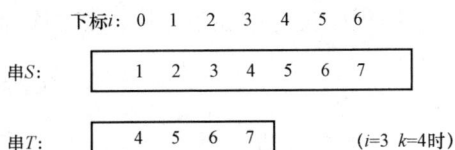

下标 i:　0　1　2　3　4　5　6

串 S:　| 1 | 2 | 3 | 4 | 5 | 6 | 7 |

串 T:　| 4 | 5 | 6 | 7 |　　（$i=3$ $k=4$时）

图 4.19　串 S 及所求子串 T

4. 参考程序

```c
#define maxnum 10
  #include<stdio.h>
  typedef struct                    /*定义顺序结构*/
   { char str[maxnum];             /*串允许的最大字符个数*/
     int len;
    }strtype;                       /*串类型定义*/
  strtype substrq(strtype s,int i,int k)
    { strtype t;
     int j ,n;
     n=s.len;
     if(i>=0&&i<=n-1&&k>0&&k<=n-i)
      {for(j=0;j<k;j++)              /*求子串*/
          t.str[j]=s.str[i+j];
       t.str[k]='\0';
       t.len=k;
       return(t);                    /*返回子串*/
      }
     else
      {t.str[0]='\0';                /*串结束*/
       t.len=0;
       return(t);
       }
    }
main()
{ strtype s,l;
  char ch;
  int i=0,j,k;
  strtype substrq();
  printf("Input string s:");
  while((ch=getchar())!='\n')       /*输入串并以换行符结束*/
    s.str[i++]=ch;
```

```
    s.len=i;
    printf("Input i k:");                /*输入 i,k 值*/
    scanf("%d%d",&i,&k);
    l=substrq(s,i,k);
    if(l.len==0)
      printf("i,k is wrong.");
    else
      {printf("Output substring 1:");
       for(j=0;j<k;j++)                  /*输出子串*/
         printf("%c",l.str[j]);
      }
    printf( "\n");
}
```

5. 思考题与习题

用程序实现删除串 S 中由第 i 个字符开始共 j 个字符的字符串。

实验 2　稀疏矩阵的转置

1. 实验目的

熟悉数组的有关概念，掌握稀疏矩阵的三元组存储结构的转置方法。

2. 实验内容

用三元组 a［10］［3］存储稀疏矩阵，然后将其转置并存储到 b［10］［3］。

3. 实验要点及说明

（1）带回溯的转置。由于稀疏矩阵中元素的存储是按行优先存储的，因而三元组中数据的行下标递增有序，行下标相同时列下标递增有序。因此，只要将三元组 a 的行值与列值交换，然后再按以行优先存储的原则重新排列三元组即可。即从三元组 a 的第一行依次将 a 中的列值由小到大进行选择，将选中的三元组元素行列值互换后放入三元组 b，直到三元组 a 中的元素全部放入 b 中为止。

（2）不带回溯的转置。不带回溯的转置要解决的关键问题就是要预先确定好矩阵 M 中每一列第一个非零元素在三元组 b 中的应有位置。为了确定这些位置，转置前必须求得三元组 a 中每一列非零元素的个数，从而得到每列第一个非零元素在三元组 b 中（行）的位置。因此，我们引入数据 pot 来记录矩阵 M 中每一列第一个非零元素在三元组 b 中的应有位置，即

```
pot[1]=1
pot[col]=pot[col-1]+第 col-1 列非零元素个数 2≤col≤a[0][1]
```

为了节省存储空间，实际上第 col-1 列非零元素个数记录于 pot［col］中，于是有

```
pot[1]=1
pot[col]=pot[col-1]+pot[col]  2≤col≤a[0][1]
```

参考程序的三元组 a 中，a［0］［0］、a［0］［1］和 a［0］［2］分别代表稀疏矩阵的行数、列数和非零元素个数，a［i］［0］、a［i］［1］和 a［i］［2］（1≤i≤a［0］［2］）分别代表非零元素的行数、列数和非零元素值。三元组 b 代表转置矩阵，其含义与三元组 a 相同。例如，一矩阵 M 与其对应的三元组 a 如图 4.20 所示。

$$M=\begin{bmatrix} 0 & 3 & 1 & 0 \\ 1 & 0 & 0 & 0 \\ 0 & 2 & 0 & 1 \end{bmatrix}$$

	0	1	2
0	3	4	5
1	1	2	3
2	1	3	1
3	2	1	1
4	3	2	2
5	3	4	1

三元组 a

图 4.20　矩阵 M 与其相应的三元组 a

4. 参考程序

（1）带回溯的转置程序。

```
#include "stdio.h"
int a[10][3]={3,4,5,1,2,3,1,3,1,2,1,1,3,2,2,3,4,1};
int b[10][3];
int i,j,q,col,p;
main()
{  b[0][0]=a[0][1];                        /*行列数交换*/
   b[0][1]=a[0][0];
   b[0][2]=a[0][2];                        /*存储非零元素个数*/
   if(b[0][2]!=0)
     {q=1;                                 /*指向三元组 b 的存放位置*/
      for(col=1;col<=a[0][1];col++)        /*对三元组 a 按列扫描*/
        for(p=1;p<=a[0][2];p++)
          if(a[p][1]==col)
            {
             b[q][1]=a[p][0];
             b[q][0]=a[p][1];
             b[q][2]=a[p][2];
             q++;
             }
     }
   printf("\n\n  output data:\n");
   for(i=0;i<=b[0][2];i++)
     {for(j=0;j<=2;j++)
        printf("  %d",b[i][j]);
      printf("\n");
     }
   }
```

（2）不带回溯的转置程序。

```
#include "stdio.h"
   int a[10][3]={ 3,4,5,1,2,3,1,3,1,2,1,1,3,2,2,3,4,1};
   int b[10][3],pot[10];
   int i,j,q,col;
   main()
   { b[0][0]=a[0][1];
    b[0][1]=a[0][0];
    b[0][2]=a[0][2];
    if(b[0][2]!=0)
      {for(col=2;col<=a[0][1]+1;col++)      /*建立 pot 数组*/
         pot[col]=0;
       for(i=1;i<=a[0][2];i++)             /*统计每一列非零元素的个数*/
         {col=a[i][1];
          pot[col+1]=pot[col+1]+1;    /*求 a 中第 i 列中第一个非零元素在 b 中的位置*/
          }
     pot[1]=1;
     for(i=2;i<=a[0][1];i++)
```

```
      pot[i]=pot[i-1]+pot[i];
   for(i=1;i<=a[0][2];i++)
     {col=a[i][1];
      q=pot[col];
      b[q][0]=a[i][1];
      b[q][1]=a[i][0];
      b[q][2]=a[i][2];
      pot[col]=pot[col]+1;
      }
   printf("knknoutput data:\n");
   for(i=0;i<=b[0][2];i++)
     {for(j=0;j<=2;j++)
       printf("  %d",b[i][j]);
      printf("\n");
     }
   }
 }
```

5. 思考题与习题

稀疏矩阵 *A* 和 *B*（分别为 $m \times n$ 和 $n \times 1$ 矩阵）采用三元组表示，用程序实现 *C=A*B* 的计算，要求 *C* 也采用三元组表示。

第 5 章　树 和 二 叉 树

💡 **本章学习目标**

（1）掌握树和二叉树的概念与定义。

（2）掌握二叉树的性质。

（3）掌握二叉树的存储结构以及在该存储结构下各种基本操作的实现。

（4）掌握树、森林与二叉树之间的转换关系。

（5）掌握哈夫曼树的定义与应用。

树形结构是一类重要的非线性结构，是以分支关系定义的层次结构。它非常类似于自然界中的树。树形结构在客观世界中大量存在，如家谱、行政组织机构都可用树形结构形象地表示。树在计算机领域也有着广泛的应用，例如在操作系统中，通常用树形结构来管理文件；在编译程序中，用树来表示源程序的语法结构；在数据库系统中，可用树来组织信息；在分析算法的行为时，可用树来描述其执行过程（即后面讲到的判定树）。本章重点讨论树形结构特别是二叉树的存储结构以及各种操作的实现，并研究树和森林与二叉树之间的转换关系，最后介绍树的应用实例：哈夫曼树、哈夫曼编码等问题。

5.1　树

5.1.1　树的定义及基本术语

1. 树的定义

树（tree）是 n（$n \geq 0$）个结点的有限集 T，当 $n=0$ 时，称为空树；当 $n>0$ 时，满足以下条件：

5.1　树的遍历

（1）有且仅有一个结点称为树根（root）结点。

（2）当 $n>1$ 时，除根结点以外的其余 $n-1$ 个结点可以划分成 m（$m>0$）个互不相交的有限集 T_1，T_2，…，T_m，其中每一个集合本身又是一棵树，称为根的子树（subtree）。

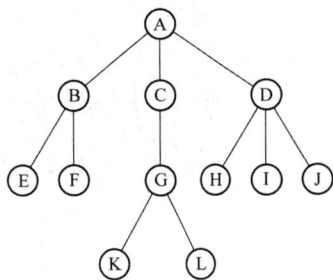

图 5.1 给出了一棵树的示意图。

由树的定义知，树有以下特点：

（1）树中有且仅有一个结点称为树根结点。

（2）树中各子树是互不相交的集合。

2. 基本术语

本章将使用以下有关树的术语：

结点（node）——表示树中的元素，包括数据项及若干指向其子树的分支。

结点的度（degree）——结点拥有的子树的数目。在图 5.1 中结点 A 的度为 3，结点 B 的度为 2，结点 K 的度为 0。

图 5.1　树的示意图

　　叶子结点（leaf）——度为 0 的结点称为叶子结点，也称为终端结点。在图 5.1 中，叶子结点有 E，F，K，L，H，I，J。

　　分支结点——度不为 0 的结点称为分支结点，也称为非终端结点。在图 5.1 中，非终端结点有 A、B、C、D、G 等。

　　孩子结点（child）——结点的子树的根称为该结点的孩子结点。在图 5.1 中，结点 A 的孩子结点为 B、C、D，结点 B 的孩子结点为 E、F。

　　双亲结点（parents）——孩子结点的上层结点称为该结点的双亲结点。在图 5.1 中，结点 I 的双亲为 D，结点 L 的双亲为 G。

　　兄弟结点（sibling）——具有同一双亲结点的孩子结点之间互称为兄弟结点。在图 5.1 中，结点 B、C、D 互为兄弟，结点 K、L 互为兄弟。

　　树的度——树中最大的结点的度数即为树的度。图 5.1 中树的度为 3。

　　结点的层次（level）——从根结点算起，根为第一层，其孩子为第二层……若某结点在第 i 层，则其孩子结点就在第 i+1 层。在图 5.1 中，结点 A 的层次为 1，结点 K 的层次为 4。

　　树的高度（depth）——树中结点的最大层次数。图 5.1 中树的高度为 4。

　　森林（forest）—— m（$m \geq 0$）棵互不相交的树的集合。若将图 5.1 中的根 A 结点删去，树就变成了由三棵树组成的森林。

　　有序树与无序树——树中结点的各子树从左至右是有次序的（不能互换），则称该树为有序树，否则称该树为无序树。

5.1.2　树的表示

　　树的逻辑结构表示有树型表示法、文氏图表示法、凹入表示法和括号表示法等。

　　（1）树型表示法。这是树的最基本的表示，使用一棵倒置的树表示树结构，非常直观和形象。图 5.1 就是采用这种表示法。

　　（2）文氏图表示法。使用集合以及集合的包含关系描述树结构。图 5.2（a）是文氏图表示法。

　　（3）凹入表示法。使用线段的伸缩关系描述树结构。图 5.2（b）是凹入表示法。

　　（4）括号表示法。将树的根结点写在括号的左边，除根结点之外的其余结点写在括号中并用逗号间隔。图 5.2（c）是括号表示法。

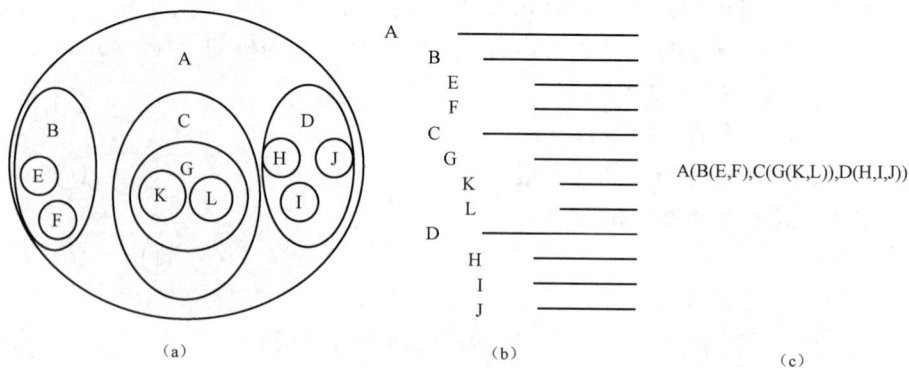

A(B(E,F),C(G(K,L)),D(H,I,J))

(a)　　　　　　　　　(b)　　　　　　　　　(c)

图 5.2　树的其他表示法

（a）文氏图表示法；（b）凹入表示法；（c）括号表示法

5.1.3 树的存储结构

在计算机中存储一棵树，不仅要存储树中每个结点的数值，而且还要存储结点与结点之间的关系。下面介绍 3 种常用的存储结构。

1. 双亲数组表示

用一个一维数组存储树中的各个结点，数组元素是一个记录，包含 data 和 parent 两个字段，分别表示结点的数据值和其双亲在数组中的下标。在这个一维数组中，树中结点可按任意顺序存放。

例如：图 5.1 中给出的树 T_1，它的双亲数组存储表示如图 5.3 所示。其中，规定下标为 0 的位置存储的结点是根结点。

位置	0	1	2	3	4	5	6	7	8	9	...	
data	A	B	C	D	E	F	G	H	I	J	...	
parent	−1	0	0	0	1	1	2	3	3	3	...	

图 5.3　树的双亲数组存储结构

在双亲数组中，找某个结点的双亲或祖先是很方便的，但要找某个结点的孩子比较麻烦，需要遍历整个数组。

2. 孩子链表存储结构

把每个结点的孩子结点排列起来，构成一个单链表，称为孩子链表。n 个结点的树有 n 个这样的孩子链表，其中，叶子结点的孩子链表为空表。为便于查找，n 个链表的表头指针放在一个顺序表中。这个顺序表中的每个元素有两个字段：一个存放结点的数值；另一个存放第一个孩子的地址。孩子链表中的每个结点也有两个字段：一个指示孩子结点的数值存放在顺序表中什么位置；另一个存放下一个孩子的地址。在顺序表中，各元素可以按任意顺序存放。在每个孩子链表中，各结点也可以按任意顺序链接。

图 5.4 是图 5.1 所示树 T_1 的孩子链表存储结构。其中，规定表头中下标为 0 的位置存储的结点是根结点。

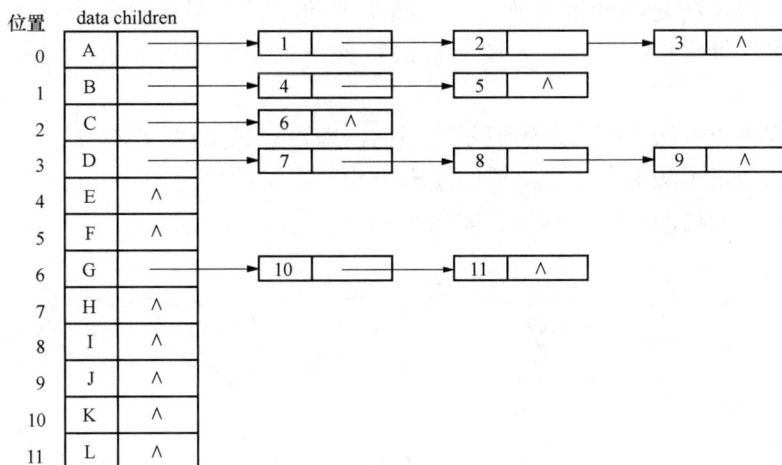

图 5.4　树的孩子链表存储结构

显然，在孩子链表中，查找某个结点的孩子结点很容易，但找结点的双亲结点则较困难。

3. 孩子兄弟链表存储结构

孩子兄弟链表存储结构是一种二叉链表，链表中每个结点包含两个指针，分别指向对应结点的第一个孩子和下一个兄弟。

图 5.5 是图 5.1 所示树 T_1 的孩子兄弟链表存储结构，其中，T_1 指针指向树的根结点。

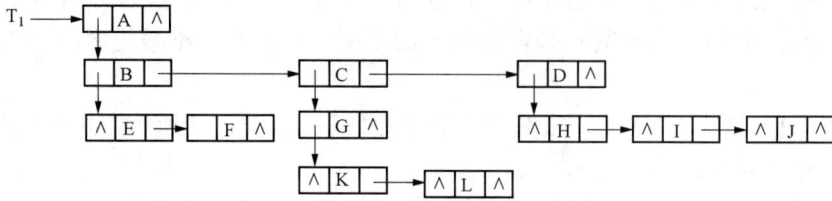

图 5.5　树的孩子兄弟链表存储结构

5.2　二　叉　树

二叉树是一种特殊的树，在树中，每个结点可以有任意个后继结点，但二叉树中每个结点最多只有两个后继结点，这样二叉树的存储和操作更易于实现。

5.2.1　二叉树的定义

二叉树是指树的度不大于 2 的有序树。它是一种最简单、最重要的树，在计算机领域有着广泛的应用。

二叉树的递归定义：二叉树或者是一棵空树，或者是一棵由一个根结点和两棵互不相交的分别称为根结点的左子树和右子树所组成的非空树，左子树和右子树又同样都是一棵二叉树。

在二叉树中，每个结点的左子树的根结点称为左孩子结点，右子树的根结点称为右孩子结点。

注意：二叉树与树是不同的概念。二叉树中的每个结点最多有两个孩子结点，且必须要区分左右子树，即使在结点只有一棵子树的情况下也要明确指出该子树是左子树还是右子树。

二叉树的逻辑表示法与树的逻辑表示法相同，即可以采用树形表示法、文氏图表示法、凹入表示法和括号表示法来表示二叉树的逻辑结构。

归纳起来，二叉树的 5 种基本形态如图 5.6 所示。

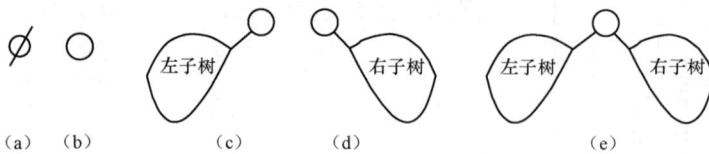

图 5.6　二叉树的 5 种基本形态

（a）空二叉树；（b）只有根结点的二叉树；（c）只有左子树的二叉树；

（d）只有右子树的二叉树；（e）左、右子树都不空的二叉树

而一棵含 3 个结点的二叉树可以有 5 种不同的形态，如图 5.7 所示。

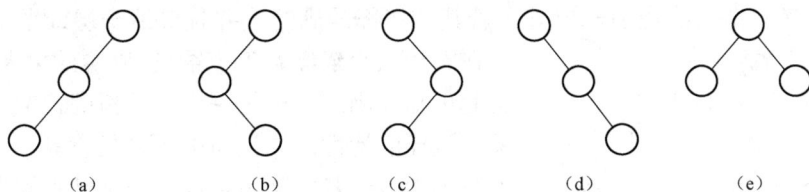

（a）　　　　　（b）　　　　（c）　　　　（d）　　　　（e）

图 5.7　含 3 个结点的二叉树的 5 种不同的形态

5.2.2　二叉树的性质

二叉树具有如下重要的性质。

性质 1　二叉树上叶子结点数等于度为 2 的结点数加 1。

证明：设 n_0 为二叉树中叶子结点个数，n_1 为二叉树中度为 1 的结点个数，n_2 为二叉树中度为 2 的结点个数，n 为所有结点个数（除特殊说明外，以下均采用这种表示法）。由于二叉树中所有结点的度$\leqslant$2，则其结点总数为

$$n=n_0+n_1+n_2$$

再看二叉树中的分枝数：除根结点外，其余结点都有一个分枝进入（在二叉树的树形表示中一个分枝对应为该结点与双亲的一条连线），设 b 为分枝数，则 $n=b+1$。由于这些分枝是由度 1 或度 2 的结点分出的，因此有 $b=n_1+2n_2$，于是

$$n=n_1+2n_2+1$$

由上述两式可得出

$$n_0=n_2+1$$

例如，在图 5.8 的二叉树中，度为 2 的结点数为 5 个，度为 0 的结点数为 6 个，它比度为 2 的结点数正好多 1 个。

性质 2　二叉树上第 i 层上至多有 2^{i-1} 个结点（$i\geqslant1$）。

证明：用数学归纳法证明。

当 $i=1$ 时，只有一个根结点。显然 $2^{i-1}=2^0=1$，成立。

现在假定对所有的 k（$1\leqslant k\leqslant i-1$），命题成立，即第 k（$1\leqslant k\leqslant i-1$）层上至多有 2^{k-1} 个结点。

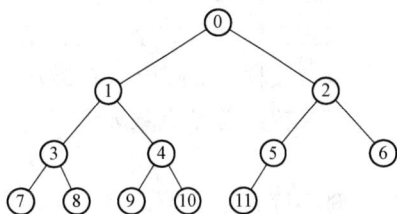

图 5.8　一棵二叉树

由于二叉树的每个结点的度至多为 2，故第 i 层上的最大结点数为 $i-1$ 层上的最大结点数的 2 倍，即 $2\times2^{i-2}=2^{i-1}$。

性质 3　深度为 h 的二叉树至多有 2^h-1 个结点。

证明：由性质 2 可知，深度为 h 的二叉树的最大结点数为

$$\sum_{i=1}^{h}（第 i 层的最大结点个数）=\sum_{i=1}^{h}2^{i-1}=2^h-1$$

在一棵二叉树中，当第 i 层的结点数为 2^{i-1} 个时，则称此层的结点数是满的，当一棵二叉树中的每一层都满时，则称此树为满二叉树。满二叉树具有这样的特性：除叶子结点以外的其他结点的度皆为 2，且叶子结点在同一层上。

由性质 3 可知，深度为 h 的满二叉树中的结点数为 2^h-1 个。图 5.9 为一棵深度为 4 的满二叉树，其结点数为 $2^4-1=15$。图 5.9 中每个结点的值是利用该结点的编号来表示的，编号从

树的根结点为 0 开始，按照层次从小到大、同一层从左到右的次序顺序编号。

在一棵二叉树中，除最后一层外，若其余层都是满的，并且最后一层或者是满的，或者是在右边缺少连续若干个结点，则称此树为完全二叉树。由此可知，满二叉树是完全二叉树的特例。完全二叉树具有这样的特性：二叉树中至多只有最下边两层结点的度数小于 2，若二叉树中任意一个结点其右子树的高度若为 h，则其左子树的高度只能是 h 或 $h+1$。因此度为 h 的完全二叉树若按层次从上到下、从左到右按自然数编号，它与深度为 h 的满二叉树中结点的编号一一对应。

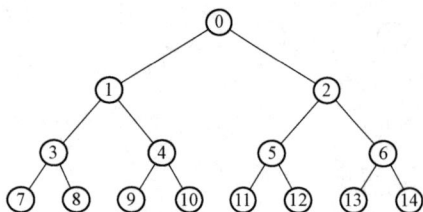

图 5.9　深度为 4 的满二叉树

图 5.10 是一棵完全二叉树，它与等高度的满二叉树相比，在最后一层的右边分别缺少 3 个结点和 4 个结点。该树中每个结点上面的数字为该结点的编号，编号的方法同满二叉树。

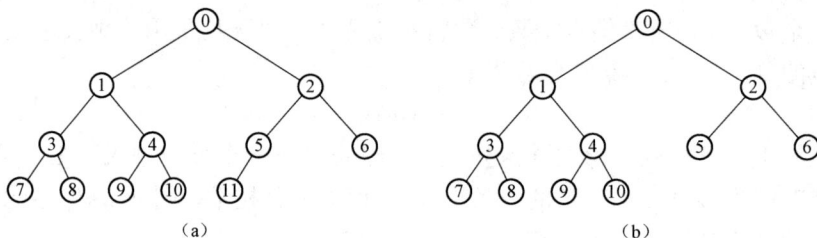

（a）　　　　　　　　　　　（b）

图 5.10　深度为 4 的完全二叉树

性质 4　设含有 n 个结点的完全二叉树的深度为 k，则 $k=(int)(\log_2 n)+1$，即深度 k 等于 $\log_2 n$ 的整数部分再加 1。

根据性质 3 和完全二叉树的定义可知，对于 k 层完全二叉树，当总结点数最少时，前 $k-1$ 层是满二叉树，最底层只有最左下边的一个结点，总结点数 $n=(2^{k-1}-1)+1$；当总结点数最多时是满二叉树，总结点数 $n=2^k-1$。因此有

$$(2^{k-1}-1)+1\leq n\leq 2^k-1 \text{ 或 } 2^{k-1}\leq n<2^k$$

对不等式取对数，有 $k-1\leq \log_2 n<k$，由于 k 是正整数，所以可得结论。

性质 5　对一棵含有 n 个结点的完全二叉树，如果按照从上至下、从左到右的顺序对树中所有结点从 0 开始顺序编号，则对于任意编号为 i（$0\leq i\leq n-1$）的结点，有

（1）如果 $i>0$，则结点 i 的双亲的编号为 $(int)((i-1)/2)$；否则，结点 i 是完全二叉树的根结点，无双亲。

（2）如果 $2i+1<n$，则结点 i 的左孩子的编号为 $2i+1$；否则，结点 i 无左孩子。

（3）如果 $2i+2<n$，则结点 i 的右孩子的编号为 $2i+2$；否则，结点 i 无右孩子。

以图 5.10（b）所示的完全二叉树为例，结点 3 和结点 4 的双亲是结点 1，符合结论（1）；结点 3 的左孩子是 7，符合结论（2）；结点 3 的右孩子是 8，符合结论（3）。对本性质的严格证明本书略。

5.2.3　二叉树的存储结构

与线性表一样，二叉树也有顺序存储结构和链式存储结构两种。

1. 顺序存储结构

顺序存储一棵二叉树时，首先对该树的结点进行编号，然后以各结点的编号为下标，把

各结点的值对应存储到一维数组中。二叉树中各结点的编号与等深度的完全二叉树中位置上结点的编号相同。其编号过程：首先，把树根结点的编号定为 0，然后按照层次从上到下、每层从左到右的顺序对每个结点进行编号。对于那些对照完全二叉树时空缺下来的结点要用空值 nullvalue（它是在二叉树中所有结点的数据集合中不可能出现的数据）来填充。如图 5.11（a）所示的二叉树，对照完全二叉树编号顺序结果如图 5.11（b）所示，采用顺序存储结构的存储情况如图 5.11（c）所示。

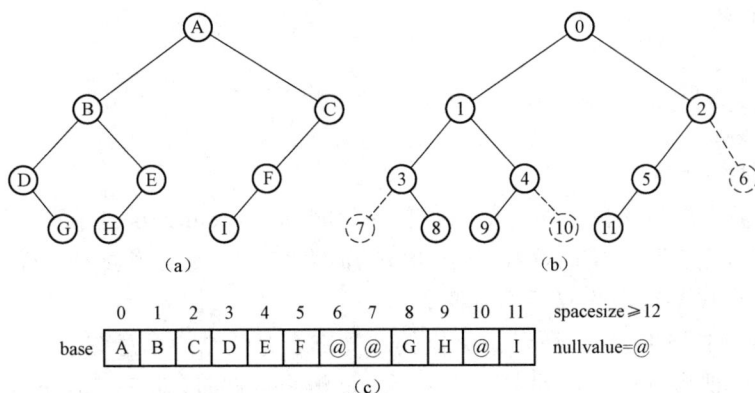

图 5.11　二叉树顺序存储结构示意图

如此，根据二叉树的性质 5 可以方便地表示结点之间的关系，对于任意结点 i（$0 \leqslant i \leqslant$ spacesize-1）有

（1）如果 $i > 0$，则结点 i 的双亲的编号为 (int)(($i-1$)/2)；否则，结点 i 是二叉树的根结点，无双亲。

（2）如果 $2i+1 <$ spacesize 且 base［$2i+1$］$\neq$ nullvalue，则结点 i 的左孩子的编号为 $2i+1$；否则，结点 i 无左孩子。

（3）如果 $2i+2 <$ spacesize 且 base［$2i+2$］$\neq$ nullvalue，则结点 i 的右孩子的编号为 $2i+2$；否则，结点 i 无右孩子。

二叉树的顺序存储结构类型定义为

```
/*~~~~~~~~~~~~~~~~~~~~~二叉树的顺序存储结构~~~~~~~~~~~~~~~~~~~~~~~~~~~*/
#define TREEMINSIZE 10/*二叉树的顺序存储空间长度的最小值*/
/*二叉树的顺序存储结构类型定义*/
typedef struct
{
  BTreeDT *base;
  int spacesize;
  BTreeDT nullvalue;
}SeqTree;
```

通常情况下，在顺序存储结构中知道二叉树的实际结点的个数并无太大的实际意义，所以在上面的定义中，并未提供保存二叉树的实际结点个数的变量。

显然，这种存储结构只适合于完全二叉树或类似于完全二叉树的二叉树，一般的二叉树采用这种存储结构可能导致大量内存空间的浪费，最坏的情况是右单支树（二叉树中的每个结点都没有左孩子），一棵深度为 k 的右单支树需申请尺寸至少为 2^k-1 的一维数组，而其中

$2^{k-1}-1$ 个单元都是浪费的。

2. 链式存储结构

一般的二叉树主要采用链式存储结构，通常有二叉链表和三叉链表两种形式。

（1）二叉链表存储结构。二叉链表中的每个结点由 data、lchild 和 rchild 三个域组成，具体定义如下：

```
/*~~~~~~~~~~~~~~~~~二叉树的二叉链表存储结构~~~~~~~~~~~~~~~~~~~~~~~*/
typedef struct bkbtnode
{
  BTreeDT data;
  struct bkbtnode *lchild;
  struct bkbtnode *rchild;
}BTNode,*BKBTree;
```

其中，data 域存放二叉树中结点的数据信息；lchild 与 rchild 分别存放左孩子和右孩子的指针，当左孩子或右孩子为空时，相应指针域的值为空。在二叉链表中，查找某结点的孩子很容易实现，但查找某结点的双亲不方便。

图 5.12 给出了图 5.11（a）所示二叉树的二叉链表存储结构示意图。

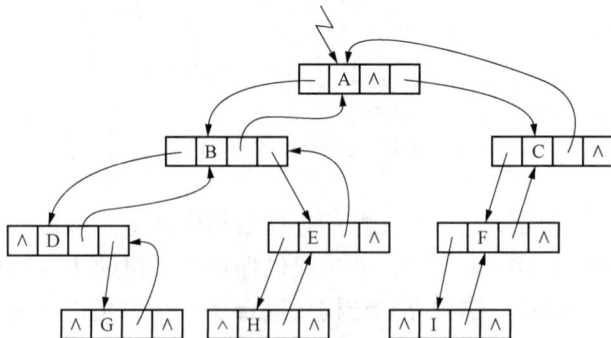

可以看出，一棵含 n 个结点的二叉树采用二叉链表存储时，将有 $2n-(n-1)=n+1$ 个指针域是空的。

（2）三叉链表存储结构。三叉链表中的每个结点由 data、lchild、rchild 和 parent 四个域组成，具体定义如下：

```
/*~~~~~~~~~~~~~~~~~~~~~二叉树的三叉链表存储结构~~~~~~~~~~~~~~~~~~~~~*/
typedef struct tkbtnode
{
  BTreeDT data;
  struct tkbtnode *lchild;
  struct tkbtnode *rchild;
  struct tkbtnode *parent;
}TKBTNode,*TKBTree;
```

其中，data、lchild 和 rchild 三个域的含义与二叉链表结构相同，parent 域存放该结点双亲的指针。如此设计，既便于查找孩子，又便于查找双亲，但也占用了更多的内存空间。

图 5.13 给出了图 5.11（a）所示二叉树的三叉链表存储结构示意图。

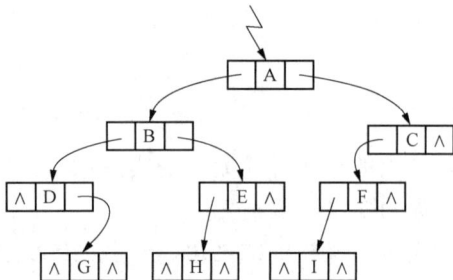

图 5.12　二叉树的二叉链表存储结构示意图　　　　图 5.13　二叉树的三叉链表存储结构示意图

5.2.4 二叉树的基本操作及实现

1. 二叉树的基本操作

一般地，二叉树有如下几个基本运算。

（1）CreateBTree（bt，str）：根据二叉树的括号表示法 str 建立二叉链表 bt。

（2）BTHeight（bt）：求一棵二叉树 bt 的高度。

（3）NodeCount（bt）：求一棵二叉树 bt 的结点个数。

（4）LeafCount（bt）：求一棵二叉树 bt 的叶子结点个数。

（5）DispBTree（bt）：以括号表示法输出一棵二叉树 bt。

（6）DispBTreel（bt）：以凹入表示法输出一棵二叉树 bt。

（7）TravleTree（bt）：遍历二叉树。

2. 二叉树基本运算实现算法

假设二叉树采用二叉链表存储结构，实现以上基本运算的算法如下。

（1）建立二叉链表运算算法。用 ch 扫描采用括号表示法表示二叉树的字符串 str。分以下几种情况。

1）若 ch='('，则将前面刚创建的结点作为双亲结点进栈，并置 $k=1$，表示其后创建的结点将作为这个结点的左孩子结点。

2）若 ch=')'，表示栈中结点的左右孩子结点处理完毕，退栈。

3）若 ch=','，表示其后创建的结点为右孩子结点。

4）其他情况，表示要创建一个结点，并根据 k 值建立它与栈中结点之间的联系，当 $k=1$ 时，表示这个结点作为栈中结点的左孩子结点；当 $k=2$ 时，表示这个结点作为栈中结点的右孩子结点。如此循环直到 str 处理完毕。算法中使用一个栈 St 保存双亲结点，top 为其栈顶指针，k 指定其后处理的结点是双亲结点（保存在栈中）的左孩子结点（$k=1$）还是右孩子结点（$k=2$）。

对应的算法如下：

```
void CreateBTree(BTNode  *bt,char *str)
{
  BTNode *St[MaxSize],*p=NULL;
  int top=-1,k,j=0;
  char ch;
  bt=NULL;                              /*建立的二叉树初始时为空*/
  ch=str[j];
  while(ch!='\0')                       /*str 未扫描完时循环*/
  {
     switch(ch)
     {
     case '(':top++;St[top]=p; k=1;break;   /*为左孩子结点*/
     case ')':top--;break;
     case ',':k=2;break;                    /*为右孩子结点*/
     default: p=(BTNode*)malloc(sizeof(BTNode));
     p->data=ch;p->lchild=p->rchild=NULL;
     if(bt==NULL)                           /*p 为二叉树的根结点*/
          bt=p;
     else                                   /*已建立二叉树根结点*/
```

```
      {  switch(k)
         {
            case 1:St[top]->lchild=p;break;
            case 2:St[top]->rchild=p;break;
         }
      }
   }
   j++;
   ch=str[j];
}
}
```

（2）求二叉树高度运算算法。求二叉树的高度的递归模型 $f()$ 如下：

$$f(b) = \begin{cases} 0 & 若 b = \text{NULL} \\ Max\{f(b->lchild), f(b->rchicld)\} + 1 & 其他情况 \end{cases}$$

对应的算法如下：

```
int BTHeight(BTNode *bt)
{
   int lchilddep,rchilddep;
   if(bt==NULL) return(0);                 /*空树的高度为 0 */
   else
   { lchilddep=BTHeight(bt->lchild);   /*求左子树的高度为 lchilddep*/
     rchilddep=BTHeight(bt->rchild);   /*求右子树的高度为 rchilddep*/
     return (lchilddep>rchilddep)?(lchilddep+1): (rchilddep+1);
   }
}
```

（3）求二叉树结点个数运算算法。对应的递归模型如下：

$$f(bt) = \begin{cases} 0 & 若 b = \text{NULL} \\ f(bt->lchild) + f(bt->rchicld)\} + 1 & 其他情况 \end{cases}$$

相应的递归算法如下：

```
int NodeCount(BTNode *bt)    /*求二叉树 bt 的结点个数*/
{
  int num1,num2;
  if(bt==NULL)
      return 0;
  else
   {  num1=NodeCount( bt->lchild);
      num2=NodeCount(bt->rchild);
      return(num1+num2+1);
   }
}
```

（4）求二叉树叶子结点个数运算算法。对应的递归模型如下：

$$f(bt) = \begin{cases} 0 & 当 bt = \text{NULL} \\ 1 & 当 bt 为叶子结点 \\ f(bt->lchild) + f(bt->rchild) & 其他情况 \end{cases}$$

相应的递归算法如下：

```
int LeafCount(BTNode *bt)    /*求二叉树bt的叶子结点个数*/
 {
      int num1,num2;
      if(bt==NULL)
          return 0;
      else if(bt->lchild==NULL&&bt->rchild==NULL)
          return 1;
      else
      {    num1=LeafCount(bt->lchild);
           num2=LeafCount(bt->rchild);
           return(num1+num2);
      }
 }
```

（5）以括号表示法输出二叉树运算算法。其过程是：对于非空二叉树 bt，先输出其元素值，当存在左孩子结点或右孩子结点时，输出一个"("符号，然后递归处理左子树，输出一个","符号，递归处理右子树，最后输出一个")"符号。对应的递归算法如下：

```
void DispBTree(BTNode  *bt)
{
  if(bt!=NULL)
     {
     printf("%d",bt->data);
     if(bt->lchild!=NULL || bt->rchild!=NULL)
      {
       printf("(");
       DispBTree(bt->lchild);           /*递归处理左子树*/
       if(bt->rchild!=NULL)
            printf(",");
       DispBTree(bt->rchild);           /*递归处理右子树*/
       printf(")");
      }
     }
}
```

5.3 二 叉 树 的 遍 历

在二叉树的一些应用中，常常要求在树中查找具有某种特征的结点，或者对树中全部结点逐一进行某种处理。这就提出了一个遍历二叉树的问题，即如何按一定的规律和次序访问树中的每个结点，使得每个结点被访问一次，而且仅被访问一次。二叉树的遍历方法及相应过程如下。

5.3.1 常用二叉树遍历方法

二叉树常用的遍历有先（根）序遍历、中（根）序遍历和后（根）序遍历。所谓先序、中序、后序，区别在于访问根结点的顺序。

1. 先序遍历

若二叉树非空，则：

（1）访问根结点。

（2）先序遍历左子树。

（3）先序遍历右子树。

先序遍历对应的递归算法如下：

```
void PreOrder(BTNode *bt)
{
  if(bt!=NULL)
  {   printf("%d",bt->data);
      PreOrder(bt->lchild);
      PreOrder(bt->rchild);
  }
}
```

采用先序遍历得到的访问结点序列称为先序遍历序列，先序遍历序列的特点：其第一个元素值为二叉树中根结点的数据值。

如图 5.11 所示的二叉树，先序遍历序列为 ABDGEHCFI。

由于递归算法简明精练，但效率较低，不是所有的程序设计语言都允许递归。因此有必要考虑非递归算法。

由于对二叉树进行先序遍历，是从根结点开始，沿左子树深入下去，当深入到最左端，无法再深入下去时，则返回，再逐一进入刚才深入时遇到结点的右子树，再进行同样的深入和返回，直到最后从根结点的右子树返回到根结点为止。在这一过程中，返回结点的顺序与深入结点的顺序相反，即后深入先返回，正好符合栈结构后进先出的特点。因此，可以用栈来帮助实现这一遍历。

先序遍历非递归算法如下：

```
#define NULL  0
void PreOrder(BTNode  *bt)
{/*先序遍历二叉树非递归算法*/
   BTNode *p=bt;
   printf("\npreorder travel:\n");
   while(!(p== NULL &&top== NULL))
   {if(p!= NULL)
      {printf("%d",p->data);          /*访问该结点*/
       push(p);                        /*将当前指针 p 压栈*/
       p=p->lchild;                    /*指针指向 p 的左孩子*/
       }
    else
      { p=pop();
        p=p->rchild;                   /*指针指向 p 的右孩子结点*/
      }
   }
}
```

2. 中序遍历

若二叉树非空，则：

（1）中序遍历左子树。

（2）访问根结点。

（3）中序遍历右子树。

中序遍历对应的递归算法如下：

```
void InOrder(BTNode  *bt)
{
  if(bt!=NULL)
   {       InOrder(bt->lchild);
           printf("%d",bt->data);
           InOrder(bt->rchild);
   }
}
```

采用中序遍历得到的访问结点序列称为中序遍历序列，中序遍历序列的特点：若已知二叉树的根结点数据值，以该数据值为界，将中序遍历序列分为两部分，前半部分为左子树的中序遍历序列，后半部分为右子树的中序遍历序列。

如图 5.11 所示的二叉树，中序遍历序列为 DGBHEAIFC。

对应的非递归算法如下：

```
#define NULL  0
void InOrder(BTNode  *bt)
   {/*中序遍历二叉树非递归算法*/
     BTNode  *p=bt;
     int top;
     top=0;
     printf("\ninofder travel:\n");
     while(!(p==NULL&&top==NULL))
      {while(p!=NULL)
        {push(p);/*将根结点压入栈中*/
         p=p->lchild;/*指针指向 p 的左孩子*/
        }
      p=pop();
      printf("%d\n",p->data);/*访问该结点*/
      p=p->rchild;/*指针指向 p 的右孩子结点*/
      }
}
```

3. 后序遍历

若二叉树非空，则：

（1）后序遍历左子树。

（2）后序遍历右子树。

（3）访问根结点。

对应的递归算法如下：

```
void PostOrder(BTNode * bt)
{
   if(bt!=NULL)
```

```
  {PostOrder(bt->lchild);
   PostOrder(bt->rchild);
   printf("%d",bt->data);
   }
 }
```

采用后序遍历得到的访问结点序列称为后序遍历序列，后序遍历序列的特点：其最后一个元素值为二叉树中根结点的数据值。

如图 5.11 所示的二叉树，后序遍历序列为 **GDHEBIFCA**。

后序遍历与先序遍历和中序遍历不同，在后序遍历过程中，结点在第一次出栈后，还需再次入栈，也就是说，结点要两次入栈，两次出栈，而访问结点是在第二次出栈时访问。因此，为了区别同一个结点指针的两次出栈，设置一标志 sign，sign=1 或 2 表示第一次还是第二次出栈。当结点指针进、出栈时，其标志 sign 也同时进、出栈。

后序遍历二叉树的非递归算法如下。

```
void PostOrder(BTNode *bt)
{/*后序遍历二叉树非递归算法*/
    BTNode *p=bt;
    unsigned sign;              /*设置一个标志 sign,记录结点从栈中弹出的次数*/
    printf("\npostorder travel:\n");
    do{
       if(p!=NULL)
          {push(p);             /*第一次遇到结点 p 时压入其指针值*/
           push(1);             /*置标志为 1*/
           p=p->lchild;         /*指针指向 p 的左孩子*/
           }
       else
          while(top!=NULL)
             {sign=pop();
              p=pop();
              if(sign==1)       /*sign=1 表示仅走过 p 的左子树*/
                 {push(p);      /*第二次压入结点 p 的指针值*/
                  push(2);      /*置标志为 2*/
                  p=p->rchild;  /*指针指向 p 的右孩子*/
                  break;
                  }
              else
                 if(sign==2)    /*sign=2 表示 p 的左、右子树都已走过*/
                    {printf("%d",p->data);    /*输出结点 p 的值*/
                     p=NULL;
                     }
                 }
          }
    while(p!=NULL||top!=NULL);
    }
```

4. 层次遍历

从根结点开始，按照树的层次从上到下，同一层按从左到右的顺序访问二叉树的所有结点，这种遍历方式称为层次遍历。层次遍历不是递归过程，层次遍历的算法最好使用队列，下面给出算法。

```
void TraversalLevel(BTNode  *bt)
{ BTNode *q[50];                /*假定队列容量足够大,所以不需用循环,也不需判队满*/
  int front=-1,rear=-1;    /*置队空*/
  BTNode *p=bt;
  q[++rear]=p;
  while(front<rear)
    {p=q[++front];printf("%c",p->data);
    if(p->lchild!=NULL)
        q[++rear]=p->lchild;
    if(p->rchild!=NULL)
        q[++rear]=p->rchild;
    }
}
```

5.3.2　遍历算法的应用

【例 5.1】设表达式 A−B×(C+D)+E/F 用二叉树表示,如图 5.14 所示。试写出它的先序遍历、中序遍历、后序遍历和层次遍历。

(1)先序遍历序列。原表达式的前缀表达式为

$$+−A×B+CD/EF$$

(2)中序遍历序列。原中缀表达式为

$$A−B×(C+D)+E/F$$

(3)后序遍历序列。原表达式的后缀表达式为

$$ABCD+×−EF/+$$

(4)层次遍历序列。其表达式为

$$+−/A×EFB+CD$$

【例 5.2】已知一棵二叉树的先序序列和中序序列分别为 ABDGHCEFI 和 GDHBAECIF,试画出此二叉树。

操作步骤如下。

(1)由先序序列可知,结点 A 是二叉树的根结点,再根据中序序列可得到,在 A 之前的所有结点都是根结点的左子树,在 A 之后的所有结点都是根结点的右子树。

先序序列　　A　B D G H　　C E F I
　　　　　　根　 左子树　　 右子树
中序序列　G D H B　A　E C I F
　　　　　 左子树　根　右子树

(2)分别对左子树和右子树进行分解。同理可知,B 是左子树的根结点,B 的左子树包括 G、D、H 结点,B 无右子树;C 是右子树的根结点,E 是 C 的左子树,I、F 是 C 的右子树结点。

左子树　　　　　　　　　右子树
先序序列 B　D G H　　　C　　　E　　　　F I
　　　　 根　左子树　　　根　　左子树　　右子树
中序序列 G D H　B　　　E　　　C　　　　I F
　　　　 左子树　 根　　左子树　根　　　右子树

（3）按同样的方法继续分解，最后可以得到如图 5.15 所示的二叉树。

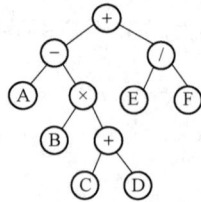

图 5.14　二叉树①　　　　　　　　　图 5.15　二叉树②

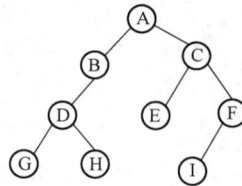

上述过程是一个递归过程。其思想：先根据先序序列的第一个元素建立根结点；然后在中序序列中找到该元素，进而确定根结点的左、右子树分别是哪些结点；再分别确定左、右子树的根结点及左、右子树的根结点的左、右子树……最后，可确定每一个结点在二叉树中的位置。

▲思考根据二叉树的中序和后序序列，如何确定一棵二叉树；根据二叉树的先序和后序序列能唯一地确定一棵二叉树吗？

【例 5.3】假设以二叉链表作为存储结构，设计一个算法求二叉树的宽度。宽度是指二叉树中各层上具有结点数最多的那一层上的结点总数。

解：先采用先序遍历求出每层的宽度，放在 a 数组中，然后再求出最大宽度即二叉树的宽度。对应的算法如下：

```
void Levelnum(BTNode  *bt,int a[],int h)
/*求二叉树 bt 中各层的宽度,放在 a 数组中*/
{
 if(bt==NULL) h=0;
 else
 { a[h]+=1;
   Levelnum(bt->lchild,a,h+1);            /*递归访问左子树*/
   Levelnum(bt->rchild,a,h+1);            /*递归访问右子树*/
 }
}
int BTreeWidth(BTNode  *bt)               /*求二叉树 bt 的宽度*/
{
  int a[MaxSize],h=1,wid,i;               /*a[i]存放第 i 层的宽度*/
  for(i=0;i<MaxSize;i++)                   /*数组 a 置初值*/
    a[i]=0;
  Levelnum(bt,a,h);
  wid=0;
  for(i=1;i<MaxSize;i++)
  {
     if (a[i]>0)  printf("%d:%d",i,a[i]);
     if(a[i]>wid) wid=a[i];
  }
  return(wid);
}
```

【例 5.4】假设以二叉链表作为存储结构，设计一个算法复制一棵二叉树。

解：采用先序遍历的递归算法，边访问结点边复制结点。对应的算法如下：

```
void CopyBTree(BTNode *bt，BTNode *newbt)  /*由 bt 复制产生 newbt*/
{
  if(bt!=NULL)
   { newbt=(BTNode*)malloc(sizeof(BTNode));
     newbt->data=bt->data;
     CopyBTree(bt->lchild,newbt->lchild);
     CopyBTree(bt->rchild,newbt->rchild);
   }
  else
     newbt=NULL;
}
```

5.4　线 索 二 叉 树

5.4.1　线索二叉树的基本定义

对于 n 个结点的二叉树，在二叉链表存储结构中有 $n+1$ 个空链域，利用这些空链域存放在某种遍历次序下该结点的前驱结点和后继结点的指针，这些指针称为线索，加上线索的二叉树称为线索二叉树。

在不同的遍历次序下，二叉树中的每个结点一般有不同的前驱和后继。例如，对于图 5.16（a）所示二叉树中的结点 B 来说，它在先序序列和中序序列中的后继都是 D，在后序序列中的后继是 E。因此，线索二叉树一般可分为先序线索二叉树、中序线索二叉树和后序线索二叉树三种。

图 5.16 中给出了三种不同的线索二叉树，图中虚线为线索。

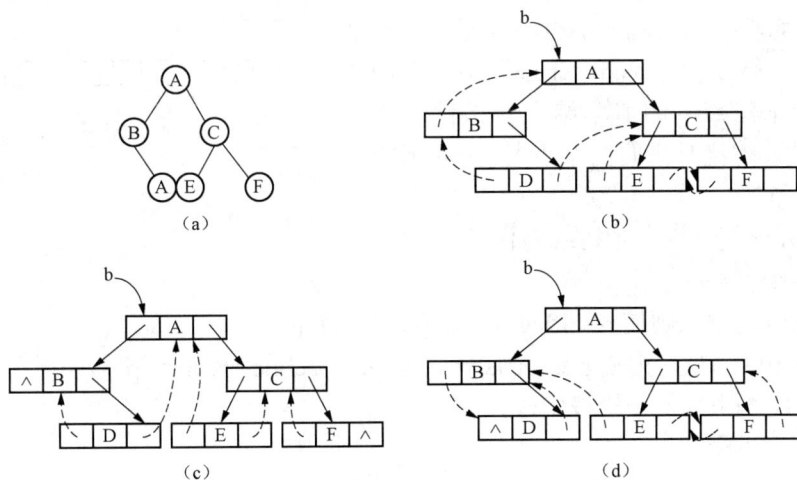

图 5.16　线索二叉树

（a）一棵二叉树；（b）先序线索二叉树；（c）中序线索二叉树；（d）后序线索二叉树

lchild	lflag	data	rflag	rchild

图 5.17　线索二叉树的结点结构

线索二叉树的结点结构如图 5.17 所示。由图 5.17 可见，为了区分左指针和右指针是指向其左、右孩子结点还是指向其前驱结点、后继结点，在原二叉链表中增加了 lflag 和 rflag 两个标志域。

左标志：

$$lflag=\begin{cases}0 & 表示lchild指向结点的左孩子 \\ 1 & 表示lchild指向结点的前驱结点即为线索\end{cases}$$

右标志：

$$rflag=\begin{cases}0 & 表示rchild指向结点的右孩子 \\ 1 & 表示rchild指向结点的后继结点即为线索\end{cases}$$

线索二叉树的类型定义如下：

```
typedef struct bthnode
{
  BTreeDT data;
  struct bthnode *lchild,*rchild;
  int lflag,rflag;
  }BthNode ;
```

下面以中序线索二叉树为例，讨论线索二叉树的建立和相关算法。为了方便算法实现，为线索二叉树增加一个头结点，如图 5.18 所示是图 5.16（a）二叉树的带头结点的中序线索二叉树，头结点的 lchild 域指向根结点，rchild 域指向中序遍历序列中的最后一个结点，该结点的 rchild 域指向头结点。

5.4.2　二叉树的线索化

建立线索化二叉树，或者说对二叉树线索化，实质上就是遍历一棵二叉树，在遍历过程中，检查当前结点的左、右指针域是否为空；如果为空，将它们改为指向前驱结点或后继结点的线索。其算法思想：先创建一个头结点 head，在进行中序遍历过程中需保留当前结点 p 的前驱结点的指针，设为 pre（全程变量，初值时指向头结点）。在 p 不空的情况下：

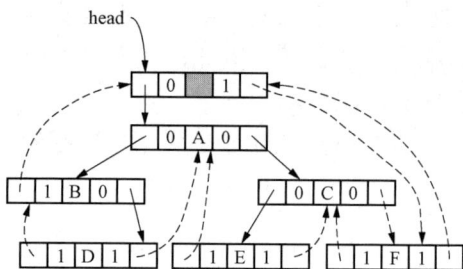

图 5.18　带头结点的中序线索二叉树

（1）遍历左子树（即左子树线索化）。

（2）对空指针线索化。

若 p–>lchild 为空，则使 p–>lflag=1，且 p–>lchild=pre。

若 pre–>rchild 为空，则使 pre–>rflag=1，且 pre–>rchild=p；pre=p。

（3）遍历右子树(即右子树线索化)。

对应的算法如下：

```
BthNode *pre;                    /*定义pre为外部变量*/
void Thread(BthNode *p)
/*对以p为根结点的二叉树进行中序线索化*/
{
```

```
   if(p!=NULL)
     { Thread(p->lchild);        /*左子树线索化*/
      if(p->lchild==NULL)        /*前驱线索*/
        {p->lchild=pre;          /*给结点*p 添加前驱线索*/
         p->lflag=1;}
      else p->lflag=0;
      if(pre->rchild==NULL)
        {pre->rchild=p;          /*给结点*pre 添加后继线索*/
         pre->rflag=1;
         }
      else pre->rflag=0 ;
     pre=p;
     Thread(p->rchild);          /*右子树线索化*/
     }
}
BthNode *CreaThread(BthNode *bt)
/*对以 bt 为根结点的二叉树中序线索化,并增加一个头结点 head*/
{
 BthNode *head;
 head=(BthNode *)malloc(sizeof(BthNode));    /*创建头结点*/
 head->lflag=0 ;head->rflag=1 ;
 head->lchild=bt;
 if(bt==NULL)                    /*bt 为空树时*/
    head->lchild=head;
 else
   {
    head->lchild=bt;
    pre=head;                    /*pre 是*p 的前趋结点，供加线索用*/
    Thread(bt);                  /*中序遍历线索化二叉树*/
    pre->rchild=head;            /*最后处理，加入指向根结点的线索*/
    pre->rflag=1 ;
    head->rchild=pre;            /*根结点右线索化 */
   }
 return head;
}
```

5.4.3　线索二叉树的基本运算算法

中序线索二叉树的基本运算如下。

（1）查找中序序列的第一个结点 FirstNode(tb)。

（2）查找中序序列的最后一个结点 LastNode(tb)。

（3）查找 p 结点的前趋结点 PreNode(p)。

（4）查找 p 结点的后继结点 PostNode(p)。

（5）输出中序遍历序列 ThInOrder(tb)。

（6）输出逆中序遍历序列 ThlnOrderl(tb)。

下面介绍这些基本运算的实现过程。

1. 查找中序序列的第一个结点

从根结点出发沿左指针向下到达最左下结点，它是中序序列的第一个结点。

```
BthNode *FirstNode(BthNode *tb)          /*在中序线索树中查找中序序列的第 1 个结点*/
    {
    BthNode *p=tb->lchild;
    while(p->lflag==0)
    p=p->lchild;
    return(p);
}
```

2. 查找中序序列的最后一个结点

由头结点的 rchild 域指向中序序列的最后一个结点。

```
BthNode *LastNode(BthNode *tb)           /*在中序线索树中查找中序序列的最后 1 个结点*/
    {
      return(tb->rchild);
    }
```

3. 查找 p 结点的前驱结点

若 p->lflag=1，则 p->lchild 指向前驱结点；否则，查找 p 结点的左孩子的最右下结点，该结点作为 p 结点的前驱结点。

```
BthNode *PreNode(BthNode *p)
/*在中序线索二叉树上,查找 p 结点的前趋结点*/
    {
      BthNode *pre ;
      pre=p->lchild;
      if(p->lflag!=1)
         while(pre->rflag==0)
           pre=pre->rchild;
      return(pre);
    }
```

4. 查找 p 结点的后继结点

若 p->rflag=1，则 p->rchild 指向后继结点；否则，查找 p 结点的右孩子的最左下结点，该结点作为 p 结点的后继结点。

```
BthNode *PostNode(BthNode *p)
/*在中序线索二叉树上,查找*p 结点的后继结点*/
    {
      BthNode *post;
      post=p->rchild;
      if(p->rflag!=1)
         while(post->lflag==0)
           post=post->lchild;
      return(post);
    }
```

5. 输出中序遍历序列

先访问第一个结点，继续访问其后继结点，直到遍历完所有结点为止。

```
 void ThInOrder(BthNode *tb)              /*中序遍历线索二叉树,输出中序遍历序列*/
    {
        BthNode *p;
```

```
   p=FirstNode(tb);
   while(p!=tb)
 { printf("%d",p->data);
   p=PostNode(p);
 }
}
```

6. 输出逆中序遍历序列

先访问最后一个结点，继续访问其前驱结点，直到遍历完所有结点为止。

```
void ThInorderl(BthNode *tb)              /*中序遍历线索二叉树,输出逆中序遍历序列*/
 {
   BthNode *p;
   p=LastNode(tb);
   while(p!=tb)
   {
       printf("%d",p->data);
       p=PreNode(p);
   }
}
```

5.5　树、森林与二叉树的转换

前面讨论了二叉树的存储结构和运算，那么如何实现一般树的运算呢?由于一般树的子树个数不定，如果采用类似二叉链表的存储结构，其结点的指针域个数必须采用最多子树的个数，这样会浪费很多空间。为此，可将一般树转换成二叉树，采用二叉树的存储结构和运算方法，在处理之后再将该二叉树转换成一般树。下面讨论一般树与二叉树之间的转换方法。

5.5.1　树转换为二叉树

将一棵树转换成二叉树的过程如下。

（1）树中所有相邻兄弟之间加一条连线。

（2）对树中的每个结点，只保留它与第一个孩子结点之间的连线，删除它与其他孩子结点之间的连线。

（3）以树的根结点为轴心，将整棵树顺时针转动 45°，使之结构层次分明。

【例 5.5】将图 5.19（a）所示的树转换成二叉树。

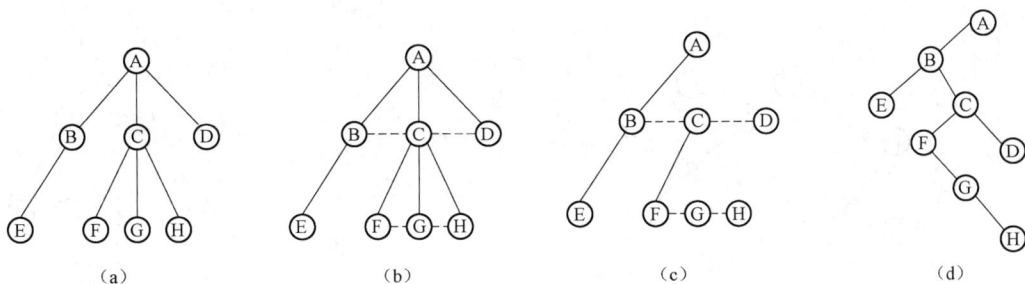

图 5.19　树与二叉树的转换示意图

（a）一棵树；（b）相邻兄弟之间加连线（虚线）；（c）删除与双亲结点的连线；（d）转换后的二叉树

5.5.2　森林转换为二叉树

将森林转换为二叉树的过程如下：

（1）将森林中的每棵树转换成相应的二叉树。

（2）第一棵二叉树不动，从第二棵二叉树开始，依次把后一棵二叉树的根结点作为前一棵二叉树根结点的右孩子结点，当所有二叉树连在一起后，此时所得到的二叉树就是由森林转换得到的二叉树。

【例 5.6】将图 5.20（a）所示的森林转换成二叉树。

解：转换的过程如图 5.20（b）～（e）所示。

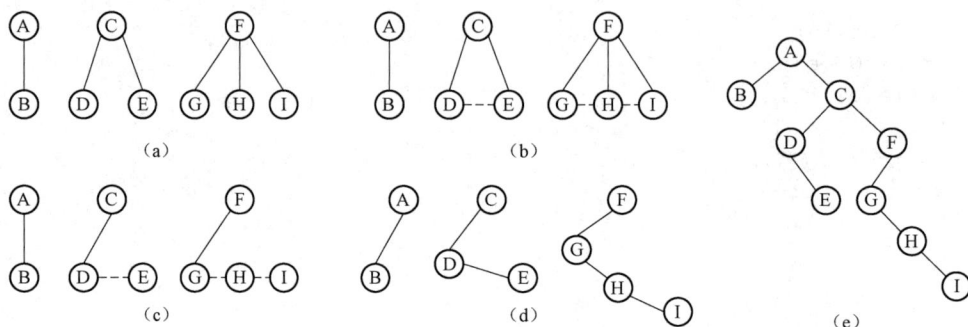

图 5.20　森林与二叉树的转换示意图

（a）森林；（b）相邻的兄弟加连线（虚线）；（c）删除与双亲结点的连线；

（d）每棵树转换成的二叉树；（e）所有二叉树连接成一棵二叉树

5.5.3　二叉树还原为树或森林

二叉树还原为树或森林的过程如下：

（1）若某结点是其双亲的左孩子，则把该结点的右孩子、右孩子的右孩子、……、都与该结点的双亲结点用连线连起来。

（2）删除原二叉树中所有双亲结点与右孩子结点之间的连线。

（3）整理由（1）、（2）两步所得到的树或森林，使之结构层次分明。

【例 5.7】将图 5.21 所示的一棵二叉树还原为树。

解：转换的过程如图 5.21（b）～（d）所示。

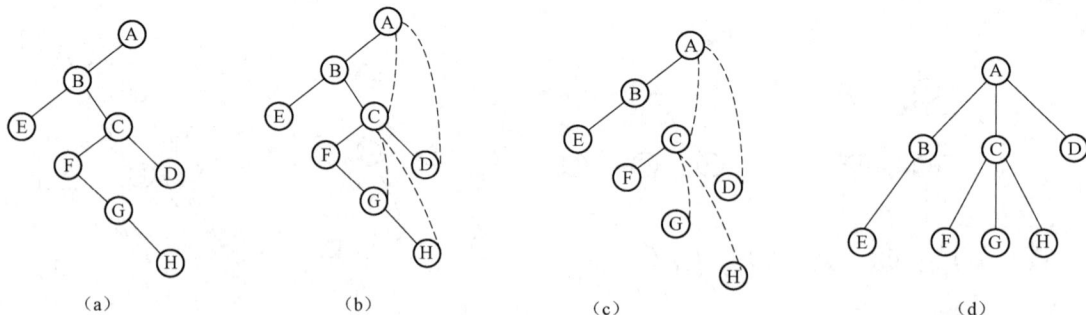

图 5.21　一棵二叉树还原为树的过程

（a）一棵二叉树；（b）加连线；（c）删除与右孩子的连线；（d）还原后的树

5.6 哈 夫 曼 树

5.6.1 哈夫曼树的基本概念

在一棵树中，如果某结点上附带有一个权值，通常把该结点路径长度与该结点上的权值之积称为该结点的带权路径长度（weighted path length），如果树中的每个叶子上都附带有一个权值，则通常把树中所有叶子的带权路径长度之和称为树的带权路径长度。

一般来说，用 n（$n>1$）个带权值的叶子来构造二叉树，限定树中除了这 n 个叶子外只能出现度为 2 的结点，那么，符合这种条件的树往往可以构造出许多棵，其中树的带权路径长度最小的树（这样的树可能不唯一）就称为哈夫曼树（huffman tree），显然，哈夫曼树是度为 2 的无序树，但为了研究方便，通常限定为有序树，所以习惯上又称为最优二叉树。

例如，图 5.22 所示的三棵二叉树都没有度为 1 的结点，并都含有 5 个叶子 A、B、C、D、E，分别带权值 28、10、20、7、35，其中图 5.22（a）表示的树的带权路径长度为 28×3+10×3+20×3+7×3+35=230；图 5.22（b）表示的树的带权路径长度为 28×2+10×4+20×3+7×4+35=219；图 5.22（c）表示的树的带权路径长度为 28×2+10×3+20×2+7×3+35×2=217，可以验证图 5.22（c）表示的树就是一棵哈夫曼树。

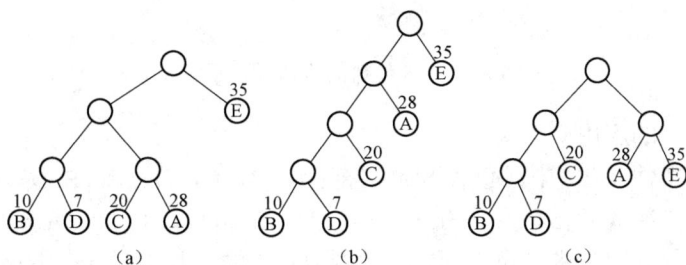

图 5.22　具有不同带权路径长度的二叉树

5.6.2 哈夫曼树的具体构造方法

给定一组附带权值的叶子结点，可以构造出许多不同不含度为 1 结点的二叉树。如何能够得到哈夫曼树呢？哈夫曼最先提出了一种算法，称为哈夫曼算法，这种算法的思路如下。

（1）依据给定的 n 个权值{W_0, W_1, …, W_{n-1}}构造 n 棵只有一个根结点的二叉树，这些二叉树组成一个森林 F={T_0, T_1, …, T_{n-1}}。

（2）在森林 F 中选取两棵根结点的权值最小的二叉树作为左、右子树合并成一棵新的二叉树，这棵新的二叉树的根结点的权值等于其左、右子树根结点的权值之和。这样一来，森林中就减少了一棵树。

（3）重复上一步，直到森林 F 中只有一棵二叉树为止，这棵二叉树便是要得到的哈夫曼树。

图 5.22 表示的哈夫曼树的构造过程如下：

（1）森林的初始状态如图 5.23（a）所示，共有 5 棵二叉树。

（2）在森林中根结点的权值最小的两棵二叉树是权值为 10 和 7 的树，把它们合并，如图 5.23（b）所示，森林中共有 4 棵二叉树。

（3）在森林中根结点的权值最小的两棵二叉树是权值为 17 和 20 的树，把它们合并，如图 5.23（c）所示，森林中共有 3 棵二叉树。

（4）在森林中根结点的权值最小的两棵二叉树是权值为 28 和 35 的树，把它们合并，如图 5.23（d）所示，森林中共有 2 棵二叉树。

（5）在森林中根结点的权值最小的两棵二叉树是权值为 37 和 63 的树，把它们合并，如图 5.23（e）所示，森林中只有 1 棵二叉树。构造完毕。

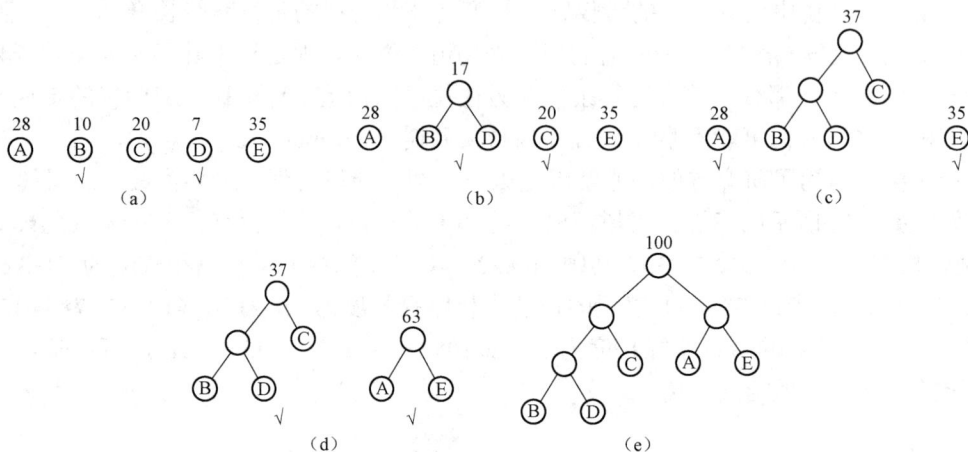

图 5.23　哈夫曼树的构造过程示意图

5.6.3　哈夫曼树的应用

假设一个文本文件 TFile 中只包含 8 个字符{A，B，C，D，E，F，G，H}，这 8 个字符在文本文件中出现的次数为{5，29，6，9，14，23，3，11}。对于以 ASCII 方式存储的每个字符的原编码长度是 8 个二进制位，所以，文件 TFile 的总长度是 8×(5+29+⋯+11)=800 个二进制位。为了压缩文件长度，可以为这 8 个字符重新编码，通常有两种方案：等长编码方案和不等长编码方案。

如果采用等长编码方案，由于共有 8 个字符，所以可以用 3 个二进制位长度的等长编码，各字符的编码可以设计为 A（000）、B（001）、C（010）、⋯、H（111）。这样，文件 TFile 的总长度是 3×(5+29+⋯+11)=300 个二进制位，文件总长度变小了。

如果在编码时考虑字符出现的次数，让出现次数多的字符采用尽可能短的编码，而出现次数少的字符采用稍长的编码，如此构造一种不等长编码，则文件 TFile 的总长度就可能会更短。

在建立不等长编码时，必须使任何一个字符的编码都不是另一个字符编码的前缀（通常称这种编码为前缀编码，prefix code），否则，在解码时就会造成多义性错误。例如，假设字符 A 的编码是 01，而字符 B 的编码是 0101，当对压缩串"010101"解码时就会有多种解释：AAA、AB 和 BA 等。

利用哈夫曼树可以为文件 TFile 构造出符合前缀编码要求的不等长编码，具体做法是以文件 TFile 中所包含的 8 个字符作为叶子，每个字符在文件中出现的次数作为叶子上的权值来构造一棵哈夫曼树，规定哈夫曼树中所有左分支表示 0、所有右分支表示 1，把依据从根结点到每个叶子所经过的分支而组成的二进制位的序列作为该叶子对应字符的编码（见图 5.24），由于从根结点到任何一个叶子都不可能经过其他叶子，这种编码一定是前缀编码，而

且，很容易看出，如果利用这种编码编制文件 TFile，则该哈夫曼树的带权路径长度正是 TFile
文件总长度。根据哈夫曼树的定义可知，编制后的文件
总长度必然最短，习惯上，把这种利用哈夫曼树来构造
的编码称为哈夫曼编码（huffman codes）。利用哈夫曼编
码编制后的 TFile 文件总长度是 $5\times5+2\times29+4\times6+3\times9+3\times14+2\times23+5\times3+3\times11=270$ 个二进制位。

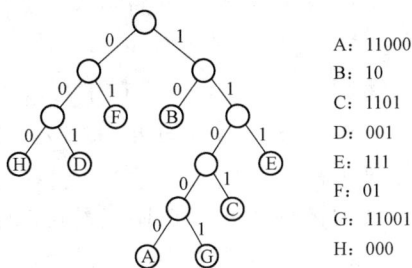

图 5.24　哈夫曼编码树

A：11000
B：10
C：1101
D：001
E：111
F：01
G：11001
H：000

下面来讨论哈夫曼树及哈夫曼编码的具体存储方法。

由哈夫曼树定义可知，在哈夫曼树中没有度为 1 的
结点，根据二叉树的性质可知，具有 n 个叶子的哈夫曼
树共有 $2n-1$ 个结点，故可以设置一个长度为 $2n-1$ 的数
组来存储哈夫曼树。另外，为求每个字符的编码需要从叶子出发一直搜索到根结点，而为解
码则要从根结点出发逢 0 走左分支、逢 1 走右分支一直到某个叶子为止，因此，在哈夫曼树
中既要求从某个结点找双亲，又要求从某个结点找左、右孩子，所以存储哈夫曼树的数组中
的元素类型应该是包含权值 weight、双亲位置 parent、左孩子位置 lchild 和右孩子位置 rchild
共四个成员的结构体类型。

哈夫曼编码应该是以二进制位串的形式存储的，但为了表示方便，可以先以字符数组的
形式存储，而在实际对文本编码时再解释成二进制位串。

本 章 小 结

本章主要介绍了树的基本概念、树的存储表示及其基本操作。二叉树作为树的一种重要
形态，具有良好的数学性质、方便的表示与操作。并且，通过一定的手段可以实现树与二叉
树的对应转换。因此，本章着重介绍了二叉树，尤其是其中的重要操作：遍历、线索化等。
另外，还介绍了二叉树的一种重要的应用——最优二叉树，即哈夫曼树的建立与应用。

习　题　5

一、名词解释

1．二叉树。

2．满二叉树。

3．完全二叉树。

4．线索二叉树。

5．哈夫曼树。

6．哈夫曼编码。

二、填空题

1．树是 n（$n\geq0$）个结点的有限集合，在一棵非空树中，有且仅有一个_____，其余结
点分成 m（$m\geq0$）棵_____的子树。

2．树中某结点的子树的个数称为该结点的_____，子树的根结点称为该结点的_____，
该结点称为其子树根结点的_____。

3．一棵深度为 k 的满二叉树的叶子有_____个。

4．一棵深度为 k 的完全二叉树的结点至多有_____个，至少有_____个。

5．已知一棵度为 m（$m>1$）的树中有 n_1 个度为 1 的结点，n_2 个度为 2 的结点，…，n_m 个度为 m 的结点，则该树中有____个叶子结点。

6．已知一棵共有 n（$n>1$）个结点的树，其中所有分支结点的度均为 k（$1{\leqslant}k{<}n$），则该树的叶子数目为_____个。

7．有 n 个叶子的哈夫曼树的结点总数为_____个。

8．若二叉树共有 n 个结点，采用线索链表存储其线索二叉树，那么在所有存储结点里，一共有_____个指针域，其中有_____个指针是指向其孩子结点的，_____个指针是指向其前驱后继结点的。指向前驱后继结点的指针称为_____。

9．哈夫曼树是 n 个带权叶子结点构成的所有二叉树中，带权路径长度_____的二叉树。

10．哈夫曼树中，权值较大的叶结点一定离根结点_____。由 n 个带权值的叶结点生成的哈夫曼树中共有_____个结点，其中有_____个分支结点。

11．哈夫曼树中不存在度为_____的结点。

三、选择题

1．有关二叉树下列说法正确的是_____。

    A．二叉树的度一定等于 2

    B．在完全二叉树中，若一个结点没有左孩子，则它必是叶子结点

    C．完全二叉树不适合顺序存储，只有满二叉树适合顺序存储

    D．叶子结点个数等于度为 2 的结点数减 1，即 $N_0=N_2-1$

2．二叉树的第 i 层上最多含有结点数为_____。

    A．2^i B．$2^{i-1}-1$ C．2^{i-1} D．2^i-1

3．一棵具有 1025 个结点的二叉树的高度为_____。

    A．11   B．10   C．11～1025   D．10～1024

4．一棵高度为 5 的二叉树，其结点总数为_____。

    A．6～17   B．5～16   C．6～32   D．5～31

5．若一棵二叉树具有 10 个度为 2 的结点，5 个度为 1 的结点，则度为 0 的结点的个数是_____。

    A．9   B．11   C．15   D．不能确定

6．一棵完全二叉树具有 600 个结点，则它有_____个度为 1 的结点。

    A．25   B．26   C．1   D．50

7．用顺序存储的方法将完全二叉树中所有结点按层序存放在一维数组 $A[1..N]$ 中，若结点 $A[i]$ 有右孩子，则其右孩子是_____。

    A．$A[2i]$ B．$A[2i+1]$ C．$A[i/2]$ D．$A[2i-1]$

8．在任何一棵二叉树中，如果结点 a 有左孩子 b，右孩子 c，则在结点的先序序列、中序序列、后序序列中，_____。

    A．结点 b 一定在结点 a 的前面   B．结点 a 一定在结点 c 的前面

    C．结点 b 一定在结点 c 的前面   D．结点 a 一定在结点 b 的前面

9．设森林 T 中有 3 棵树，第一、二、三棵树的结点个数分别是 n_1、n_2、n_3，那么当把森

林 T 转换成一棵二叉树后，根结点的右子树上有_____个结点。

      A．$n_1+n_2+n_3$ B．n_2+n_3 C．n_1+n_2 D．n_1+n_3

   10．已知一棵二叉树的前序遍历结果为 ABCDEF，中序遍历结果为 CBAEDF，则后序遍历的结果为_____。

      A．CBEFDA   B．FEDCBA   C．CBEDFA   D．不定

四、简答题

   1．已知二叉树如图 5.25 所示，请写出先序、中序和后序遍历序列。

   2．已知一棵二叉树的层次遍历序列为 ABCDEF，中序遍历序列为 CEBFDA，试画出该二叉树。

   3．已知一棵二叉树的后序遍历序列为 GDEBHFCA，中序遍历序列为 DGBEAFHC，试画出该二叉树。

   4．请画出图 5.25 所示的二叉树所对应的森林。

   5．请画出图 5.26 所示的森林所对应的二叉树。

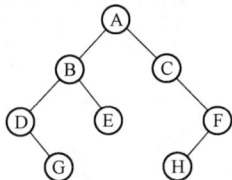

图 5.25   一棵二叉树   图 5.26   一个森林

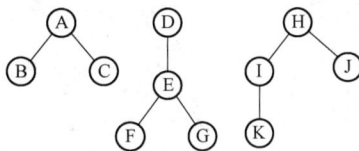

   6．请画出图 5.25 所示的二叉树所对应的先序、中序和后序线索二叉树。

   7．假设一个文本文件中只包含{A,B,C,D,E,F}这 6 个字符，且它们在文件中出现的次数依次为{23,10,20,7,18,30}。试构建相应的哈夫曼树，并写出这 6 个字符对应的哈夫曼编码。

五、算法题

   1．已知二叉树按照二叉链表方式存储，编写算法，计算二叉树中叶子结点的数目。

   2．编写递归算法：对于二叉树中每一个元素值为 x 的结点，删去以它为根的子树，并释放相应的空间。

   3．分别写出算法,实现在中序线索二叉树中查找给定结点 p 在中序序列中的前驱与后继。

   4．编写算法，对一棵以孩子—兄弟链表表示的树统计其叶子的个数。

   5．对以孩子—兄弟链表表示的树编写计算树的深度的算法。

   6．已知二叉树按照二叉链表方式存储，利用栈的基本操作写出后序遍历非递归的算法。

   7．计算二叉树最大宽度的算法。二叉树的最大宽度是指二叉树所有层中结点个数的最大值。

   8．已知二叉树按照二叉链表方式存储，利用栈的基本操作写出先序遍历非递归形式的算法。

   9．二叉树按照二叉链表方式存储，编写算法，计算二叉树中的最大结点值。

   10．二叉树按照二叉链表方式存储，编写算法，将二叉树左右子树进行交换。

   11．已知二叉树按照二叉链表方式存储，编写算法，释放一个二叉树中的所有结点。

   12．已知二叉树按照二叉链表方式存储，设计一个算法，求值为 x 的结点所在的层次。

本章实验

实验1   用链式存储结构建立二叉排序树

1. 实验目的

通过二叉排序树的建立来了解二叉树的定义及有关概念,熟悉二叉树的存储结构及性质。

2. 实验内容

建立一个二叉排序树。

3. 实验要点及说明

用链式存储结构建立一个二叉排序树。二叉排序树就是将各结点数据元素顺序插到一棵二叉树中,即在插入过程中,始终保持二叉树中每个结点的值都大于其左子树上每个结点的值,而小于或等于其右子树上每个结点的值,每个结点存放结点值及左右孩子的指针。

程序执行过程中,bt 指针始终指向根结点,p 指针指向当前已找到的结点,q 指针不断向下寻找新的结点。参考程序运行时结果示意如下:

```
input root: 6 3 4 2 8 7 9 -1
structure of the binary tree:
number address  data  lchild  rchild
  1     2358     6     2374    2422
  2     2374     3     2406    2390
  3     2406     2      0       0
  4     2390     4      0       0
  5     2422     8     2438    2454
  6     2438     7      0       0
  7     2454     9      0       0
```

参考程序运行时,二叉排序树示意如图 5.27 所示。

4. 参考程序

```
#include<stdio.h>
#define NULL 0
int counter=0;
typedef struct btreenode          /*定义结构体*/
    { int data;
  struct btreenode *lchild;
  struct btreenode *rchild;
  }bnode;
bnode *creat(int x,bnode *lbt,bnode *rbt)
  /*生成一棵以 x 为根结点,以 lbt 和 rbt 为左右子树的二叉树*/
    { bnode *p;
  p=(bnode*)malloc(sizeof(bnode));
  p->data=x;
  p->lchild=lbt;
  p->rchild=rbt;
```

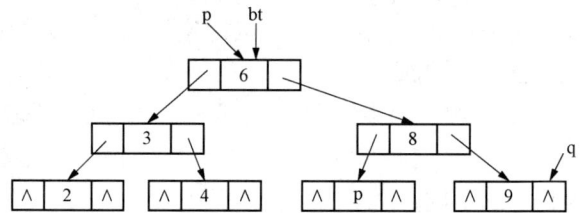

图 5.27   二叉排序树示意图

```
    return(p);
    }
bnode *ins_lchild(bnode *p,int x)      /*x作为左孩子插入二叉树中*/
  { bnode *q;
  if(p==NULL)
    printf("Illegal insert.");
  else
    {q=(bnode*)malloc(sizeof(bnode));
     q->data=x;
     q->lchild=NULL;
     q->rchild=NULL;
     if(p->lchild!=NULL)     /*若p有左孩子,则将原来的左孩子作为结点x的右孩子*/
       q->rchild=p->lchild;
     p->lchild=q;                        /* x作为p的左孩子*/
     }
}
bnode *ins_rchild(bnode *p,int x)     /*x作为右孩子插入到二叉树中*/
     { bnode *q;
  if(p==NULL)
    printf("Illegal insert");
  else
    {q=(bnode*)malloc(sizeof(bnode));
     q->data=x;
     q->lchild=NULL;
     q->rchild=NULL;
     if(p->rchild!=NULL)     /*若p有右孩子,则将原来的右孩子作为结点x的左孩子*/
       q->lchild=p->rchild;
     p->rchild=q;                        /*x作为p的右孩子*/
     }
}
void prorder(bnode *p)                 /*输出二叉树的结构*/
{ if(p==NULL)
      return;
  printf("%d\t%u\t%d\t%u\t%u\n",++counter,p,p->data,p->lchild,p->rchild);
  if(p->lchild!=NULL)
      prorder(p->lchild);
  if(p->rchild!=NULL)
      prorder(p->rchild);
}
main()
{ bnode *bt,*p,*q;
  int x;
  printf("Input root:");              /*输入根结点值*/
  scanf("%d",&x);
  p=creat(x,NULL,NULL);               /*建立一个只有根结点的二叉树*/
  bt=p;                               /*使bt、p都指向根结点*/
  scanf("%d",&x);                     /*输入新的结点值*/
  while(x!=-1)                        /*建立二叉排序树*/
    {p=bt;
     q=p;
```

```
    while(x!=p->data&&q!=NULL)      /*q 记录当前根结点*/
     {p=q;
      if(x<p->data)
          q=p->lchild;
      else
        q=p->rchild;
      }
    if(x==p->data)
      {printf("该元素已插入二叉树中.");
       return;
       }
    else
      if(x<p->data)
         ins_lchild(p,x);
      else
         ins_rchild(p,x);
    scanf("%d",&x);
  }
  p=bt;
  printf("structure of the binary tree:\n");
  printf("number\taddress\tdata\tlchild\trchild\n");
  prorder(p);    /*输出*/
}
```

5. 思考题与习题

如果二叉排序树中每个结点的值都小于等于其左子树上每个结点的值，而大于其右子树上每个结点的值，则程序应做哪些修改？

实验 2　用非递归算法遍历二叉树

1. 实验目的

进一步熟悉二叉树的遍历方法，掌握将递归遍历算法转换为非递归遍历算法的方法。

2. 实验内容

用非递归算法实现二叉树的前序、中序和后序遍历。

3. 实验要点及说明

二叉树的遍历是指按照某种顺序访问二叉树中的每个结点，使每个结点被访问一次且只被访问一次。常用的二叉树遍历方法如下：

前序遍历：访问次序为"根—左—右"；

中序遍历：访问次序为"左—根—右"；

后序遍历：访问次序为"左—右—根"；

层次遍历：从二叉树的第一层（根结点）开始，从上至下逐层遍历。在同一层中，按从左到右的顺序对结点逐个访问。

遍历二叉树的递归算法虽然简单，但实现效率较低，递归遍历算法可以转化为等价的非递归遍历算法。为了实现非递归算法，需设置一个栈来保存指向结点的指针，以便在遍历某结点的左子树后，由这个指针能找到该结点的右子树，栈中的地址是随着结点的遍历次序而动态变化的，参考程序实现了二叉树的非递归遍历。

在参考程序中，采用非递归算法实现了二叉树的前序、中序和后序遍历。

4. 参考程序

```
#include "stdio.h"
#define NULL 0
#define max 40
int counter=0;
typedef struct btreenode
  {int data;
  struct btreenode *lchild;
  struct btreenode *rchild;
 }bnode;
int stack[max],top=0;
bnode *creat(int x,bnode *lbt,bnode *rbt)    /*建立排序二叉树*/
 { bnode *p;
 p=(bnode*)malloc(sizeof(bnode));
 p->data=x;
 p->lchild=lbt;
 p->rchild=rbt;
 return(p);
 }
bnode *ins_lchild(bnode *p,int x)
{ bnode *q;
  if(p==NULL)
      printf("Illegal insert:");
  else
    {q=(bnode*)malloc(sizeof(bnode));
     q->data=x;
     q->lchild=NULL;
     q->rchild=NULL;
     if(p->lchild!=NULL)
        q->rchild=p->lchild;
     p->lchild=q;
    }
}
bnode *ins_rchild(bnode *p,int x)
 { bnode *q;
  if(p==NULL)
      printf("Illegal insert");
  else
    {q=(bnode *)malloc(sizeof(bnode));
     q->data=x;
     q->lchild=NULL;
     q->rchild=NULL;
     if(p->rchild!=NULL)
        q->lchild=p->rchild;
     p->rchild=q;
    }
  }
void prorder(bnode *p)
{ if(p==NULL)
```

```
              return;
     printf("%d\t%u\t%d\t%u\t%u\n",++counter,p,p->data,p->lchild,p->rchild);
     if(p->lchild!=NULL)
        prorder(p->lchild);
     if(p->rchild!=NULL)
        prorder(p->rchild);
     }
  void preorder(bnode *p)                    /*前序遍历*/
    { printf("\npreorder travel:\n");
    while(!(p==NULL&&top==NULL))
     { if(p!=NULL)
      { printf("%d",p->data);                /*输出结点值*/
       push(p);                              /*将指针值压入栈中*/
       p=p->lchild;                          /*遍历左子树*/
       }
      else
       {p=(bnode *)pop();
        p=p->rchild;                         /*遍历右子树*/
        }
      }
  }
  void inorder(bnode *p )                    /*中序遍历*/
{ printf("\ninorder travel\n");
   while(!(p==NULL&&top==NULL))
     { while(p!=NULL)
      { push(p);                             /*将根结点压入栈中*/
        p=p->lchild;                         /*遍历左子树*/
        }
       p=(bnode*)pop();
       printf("%d",p->data);                 /*输出当前结点值*/
       p=p->rchild;                          /*遍历右子树*/
       }
}
  void postorder(bnode *root)                /*后序遍历*/
 { bnode *p=root;
    unsigned sign;                           /*设置一个标志 sign,记录结点从栈中弹出的次数*/
    printf("\npostorder travel:\n");
    do{
     if(p!=NULL)
         {push(p);                           /*第一次遇到结点 p 时压入其指针值*/
          push(1);                           /*置标志为 1*/
          p=p->lchild;                       /*遍历结点 p 的左子树*/
          }
      else
      while(top!=NULL)
       {sign=pop();
        p=(bnode*)pop();
        if(sign==1)                          /*sign=1 表示仅走过 p 的左子树*/
          {push(p);                          /*第二次压入结点 p 的指针值*/
           push(2);                          /*置标志为 2*/
```

```
           p=p->rchild;                    /*遍历 p 的右子树*/
           break;
           }
      else
        if(sign==2)                        /*sign=2 表示 p 的左、右子树都已走过*/
          {printf("%d",p->data);           /*输出结点 p 的值*/
           p=NULL;
           }
      }
    }
  while(p!=NULL||top!=NULL);
}
push(s)                                    /*入栈*/
{  top++;
   stack[top]=s;
 }
pop()                                      /*出栈*/
{ top--;
  return(stack[top+1]);
 }
main()
{ bnode *bt,*p,*q;
  int x;
  printf("Input root:");
  scanf("%d",&x);
  p=creat(x,NULL,NULL);
  bt=p;
  scanf("%d",&x);
  while(x!=-1)
   { p=bt;
    q=p;
    while(x!=p->data&&q!=NULL)
      { p=q;
       if(x<p->data)
          q=p->lchild;
       else
          q=p->rchild;
     }
    if(x==p->data)
      {printf("The data is exit.");
       return;
       }
    else
      if(x<p->data)
        ins_lchild(p,x);
      else
        ins_rchild(p,x);
  scanf("%d",&x);
 }
p=bt;
printf("structure of the binary tree:\n");
```

```
printf("number\taddress\tdata\tlchild\trchild\n");
prorder(p);
preorder(p);
printf("\n");
inorder(p);
printf("\n");
postorder(p);
printf("\n");
}
```

5. 思考题与习题

对二叉树进行中序线索化的思想：一边中序遍历一边建立线索。若访问结点的左子树为空，则建立前驱线索；若右子树为空，则建立后续线索。试用程序实现二叉树的中序线索。

实验 3   求哈夫曼编码

1. 实验目的

了解哈夫曼树的定义，掌握构造哈夫曼树的方法及哈夫曼编码的生成。

2. 实验内容

输入一串叶子结点的权值，建立一棵哈夫曼树，并求出每个叶子结点的哈夫曼编码。

3. 实验要点及说明

结点路径长度：由根结点到某个结点所经过的树的分支个数。

二叉树路径长度：由根结点到所有叶子结点的路径长度之和。

二叉树的带权路径长度：设二叉树具有 n 个带权值的叶子结点，那么从根结点到各叶子结点的路径长度与相应结点权值的乘积的和记为

$$WPL = \sum_{k=1}^{n} W_k L_k$$

其中，W_k 为第 k 个叶子结点的权值；L_k 为第 k 个叶子结点的路径长度。

哈夫曼树：对于一组带有确定权值的叶子结点，其构造出的不同的二叉树其带权路径长度并不相同，我们把其中具有最小带权路径长度的二叉树称为哈夫曼树。

哈夫曼编码规则：在所构造的哈夫曼树中，所有向左路径的分支规定为 0，所有向右路径的分支规定为 1。

参考程序中，每次都选取未构造过的权值最小的叶子结点来构造哈夫曼树，最后根据哈夫曼编码规则求出哈夫曼编码。哈夫曼树的构造过程及哈夫曼编码如图 5.28 所示。

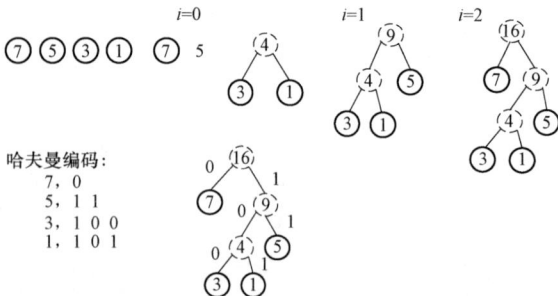

图 5.28   哈夫曼树的构造过程及哈夫曼编码

4. 参考程序

```
#include<stdio.h>
#define max 1000
```

```
#define maxsymbs 30      /*最多有 30 个叶结点*/
#define maxbits 10       /*每个叶子结点编码最多 10 位*/
#define maxnode 59       /*允许有 2*n-1 个结点*/
typedef struct
{ int weight;            /*保存结点的权值*/
  int flag;              /*判定一个结点是否加入哈夫曼树中的标志,0 为未加入,1 为加入*/
  int parent;            /*保存结点的双亲在 huff_node 中的序号*/
  int lchild;            /*保存结点左右孩子在数组 huff_node 中的序号*/
  int rchild;
  }huffnode;
typedef struct
{ int bits[maxbits];     /*保存各字符的哈夫曼编码*/
  int start;             /*表示该编码在数组 bits 中的开始位置*/
  }huffcode;
main()
{ huffnode huff_node[maxnode];
  huffcode huff_code[maxsymbs],cd;
  int i,j,m1,m2,x1,x2,n,c,p;
  char symbs[maxsymbs],symb;
  printf("n=");
  scanf("%d",&n);
  for(i=0;i<2*n-1;i++)    /*数组 huff_node 初始化*/
   { huff_node[i].weight=0;
     huff_node[i].parent=-1;
     huff_node[i].flag=0;
     huff_node[i].lchild=-1;
     huff_node[i].rchild=-1;
   }
  printf(">");
  for(i=0;i<n;i++)
      scanf("%d",&huff_node[i].weight);
  for(i=0;i<n-1;i++)               /*构造哈夫曼树*/
   {m1=m2=max;
    x1=x2=0;
    for(j=0;j<n+i;j++)
/*构造 n 棵只有一个叶子结点的二叉树,并找出根结点权值最小的两棵树*/
     {if(huff_node[j].weight<m1&&huff_node[j].flag==0)
       {m2=m1;
        x2=x1;
        m1=huff_node[j].weight;
        x1=j;
        }
      else
        if(huff_node[j].weight<m2&&huff_node[j].flag==0)
         {m2=huff_node[j].weight;
          x2=j;
          }
      }
    huff_node[x1].parent=n+i;   /*将找出的两棵树合并为一棵子树*/
    huff_node[x2].parent=n+i;
```

```
        huff_node[x1].flag=1;
        huff_node[x2].flag=1;
        huff_node[n+i].weight=huff_node[x1].weight+huff_node[x2].weight;
        huff_node[n+i].lchild=x1;
        huff_node[n+i].rchild=x2;
       }
    for(i=0;i<n;i++)                /*求字符的哈夫曼编码*/
      {cd.start=n;                  /*哈夫曼编码存放在从 cd.start 到 n 的分量上*/
       c=i;
       p=huff_node[c].parent;
       while(p!=-1)
         {if(huff_node[p].lchild==c)
             cd.bits[cd.start]=0;
          else
            cd.bits[cd.start]=1;
          cd.start=cd.start-1;
          c=p;
          p=huff_node[p].parent;
          }
       for(j=cd.start+1;j<=n;j++)
          huff_code[i].bits[j]=cd.bits[j];
       huff_code[i].start=cd.start;
       }
    for(i=0;i<n;i++)  /*输出字符的哈夫曼编码*/
      {printf("%d,",huff_node[i].weight);
        for(j=huff_code[i].start+1;j<=n;j++)
           printf("%d",huff_code[i].bits[j]);
        printf("\n");
       }
   }
```

5. 思考题与习题

压缩存储的一种方法是对字符（假定仅为 26 个英文字母）的使用频率统计后，按每个字符出现次数的多少设置权值来进行哈夫曼编码。试设计一个程序，将输入的字符串转化为对应的哈夫曼编码（即二进制码），然后，再对这个哈夫曼编码序列进行解码，即恢复为原字符串序列。

第6章 图

本章学习目标

（1）掌握图的基本概念。

（2）掌握图的邻接矩阵和邻接表的生成算法。

（3）掌握图的广度、深度优先搜索算法的实现。

（4）掌握最小生成树算法的实现。

（5）掌握最短路径算法的实现。

（6）掌握拓扑排序的概念及算法实现。

图是一种非线性结构，它比树形结构更复杂。在图中，数据元素之间是多对多的关系，因此图用于表达数据元素之间存在着的复杂关系，称这种关系为网状结构关系。实际上，前面讨论的线性表和树都看成是简单的图。图的应用十分广泛，在通信工程、社会科学、管理科学和计算机科学等领域中的很多问题都可以用图表示。本章介绍图的基本概念、存储结构和相关算法的实现过程。

6.1 图 的 基 本 概 念

6.1.1 图的定义

图的定义：一个图 G 是由两个集合 V 和 E 组成，V 是有限的非空顶点集，E 是 V 上的顶点对所构成的边集，分别用 $V（G）$ 和 $E（G）$ 来表示图中的顶点集和边集。用二元组 $G=（V，E）$ 来表示图 G。

图的基本操作至少包括：

（1）CreateGraph(G)：创建图 G。

（2）DestoryGraph(G)：销毁图 G。

（3）LocateVertex(G，v)：确定顶点 v 在图 G 中的位置。若图 G 中没有顶点 v，则函数值为"空"。

（4）GetVertex(G，i)：取出图 G 中的第 i 个顶点的值。若 i 大于图 G 中顶点数，则函数值为"空"。

（5）FirstAdjVertex(G，v)：求图 G 中顶点 v 的第一个邻接点。若 v 无邻接点或图 G 中无顶点 v，则函数值为"空"。

（6）NextAdjVertex(G，v，w)：已知 w 是图 G 中顶点 v 的某个邻接点，求顶点 v 的下一个邻接点（紧跟在 w 后面）。若 w 是 v 的最后一个邻接点，则函数值为"空"。

（7）InsertVertex(G，u)：在图 G 中增加一个顶点 u。

（8）DeleteVetrex(G，v)：删除图 G 的顶点 v 及与顶点 v 相关联的弧。

（9）InsertArc(G，v，w)：在图 G 中增加一条从顶点 v 到顶点 w 的弧。

（10）DeleteArc(G，v，w)：删除图 G 中从顶点 v 到顶点 w 的弧。

6.1.2 图的基本术语

有关图的一些基本术语定义如下。

1. 无向图和有向图

对于一个图 G，若边集 $E(G)$ 为无向边的集合，则称该图为无向图。例如，图 6.1（a）中的图就是一个无向图。

对于一个图 G，若边集 $E(G)$ 为有向边的集合，则称该图为有向图。例如，图 6.1（b）中的图就是一个有向图。

2. 端点和邻接点

在一个无向图中，若存在一条边（v_i，v_j），则称 v_i、v_j 为该边的两个端点，并称它们互为邻接点。例如，图 6.1（a）中，顶点 A 和顶点 C 是两个端点，它们互为邻接点。

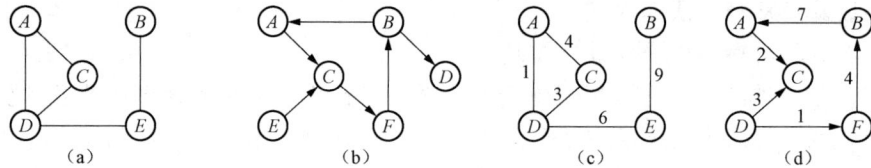

图 6.1　几种图的示例

（a）G_1；（b）G_2；（c）G_3；（d）G_4

3. 起点和终点

在一个有向图中，若存在一条边<v_i，v_j>，则称该边是顶点 v_i 的一条出边，顶点 v_j 的一条入边，并称 v_i 为起始端点（或起点），v_j 为终止端点（或终点）；称 v_i 和 v_j 互为邻接点，并称 v_j 是 v_i 的出边邻接点，v_i 是 v_j 的入边邻接点。例如，图 6.1（b）中，对于边<A，C>，该边是顶点 A 的出边，顶点 C 的入边，同时，顶点 A 称为起点，顶点 C 称为终点。

4. 度、入度和出度

顶点 v 的度记为 $D(v)$。对于无向图，每个顶点的度定义为以该顶点为一个端点的边的数目。对于有向图，顶点 v 的度分为入度和出度，入度是以该顶点为终点的入边数目；出度以该顶点为起点的出边数目，该顶点的度等于其入度和出度之和。例如，图 6.1（a）中，$D(A)=2$；在图 6.1（b）中，顶点 C 的入度为 2，出度为 1，所以 $D(C)=3$。

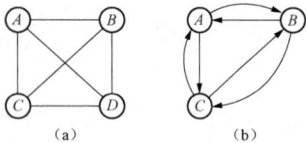

图 6.2　完全图的示例

（a）无向完全图；（b）有向完全图

5. 子图

设有两个图 $G=(V，E)$ 和 $G'=(V'，E')$，若 V' 是 V 的子集，即 $V' \subseteq V$，且 E' 是 E 的子集，即 $E' \subseteq E$，则称 G' 是 G 的子图。

6. 无向完全图和有向完全图

对于无向图，若具有 $n(n-1)/2$ 条边，则称为无向完全图。例如，图 6.2（a）是一个含 4 个顶点的无向完全图。这里 $n=4$，边数为 6。对于有向图，若具有 $n(n-1)$ 条边，则称为有向完全图。例如，图 6.2（b）是有向完全图，这里 $n=3$，边数为 6。

7. 稀疏图和稠密图

边较少（边数 $e<<n\log_2 n$，其中 n 为顶点数）的图称为稀疏图。边较多的图称为稠密图。

8. 路径和路径长度

在一个图 G 中，从顶点 v_i 到顶点 v_j 的一条路径是一个顶点序列 v_{i0}, v_{i1}, …, V_{im}，其中 $v_i=v_{i0}$，$V_j=V_{im}$。若是无向图，则 $(V_{ij-1}, V_{ij})\in E(G)$，$(1\leqslant j\leqslant m)$；若该图是有向图，则 $<V_{ij-1},V_{ij}>\in E(G)$，$(1\leqslant j\leqslant m)$。路径长度是指一条路径上经过的边的数目。

9. 简单路径

若一条路径上除开始点和结束点为同一个顶点外，其余顶点均不相同，则称该路径为简单路径。例如，图 6.1（a）中，路径 $A\rightarrow D\rightarrow E\rightarrow B$ 是一条简单路径，其长度为 3。图 6.1（b）中，路径 $A\rightarrow C\rightarrow F\rightarrow B$ 是一条简单路径，其长度也为 3。

10. 回路（环）

若一条路径上的开始点和结束点为同一个顶点，则称该路径为回路（环）。开始点与结束点相同的简单路径称为简单回路（简单环）。例如，图 6.1（a）中，无向图 G_1 中的（A, C, D, A）是环，图 6.1（b）中，有向图 G_2 中的（A, C, F, B, A）是环。一个图如果不存在环，则称为无环图。

11. 连通、连通图和连通分量

在无向图 G 中，若从顶点 v_i 到顶点 v_j 有路径，则称 v_i 和 v_j 是连通的。若图 G 中任意两个顶点连通的，则称 G 为连通图，否则为非连通。例如，图 6.1（a）G_1 是连通图，图 6.1（b）G_2 不是连通图。

无向图中的一个极大连通子图称为这个无向图的一个连通分量（connected component）。图 6.3（a）所示的无向图有两个连通分量如图 6.3（b）和图 6.3（c）所示。

12. 强连通图和强连通分量

在有向图 G 中，若任意两个顶点 v_i 和 v_j 都是连通的，即从 v_i 到 v_j 和从 v_j 到 v_i 都存在路径，则称该图是强连通图。有向图 G 中极大强连通子图称为 G 的强连通分量。图 6.1（b）所示的有向图 G_2 有三个强连通分量如图 6.4 所示。

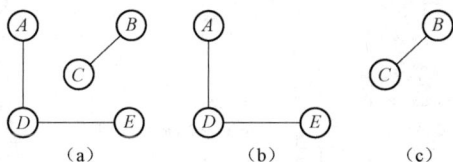

图 6.3　无向图的连通分量　　　　图 6.4　有向图 G_2 的连通分量

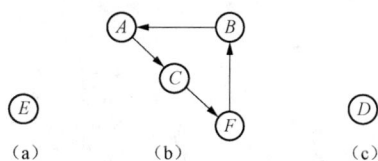

13. 生成树、生成森林

一个无向图 G 如果是连通的，那么，一个包含无向图 G 中所有顶点并含有最少的边的连通子图就称为无向图 G 的生成树（spanning tree）。图 6.5 给出了图 6.1（a）表示的无向图 G_1 所有可能的生成树。

一个无向图 G 如果不是连通的，那么，图 G 的每个连通分量的生成树组成的森林称为无向图 G 的生成森林（spanning forest）。

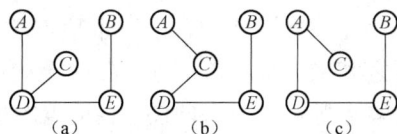

14. 权和网

在一个图中，每条边可以标上具有某种含义的数

图 6.5　无向图 G_1 所有可能的生成树

值，该数值称为该边的权。边上带权的图称为带权图，也称为网。一个无向图中的边上如果

带有权值，则称为赋权无向图（weighted undigraph）。图 6.1（c）表示的 G_3 就是一个赋权无向图。一个有向图中的弧上如果带有权值，称为赋权有向图（weighted digraph）。图 6.1（d）表示的 G_4 就是一个赋权有向图。

6.2　图 的 存 储 结 构

图的结构复杂，应用广泛，故表示法（存储方法）也多，图的存储结构取决于具体的应用和所定义的运算。常用的存储结构有邻接矩阵、邻接表、邻接多重表、十字链表等。

6.2.1　邻接矩阵

一个图 G 的邻接矩阵（adjacency matrix）定义如下：

设图 G 含有 n 个顶点 $\{v_0, v_1, \cdots, v_{n-1}\}$，图 G 的邻接矩阵用 A 表示，则 A 是一个 $n \times n$ 的方阵，其中元素 a_{ij} 的 i 和 j 取值范围是 $0 \leqslant i \leqslant n-1$，$0 \leqslant j \leqslant n-1$，$a_{ij}$ 的取值是：

（1）当图 G 是无向图时，如果顶点 v_i 与顶点 v_j 之间有边，a_{ij} 为 1，否则，a_{ij} 为 0。

（2）当图 G 是有向图时，如果顶点 v_i 到顶点 v_j 有弧，a_{ij} 为 1，否则，a_{ij} 为 0。

（3）当图 G 是赋权无向图时，如果顶点 v_i 与顶点 v_j 之间有边，a_{ij} 为 w_{ij}（w_{ij} 是顶点 v_i 与顶点 v_j 之间边上的权值），否则，a_{ij} 为 ∞。

（4）当图 G 是赋权有向图时，如果顶点 v_i 到顶点 v_j 有弧，a_{ij} 为 w_{ij}（w_{ij} 是顶点 v_i 到顶点 v_j 的弧上的权值），否则，a_{ij} 为 ∞。

图 6.6 表示的是图 6.1 中各图的邻接矩阵。

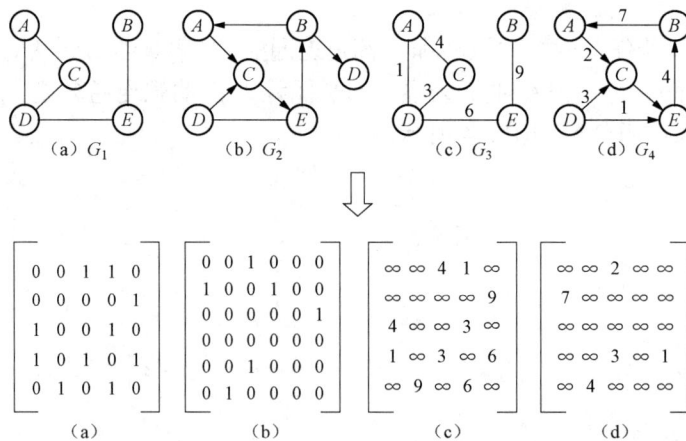

图 6.6　邻接矩阵

（a）G_1 的邻接矩阵；（b）G_2 的邻接矩阵；（c）G_3 的邻接矩阵；（d）G_4 的邻接矩阵

在邻接矩阵中，求一个顶点的度是很方便的。对于无向图，v_i 顶点的度就是邻接矩阵中 i 行之和或 i 列之和；对于赋权无向图，v_i 顶点的度就是邻接矩阵中 i 行或 i 列中元素值非 ∞ 的元素个数；对于有向图，v_i 顶点的出度就是邻接矩阵中 i 行之和、入度就是邻接矩阵中 i 列之和；对于赋权有向图，v_i 顶点的出度就是邻接矩阵中 i 行中元素值非 ∞ 的元素个数、入度就是邻接矩阵中 i 列中元素值非 ∞ 的元素个数。

不难看出：无向图的邻接矩阵是对称的，而有向图的邻接矩阵不一定对称。因此，用邻接矩阵来表示一个具有 n 个顶点的有向图时，要用 n^2 个单元存储邻接矩阵；对有 n 个顶点的无向图，则只需存入下三角矩阵，故只需使用 $n(n+1)/2$ 个存储单元。用邻接矩阵的方法表示图 G，首先对给定的图 G 的顶点任意编号（1～n），用一个 $A_{n×n}$ 矩阵来表示结点之间的邻接关系，有时还需要存储各顶点的有关信息，这时需要再另外用向量来存储这些信息。

假设权值为 int 型，每个顶点存放 int 型的顶点编号(当然也可以是其他根据实际运算需要的类型信息)，首先输入图的顶点数和边数；然后输入顶点编号来建立顶点信息表，并将邻接矩阵各元素初始化为 0；最后按顶点顺序输入每条边的顶点编号和权值，从而建立起图的邻接矩阵。建立带权无向图邻接矩阵的算法如下。

1. 构造类型定义

```
#define MAXVEX  100               /*图的顶点个数*/
typedef  int  Datatype;
typedef  struct
{
  Datatype  vexs[MAXVEX];        /*顶点信息表*/
  int  edges[MAXVEX][ MAXVEX];   /*邻接矩阵*/
  int  n,e;                       /*顶点数和边数*/
}graph;
```

2. 建邻接矩阵（对无向图）

【算法 6.1】

```
void  CreateGraph(graph  *ga)
{
  int  i,j,k,w;
  printf("请输入图的顶点数和边数:\n");
    scanf("%d%d",&(ga->n),&(ga->e));
  printf("请输入顶点信息(顶点编号),建立顶点信息表:\n");
  for(i=0;i<ga->n;i++)
      scanf("%c",&(ga->vexs[i]));    /*输入顶点信息*/
  for(i=0;i<ga->n;i++)              /*邻接矩阵初始化*/
   for(j=0;j<ga->n;j++)
      ga->edges[i][j]=0;
  for(k=0;k<ga->e;k++)                /*读入边的顶点编号和权值,建立邻接矩阵*/
  {  printf("请输入第%d 条边的顶点序号 i、j 和权值 w:",k+1);
    scanf("%d,%d,%d",&i,&j,&w);
    ga->edges[i][j]=w;
    ga->edges[j][i]=w;
   }
}
```

注意：邻接矩阵并非图的顺序存储结构（图没有顺序存储结构），它只是借助了数组这一数据类型来表示图中元素间的相邻关系。

该算法的执行时间是 $O(n+n^2+e)$，由于 $e<n^2$，所以算法的时间复杂度为 $O(n^2)$。

6.2.2　邻接表

无权图的邻接表（adjacency list）存储结构是对图中的每个顶点建立一个带头结点的单链表，如第 i 个单链表中的结点则表示依附于顶点 v_i 的边（若是有向图，则表示以 v_i 为尾的弧）。每个边链表的头结点又构成一个表头结点表。无权图的邻接表存储结构类型可以定义如下：

```
/*~~~~~~~~~~~~~~~~~~~无权图邻接表存储结构~~~~~~~~~~~~~~~~~~~~*/
#define MAXVEX 10
typedef enum{UDG,/*无向图*/WUDG,/*赋权无向图*/
             DG,/*有向图*/WDG/*赋权有向图*/} GraphKind;
typedef struct rnode
{
    int adjvexpos;              /*顶点在list中的位置*/
    struct rnode *next;
}RNode;                         /*邻接点链表结点的结构*/
typedef struct
{
    VertexDT data;             /*顶点数据域*/
    RNode *firstarc;           /*邻接点链表头指针域*/
}VNode;
typedef struct
{
    VNode *list;               /*表的基地址*/
    int maxvertexnum;          /*顶点最大数目*/
    int vn;                    /*顶点个数*/
    int rn;                    /*边或弧的条数*/
    GraphKind gk;              /*图的种类*/
}ALGraph;
```

图 6.1（a）表示的无向图的邻接表存储结构如图 6.7 所示。

图 6.1（b）表示的有向图的邻接表存储结构如图 6.8 所示。

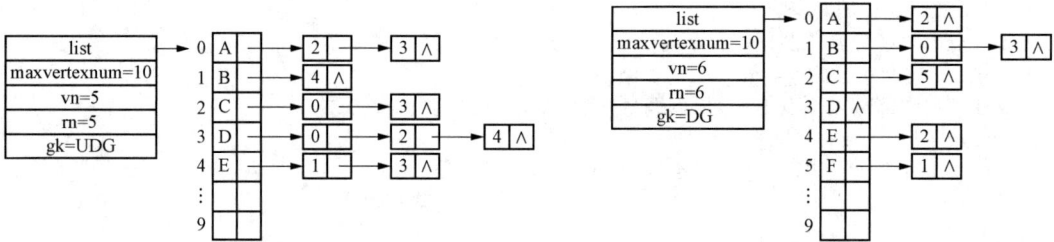

图 6.7　图 6.1（a）表示的无向图的邻接表存储结构　　图 6.8　图 6.1（b）表示的有向图的邻接表存储结构

图 6.1（c）表示的赋权无向图的邻接表存储结构如图 6.9 所示。

图 6.1（d）表示的赋权有向图的邻接表存储结构如图 6.10 所示。

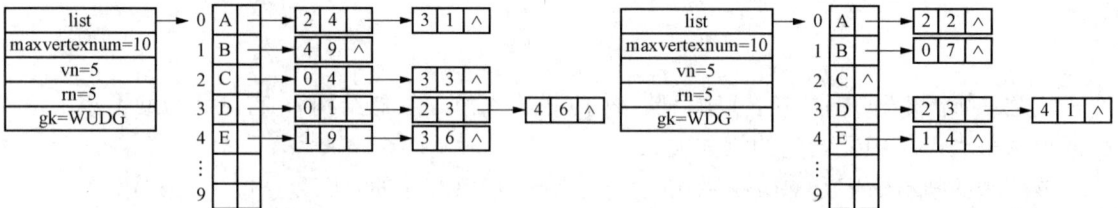

图 6.9　图 6.1（c）表示的赋权无向图的
邻接表存储结构　　　　　图 6.10　图 6.1（d）表示的赋权有向图的
邻接表存储结构

在无向图的邻接表中，v_i 顶点的度就是 v_i 顶点的邻接点链表的长度。在有向图的邻接表中，v_i 顶点的出度是 v_i 顶点的邻接点链表的长度，但求 v_i 顶点的入度时要遍历所有顶点的邻接表链表。如果在实际应用中经常需要执行求有向图的顶点入度的操作时，可以把有向图的邻接表中的每个顶点的邻接点链表改造成逆邻接表链表，改造后的存储结构通常称为逆邻接表（inverse adjacency list），在有向图的逆邻接表中，v_i 顶点的入度是 v_i 顶点的逆邻接点链表的长度。图 6.1（b）表示的有向图的逆邻接表存储结构如图 6.11 所示。

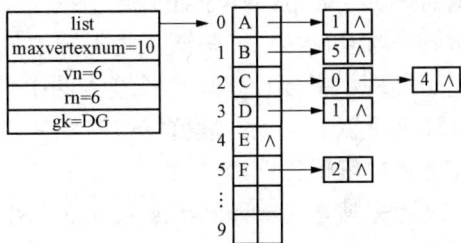

图 6.11　图 6.1（b）表示的有向图的逆邻接表存储结构

如果在应用中求有向图的顶点的出度与入度操作都比较频繁时，可以把邻接表和逆邻接表组合在一起，这种存储结构通常称为交叉链表（或十字链表，orthogonal list）。无权有向图的交叉链表存储结构类型定义如下：

```
/*~~~~~~~~~~~~~~~~~~~无权有向图的交叉链表存储结构~~~~~~~~~~~~~~~~~~~~~*/
#define MAXVEX 10
typedef struct arcnode                     /*弧结点结构*/
{
    int tailvexpos, headvexpos;            /*弧尾顶点位置和弧头顶点位置*/
    struct arcnode *hnext, *tnext;         /*弧头相同和弧尾相同的弧的后继指针*/
}ArcNode;
typedef struct
{
    VertexDT data;                         /*顶点数据*/
    ArcNode *inneighbor, *outneighbor;     /*出弧和入弧链表头指针*/
}OVNode;
typedef struct
{
    OVNode *list;                          /*表的基地址*/
    int maxvertexnum;                      /*最大顶点数*/
    int vn;                                /*顶点个数*/
    int rn;                                /*弧的条数*/
}OLGraph;
```

图 6.1（b）表示的有向图的交叉链表存储结构如图 6.12 所示。

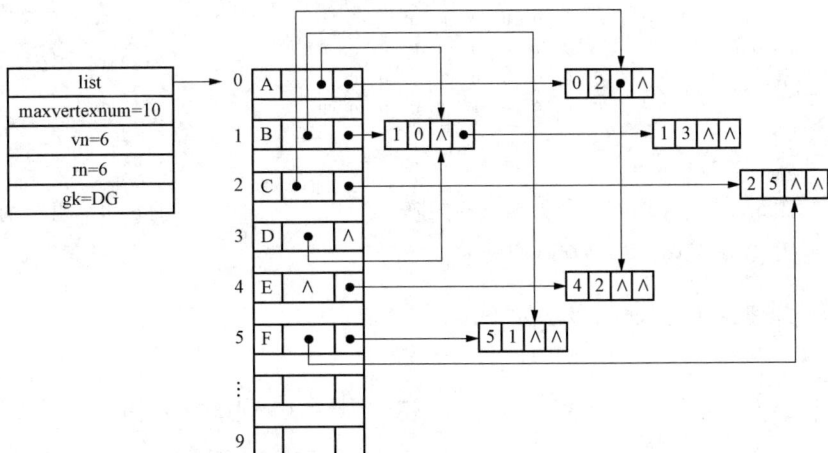

图 6.12　图 6.1（b）表示的有向图的交叉链表存储结构

6.3　图　的　遍　历

图的遍历（graph traversal）是指按照特定的搜索规则来访问图中的每个顶点，使每个顶点被访问一次且仅被访问一次。由于图中的顶点可能是相互交织的，也可能是不连通的，所以在遍历过程中需要设置一个长度为图中顶点个数的标记数组 visited 来记录被访问过的顶点，这样既可以避免顶点被重复访问，又可以保证访问到全部的顶点。

6.3.1　广度优先搜索

广度优先搜索（breadth-first search，BFS）遍历算法类似于树的分层次遍历过程。

广度优先搜索(BFS)的基本思想：首先访问初始点 v_i，并将其标记为已访问过，接着访问 v_i 的所有未被访问过的邻接点 $v_{i1},v_{i2},\cdots,v_{it}$，并均标记为已访问过，然后按照 $v_{i1},v_{i2},\cdots,v_{it}$ 的次序，访问每一个顶点的所有未被访问过的邻接点，并均标记为已访问过，依次类推，直到图中所有和初始点 v_i 有路径相通的顶点都被访问过为止。

以图 6.13 所示的无向图 G 为例，广度优先搜索遍历时，先在标记数组 visited 中找最开始的未访问的顶点（顶点 A），访问顶点 A 并标记 A 已经访问，然后找 A 的所有未访问的邻接点 B、D 和 F（参看图 G 的邻接矩阵），依次访问顶点 B、D 和 F 并标记 B、D 和 F 已经访问，继续依次对 B、D 和 F 找各自所有未访问的邻接点依次访问并标记已经访问，……，结果获得顶点序列为 ABDFEGJI，至此一次广度优先搜索完成。继续在标记数组中找最开始的未访问的顶点，……，直到全部顶点均已访问，操作结束，获得顶点序列为 ABDFE GJICH。

把一个无向图进行广度优先搜索过程中经过的顶点与边组合起来便可以获得该无向图的广度优先搜索生成森林（breadth-first search spanning forest），图 6.13 所示的图 G 的广度优先搜索生成森林如图 6.14 所示。

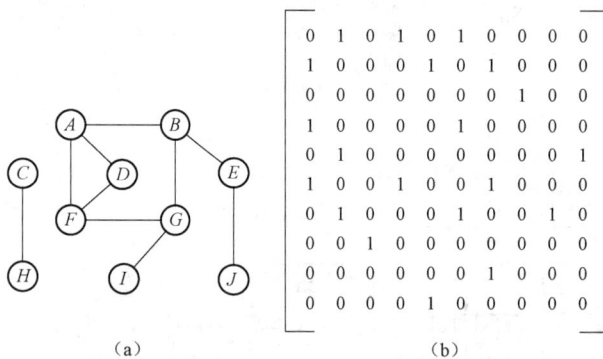

图 6.13　一个图 G 与图 G 的邻接矩阵

（a）图 G；（b）图 G 的邻接矩阵

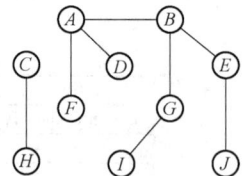

图 6.14　图 G 的广度优先
搜索生成森林

实现广度优先搜索的非递归算法如下：

【算法 6.2】

```
void BFS(ALGraph *g, int vi)        /*对邻接表 g 从顶点 vi 开始进行广度优先遍历*/
    {
    int i,v,visited[MAXVEX];
    int Qu[MAXVEX],front=0,rear=0;  /*循环队列*/
```

```
RNode *p;
for(i=0;i<g->n;i++)                    /*给 visited 数组置初值 0*/
  visited[i]=0;
visited[vi]=1;                         /*访问初始顶点*/
printf("%d ",vi);
rear=(rear+1)%MAXVEX;
Qu[rear]=vi;                           /*初始顶点入队列*/
while(front!=rear)                     /*队列不为空时循环*/
  {front=(front+1)%MAXVEX;
  v=Qu[front];                         /*出队列*/
  p=g-> list[v]. firstarc ;            /*查找 v 的第一个邻接点*/
  while(p!=NULL)                       /*查找 v 的所有邻接点*/
  {  if(visited[p->adjvexpos]==0)      /*未访问过则访问之*/
      { visited[p->adjvexpos]=1;
       printf("%d",p->adjvexpos);      /*访问该点并使之入队列*/
       rear=(rear+1)%MAXVEX;
       Qu[rear]=p->adjvexpos;
       }
    p=p->next;                         /*查找 v 的下一个邻接点*/
    }
  }
}
```

6.3.2 深度优先搜索

深度优先搜索（depth-first search，DFS）遍历算法是一种回溯算法的思想，类似于树的先根序遍历过程。

深度优先搜索（DFS）的基本思想：从图 G 中某个顶点 v_i 出发，访问 v_i，然后选择一个与 v_i 相邻且没被访问过的顶点 v 访问，再从 v 出发选择一个与 v 相邻且未被访问的顶点 v_j 访问，依次继续。如果当前已访问过的顶点的所有邻接顶点都已被访问，则回退到已被访问的顶点序列中最后一个拥有未被访问的相邻顶点的顶点 w，从 w 出发按同样方法向前遍历，直到图中所有顶点都被访问。

以图 6.13 所示的无向图 G 为例，深度优先搜索遍历时，先在标记数组 visited 中找最开始的未访问的顶点（顶点 A），访问顶点 A 并标记 A 已经访问，然后找 A 的第一个未访问的邻接点 B（参看图 G 的邻接矩阵），访问顶点 B 并标记 B 已经访问，继续找 B 的第一个未访问的邻接点 E，访问顶点 E 并标记 E 已经访问，继续找 E 的第一个未访问的邻接点 J，访问顶点 J 并标记 J 已经访问，继续找 J 的第一个未访问的邻接点，这时发现无未访问的邻接点，退到前一个结点 E，继续找 E 的第一个未访问的邻接点，……，结果获得顶点序列为 *ABEJGFDI*，至此一次深度优先搜索完成。继续在标记数组中找最开始的未访问的顶点，……，直到全部顶点均已访问，操作结束，获得顶点序列为 *ABEJGFDICH*。

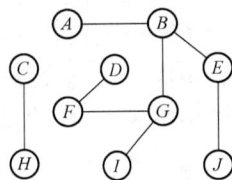

图 6.15 图 G 的深度优先
搜索生成森林

在对一个无向图进行深度优先搜索遍历时，如果把搜索过程中经过的顶点与边组合起来便获得该无向图的深度优先搜索生成森林（depth-first search spanning forest），图 6.13 所示的图 G 的深度优先搜索生成森林如图 6.15 所示。

实现深度优先搜索的非递归算法如下：

【算法 6.3】

```
void DFS (ALGraph  *g,int vi)        /*从 vi 出发深度优先搜索图 g*/
{  InitStack(S);                     /*初始化空栈*/
   Push(S,vi);
   while(!Empty(S))
   {v=Pop(S);
    if(!visited(v))
       { visit(v);
         visited[v]=1;/*visited 数组初值均为 0 表示未访问，1 表示已访问*/
       }
    w=FirstAdj(g,v);                 /*求 v 的第一个邻接点*/
    while(w!=-1)
      {if(!visited(w))
          {Push(S,w); visit(w); visited[w]=1; }
          w=NextAdj(g,v,w);          /*求 v 相对于 w 的下一个邻接点*/
      }
    }
}
```

6.4　图 的 连 通 性

　　一个无向连通图可能有多棵形态不同的生成树，例如，对该无向连通图进行一次深度优先搜索便可以得到深度优先搜索生成树，对该无向连通图进行一次广度优先搜索便可以得到广度优先搜索生成树。在一个赋权无向连通图的所有生成树中，生成树各边上权值的总和最小的生成树称为最小生成树（minimal spanning tree）。

　　在现实生活中，有很多问题可以归结为求取最小生成树问题。例如，有 7 个村庄（A、B、C、D、E、F 和 G），现在要修路使这 7 个村庄相互连通，根据调查发现可以修路的线路及按该线路修路需要的费用（权值）如图 6.16 所示，要求找一个总费用最少的修路方案。

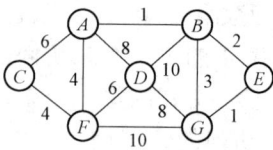

图 6.16　一个赋权无向图

　　那么，如何求取最小生成树呢？构造一棵最小生成树通常有两种方法：普里姆算法和克鲁斯卡尔算法，下面分别进行介绍。

6.4.1　普里姆算法

　　普里姆（prim）算法的原理：从赋权无向图 V 中取一个顶点（通常是 0 号顶点）作为一棵树 U，然后从图 V 中滤出一条边，要求该边上的权值尽可能小并且该边两端的顶点中必须有且只有一个顶点是已经在树 U 中的，把该边及该边的另一端的顶点加入树 U 中，这样一来，树 U 便增加了一个顶点和一条边，按这个规则继续从图中滤出边加到树 U 中并扩充树 U 中的顶点，直到生成的树包含图中所有的顶点为止。采用普里姆算法原理来创建图 6.16 所示的赋权无向图最小生成树的过程如图 6.17 所示。

　　为了便于在集合 U 和（$V-U$）之间选择权最小的边，建立了两个数组 closest 和 lowcost，分别用于存放顶点序号和权值，closest [i] 表示一个已在 U 中的顶点。它们之间的关系及意义：若 lowcost [i]=0，则表明 i 在 U 中；若 0<lowcost [i]<∞，则 i 在（$V-U$）中，并且

由顶点 i 和 U 中的顶点 closest $[i]$ 构成的边（i, closest $[i]$）是所有与顶点 i 相邻、另一端在 U 的边中的具有最小权值的边，其最小的权值为 lowcost $[i]$；若 lowcost $[i]$ =∞，则表示 i 与 closest $[i]$ 之间没有边。

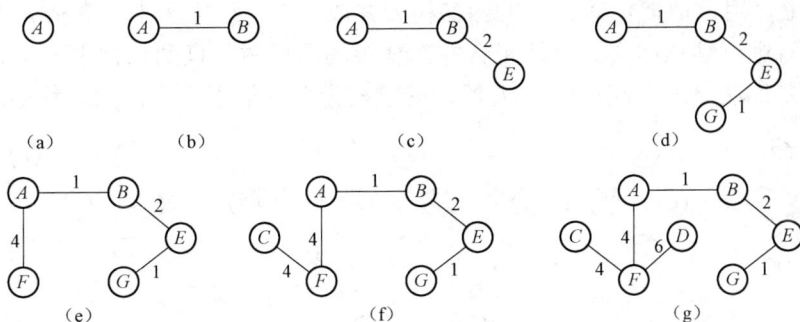

图 6.17　普里姆算法创建最小生成树过程示意图

算法每一步扫描数组 lowcost，在 $V—U$ 中找出离 U 最近的顶点，令其为 k，并打印边（k, closest $[k]$）。然后修改数组 lowcost 和 closest，标记 k 已经加入 U。

对应的普里姆算法如下：

【算法 6.4】

```
#define INF  32767                /* INF 表示∞ */
void Prim(int cost[][MAXVEX],int n,int v)
/*输出最小生成树的每条边*/
{
  int lowcost[MAXVEX],min;
  int closest[MAXVEX],i,j,k;
  for(i=0;i<n;i++)                /*给 lowcost[]和 closest[]置初值*/
  { lowcost[i]=cost[v][i];
    closest[i]=v;
  }
  for(i=1;i<n;i++)                /*找出 n-1 个顶点*/
  { min=INF ;
    for(j=0;j<n; j++)            /*在 (V—U) 中找出离 U 最近的顶点 k*/
    if(lowcost[j]!=0&&lowcost[j]<min)
    { min=lowcost[j];
      k=j ;
    }
    printf(" 边%d 权%d",closest[k],k);
    lowcost[k]=0;                /*标记 k 已经加入 U*/
    for(j=0;j<n;j++)            /*修改数组 lowcost 和 closest*/
      if(cost[k][j]!=0&&cost[k][j]<lowcost[j])
      {lowcost[j]=cost[k][j];
       closest[j]=k;
      }
  }
}
```

设赋权无向图的顶点数量为 n，则普里姆算法的时间复杂度为 $O(n^2)$，该算法的时间复杂度与赋权无向图中边的数量无关，所以适用于求取稠密图的最小生成树。

6.4.2　克鲁斯卡尔算法

克鲁斯卡尔（kruskal）算法的原理：从赋权无向图 G 中取所有顶点作为一个森林 F，然后从图 G 中滤出一条边，要求该边上的权值尽可能小并且该边两端的顶点必须分别处在森林 F 中的两棵树上，用该边把森林 F 中的两棵树合并成一棵，这样一来，森林 F 中便减少了一棵树，按这个规则继续从图中滤出边来合并森林中的两棵树，直到森林中只有一棵树为止。采用克鲁斯卡尔算法原理来创建图 6.16 所示的赋权无向图最小生成树的过程如图 6.18 所示。

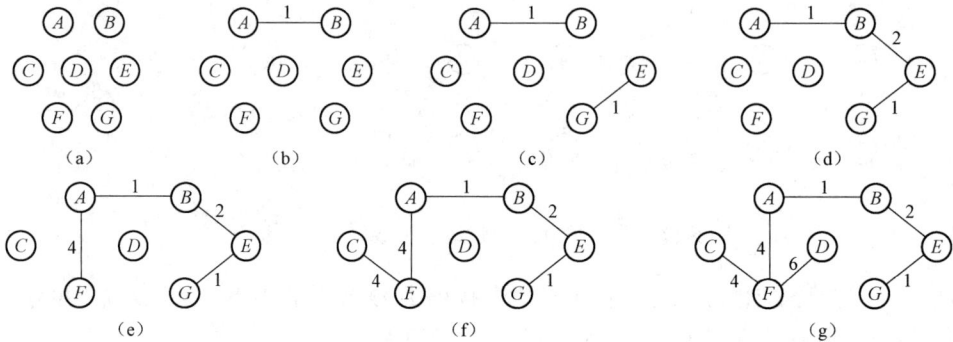

图 6.18　克鲁斯卡尔算法创建最小生成树过程示意图

对应的克鲁斯卡尔算法如下：

【算法 6.5】

```
typedef struct
{ int u;                                    /* 边的起始顶点*/
  int v;                                    /*边的终止顶点*/
  int w;                                    /*边的权值*/
}Edge;
void Kruskal(Edge E[ ], int n, int e)      /*假设边由小到大存放在数组E[ ]*/
  {
    int i,j,ml,m2,snl,sn2,k;
    int vset[MAXV];
    for(i=0;i<n;i++)  vset[i]=i;           /*初始化辅助数组*/
    k=1;              /*k 表示当前构造最小生成树的第几条边，初值为 1*/
    j=0 ;             /*E 中边的下标，初值为 0*/
    while(k<n)        /*生成的边数小于 n 时循环*/
    { ml=E[j].u;m2=E[j].v;               /*取一条边的头尾顶点*/
      snl=vset[ml];sn2=vset[m2];         /*分别得到两个顶点所属的集合编号*/
      if(snl!=sn2) /*两顶点属不同的集合，该边是最小生成树的边*/
      {    printf("(%d,%d):%d",m1,m2,E[j].w);
           k++;                          /*生成边数增 1*/
           for(i=0;i<n;i++)              /*两个集合统一编号*/
             if(vset[i]==sn2)            /*集合编号为 sn2 的改为 sn1*/
               vset[i]=sn1;
      }
      j++;   /*扫描下一条边*/
    }
  }
```

如果给定的带权连通无向图 G 有 e 条边，那么用克鲁斯卡尔算法构造最小生成树的时间

复杂度为 $O(e\log_2 e)$。

　　从克鲁斯卡尔算法原理描述可以看出，该算法的时间复杂度与图中边的数量有关，而与图中的顶点个数无关，适合于求取稀疏图的最小生成树。但如果图的存储结构采用本书介绍的数组表示法或邻接表存储结构，在取边时需要扫描顶点，这时算法的时间复杂度与图中顶点的个数也有关，因此，利用克鲁斯卡尔算法求取最小生成树时，需要调整图的存储结构使边的信息处在一个集合中，本书对此不再赘述。

6.5　最　短　路　径

　　本书第 1 章曾提出过下面的问题：

　　假设有 A、B、C、D、E、F 六座城市（见图 1.1），图中带箭头的连线表示城市间有开通的单向航班，弧上的数值表示该航班飞行所需要的时间，请问：如果要从城市 A 出发去城市 F（中间可以在其他城市换机，并忽略换机时间），耗费时间最少的路径是什么？

　　在赋权有向图中，从一个顶点 v_i 到另一个顶点 v_j 所有经过的弧上权值之和（通常称为路径长度）最小的路径就是 v_i 到 v_j 的最短路径。显然，上面的问题就是求解最短路径问题。考虑一般性，本书把图 1.1 转换成图 6.19（a）表示，并把求一个顶点 v_0 到另一个顶点 v_5 的最短路径问题扩充为求一个顶点 v_0 到其他各个顶点 v_i 的最短路径问题。

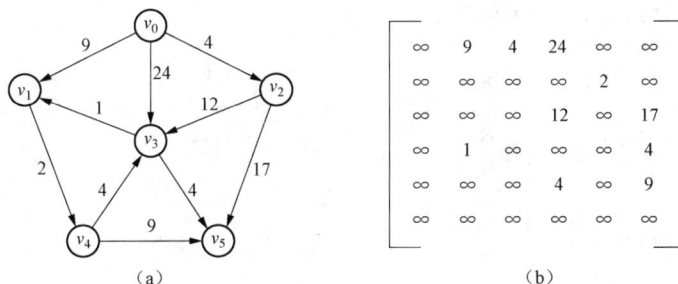

图 6.19　一个赋权有向图及其邻接矩阵示意图

（a）赋权有向图 G；（b）G 的邻接矩阵

　　最短路径问题分为两种情况：①求从一个顶点到其他各顶点的最短路径，即单源最短路径；②求每对顶点之间的最短路径。

6.5.1　单源最短路径

　　求单源最短路径采用狄克斯特拉（Dijkstra）算法，该算法的思路：设有向图 $G=(V, E)$，其中，$V=\{v_0, v_1, \cdots, v_{n-1}\}$，cost 是表示 G 的邻接矩阵，cost$[i][j]$ 表示有向边 $<v_i, v_j>$ 的权值。若不存在有向边 $<v_i, v_j>$，则 cost$[i][j]$ 的权为无穷大（∞）。设置一维数组 $s[0, \cdots, n-1]$，用于标记已找到最短路径的顶点。设顶点 v 为源点，集合 s 的初态只包含顶点 v。即

$$\text{cost}[i][j]=\begin{cases} w_{ij} & \text{若} v_i \neq v_j \text{且} <v_i, v_j> \in E(G) \\ 0 & v_i = v_j \\ \infty & \text{其他} \end{cases}$$

　　以下用 INF 表示 ∞，通常取大于最大权值的某个数值。设置一维数组 $s[0, \cdots, n-1]$，

用于标记已找到最短路径的顶点，并规定：

$$s[i]=\begin{cases} 0 & \text{未找到源点到顶点}v_i\text{的最短路径} \\ 1 & \text{已找到源点到顶点}v_i\text{的最短路径} \end{cases}$$

数组 dist 记录从源点到其他各顶点当前的最短距离，其初值为 dist [i] =cost [v] [i]，从 s 之外的顶点集合 V—S 中选出一个顶点 v_u，使 dist [u] 的值最小。于是从源点到达 v_u 只通过 s 中的顶点，把 u 加入集合 s 中调整 dist 中的记录从源点到 V—S 中每个顶点 v_j 的距离：从原来的 dist [j] 和 dist [u] +cost [u] [j] 中选择较小的值作为新的 dist [j]。重复上述过程，直到 s 中包含其余各顶点的最短路径。

另设置一个数组 path [ ] 用于保存最短路径长度，其中，path [i] 保存从源点 v 到终点 v_i 当前最短路径中的前一个顶点编号，它的初值为源点 v 的编号（v 到 v_i 有边时）或–1（v 到 v_i 无边时）。

对应的狄克斯特拉算法如下（n 为图 G 的顶点数，v 为源点编号）：

【算法 6.6】

```
void Dijkstra(int cost[][MAXVEX], int n,int v)
  {
   int dist[MAXVEX],path[MAXVEX];
   int s[MAXVEX];
   int mindis,i,j,u,pre;
   for(i=0;i<n;i++)
     {dist[i]=cost[v][i];              /*距离初始化*/
      s[i]=0;                          /*s[]置空*/
      if(cost [v][i]<INF)              /*路径初始化*/
        path[i]=v;
      else
         path[i]=-1;
      }
   s[v]=1;path [v]=0;                   /*源点编号 v 放入 s*/
   for(i=0;i<n;i++)                     /*循环直到所有顶点的最短路径都求出*/
     { mindis=INF;
      u=-1;
      for(j=0;j<n; j++)                 /*选取不在 s 中且具有最小距离的顶点 u*/
        if(s[j]==0&&dist[j]<mindis)
         {
           u=j ;
           mindis=dist[j];
           }
      if(u!=-1)                         /*找到最小距离的顶点 u*/
        {  s[u ]=1;                      /*将顶点 u 加入 s 中*/
           for(j=0;j<n;j++)             /*修改不在 s 中的顶点的距离*/
             if(s[j]==0)
               if(cost[u][j]<INF&&dist[u]+cost[u][j]<dist[j])
                 {dist[j]=dist[u]+cost[u][j] ;
                  path[j]=u;
                  }
           }
```

```
}
printf("\n Dij kstra 算法求解如下:\n");
for(i=0;i<n;i++)      /*输出最短路径的长度，路径逆序输出*/
{
 if(i!=v)
 { printf(" %d->%d: ",v,i);
    if(s[i]==1)
    {   printf("路径长度为 %d: ",dist[i]);
       pre=i;
       printf(" 路径逆序为");
       while(pre!=v)      /*一直回溯到初始顶点*/
       { printf("%d, ",pre);
          pre=path[pre];
        }
       printf("%d\n",pre);
     }
    else
       printf("不存在路径\n");
   }
 }
}
```

若对图 6.19（a）表示的赋权有向图 G 按上面描述的原理来施行 Dijkstra 算法，则获取从 v_0 到其他各顶点 v_i 的最短路径，以及运算过程中向量 D 的各个分量值的变化状况的逻辑描述如图 6.20 所示。

v_i D i	$i=1$	$i=2$	$i=3$	$i=4$	$i=5$
v_1	9 (v_0,v_1)	9 (v_0,v_1)			
v_2	4 (v_0,v_2)				
v_3	24 (v_0,v_3)	16 (v_0,v_2,v_3)	16 (v_0,v_2,v_3)	15 (v_0,v_1,v_4,v_3)	
v_4	∞	∞	11 (v_0,v_1,v_4)		
v_5	∞	21 (v_0,v_2,v_5)	21 (v_0,v_2,v_5)	20 (v_0,v_1,v_4,v_5)	19 (v_0,v_1,v_4,v_3,v_5)
v_j	v_2	v_1	v_4	v_3	v_5
U	(v_0,v_2)	(v_0,v_2,v_1)	(v_0,v_2,v_1,v_4)	(v_0,v_2,v_1,v_4,v_3)	$(v_0,v_2,v_1,v_4,v_3,v_5)$

图 6.20　用狄克斯特拉算法求解最短路径过程中向量 D 和集合 U 的变化逻辑示意图

寻找从顶点 v_0 到某一个特定顶点的最短路径的问题和求顶点 v_0 到其他所有顶点的最短路径问题一样复杂，其算法只要在上述算法的基础上稍加改动即可，时间复杂度也是 $O(n^2)$。

6.5.2　每对顶点之间的最短路径

求解每对顶点之间的最短路径的一个办法：每次以一个顶点为源点，重复执行 Dijkstra 算法 n 次，这样便可以求得每一对顶点之间的最短路径。

解决该问题的另一种方法是弗洛伊德（Floyed）算法。它仍是从图的带权邻接矩阵 cost

出发，其基本思想：如果从 v_i 到 v_j 有边，则从 v_i 到 v_j 存在一条长度为 cost $[i]$ $[j]$ 的路径。该路径不一定是最短路径，尚需进行 n 次试探。首先考虑路径（v_i, v_0, v_j）是否存在［即判断弧（v_i, v_0）和（v_0, v_j）是否存在］。如果存在，则比较其路径长度。取长度较短者为从 v_i 到 v_j 的中间顶点的序号不大于 0 的最短路径。假如在路径上再增加一个顶点 v_1，即如果（v_i, …, v_1）和（v_1, …, v_j）分别是当前找到的中间顶点的序号不大于 0 的最短路径，那么，（v_i, …, v_1, …, v_j）就有可能是从 v_i 到 v_j 中间顶点的序号不大于 1 的最短路径。将它和已经得到的从 v_i 到 v_j 中间顶点的序号不大于 0 的最短路径相比较，从中选出中间顶点的序号不大于 1 的最短路径之后，再增加一个顶点 v_2，继续进行试探。依次类推，直至经过 n 次比较，最后求得的必是从 v_i 到 v_j 的最短路径。按此方法，可以同时求得各对顶点间的最短路径。

现定义一个 n 阶方阵序列：A_{-1}, A_0, …, A_k, …, A_{n-1}，其中：

$$A_{-1}[i][j] = \text{cost}[i][j] \quad (0 \leq i \leq n-1, 0 \leq j \leq n-1)$$

$$A_{k+1}[i][j] = \min\{A_k[i][j], A_k[i][k+1] + A_k[k+1][j]\} \quad (-1 \leq k \leq n-2)$$

从上述计算公式可见，$A_k[i][j]$ 是从 v_i 到 v_j 的中间顶点的序号不大于 k 的最短路径的长度；$A_{n-1}[i][j]$ 就是从 v_i 到 v_j 的最短路径。

对应的弗洛伊德算法如下：

【算法 6.7】

```
#define  MAXVEX 100
#define  INF 32767
void Floyed(int cost[][MAXVEX],int n)
{int A[MAXVEX][MAXVEX],path[MAXVEX][MAXVEX];
 int i,j,k,pre;
 for(i=0;i<n;i++)                    /*置初值*/
   for(j=0;j<n; j++)
    {  A[i][j]=cost[i][j];
       path[i][j]=-1;
     }
   for(k=0;k<n;k++)
    {  for(i=0;i<n; i++)
        for(j=0;j<n; j++)
          if(A[i][j]>(A[i][k]+A[k][j]))
          {  A[i][j]=A[i][k]+A[k][j];
             path[i][j]=k;
          }
     }
 printf("\n Floyed 算法求解如下:\n");
 for(i=0;i<n;i++)                    /*输出最短路径*/
    for(j=0;j<n;j++)
      if(i!=j)
     {   printf("  %d ->%d",i,j);
         if(A[i][j]==INF)
       {  if(i!=j)
          printf("不存在路径\n");
        }
       else
       {  printf("路径长度为:%d",A[i][j]);
          printf("路径为%d",i);
```

```
            pre=path[i][j];
            while(pre!=-1)
            {  printf("%d",pre);
               pre=path[pre][j];
               }
            printf("%d\n",j);
        }
    }
}
```

6.6　AOV 网与拓扑排序

如果用一个有向图代表一个完整的任务，图中的每个顶点代表一个活动（activity），而弧代表活动的先后顺序，这样的有向图就称为 AOV 网（activity on vertex network），图 6.22 表示的就是一个 AOV 网。在 AOV 网的应用中，经常需要知道网中的所有顶点之间的优先关系并需要确认网中无环，这可以通过拓扑排序的操作来实现。

拓扑排序（topological sort）是把一个 AOV 网中的顶点转换成一个线性序列，AOV 网中有些顶点是有优先关系的，但有些顶点并不存在优先关系，这时就要人为地加入一些优先关系。以图 6.21 表示的 AOV 网为例，进行拓扑排序可以得到以下的线性序列：*CADBFGE*、*CFGADBE* 和 *CDAFBGE* 等。

拓扑排序的方法如下：

（1）在有向图中选择一个入度为 0 的顶点 v_i 输出。

（2）从有向图中把顶点 v_i 删除，并删除所有以 v_i 为弧尾顶点的弧。

重复以上两步，直到没有顶点或没有入度为 0 的顶点为止。显然，如果拓扑排序后得到的序列里包含了有向图中的全部顶点，则原有向图中必然无环，否则，原有向图中必然有环。

图 6.21　一个 AOV 网

为了实现拓扑排序的算法，对于给定的有向图，采用邻接表作为存储结构，为每个顶点设立一个链表，每个链表有一个表头结点，这些表头结点构成一个数组，表头结点中增加一个存放顶点入度的域 count。即将邻接表定义中的 VNode 类型修改如下：

```
typedef struct          /*表头结点类型*/
    { Vertex data;       /*顶点信息*/
      int count;         /*存放顶点入度*/
      RNode *firstarc;   /*指向第一条弧*/
    } VNode;
```

在执行拓扑排序的过程中，当某个顶点的入度为零（没有前趋顶点）时，就将此顶点输出，同时将该顶点的所有后继顶点的入度减 1，为了避免重复检测入度为零的顶点，设立一个栈 St，以存放入度为零的顶点。执行拓扑排序的算法如下：

【算法 6.8】

```
void TopSort(VNode adj[],int n)
{
 int i,j;
 int St[MAXV],top=-1;            /*栈 St 的指针为top*/
```

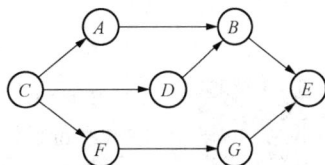

```
RNode *p;
for(i=0;i<n; i++)
   if(adj[i].count==0)          /*入度为 0 的顶点入栈*/
   {  top++;
      St[top]=i;
   }
   while(top>-1)                 /*栈不为空时循环*/
   {  i=St[top];top--;           /*出栈*/
      printf("%d", i);           /*输出顶点*/
      p=adj[i].firstarc;         /*找第一个相邻顶点*/
      while(p!=NULL)
      {  j=p->adjvexpos;
         adj[j].count--;
         if(adj[j].count==0)     /*入度为 0 的相邻顶点入栈*/
         {top++;
          St[top]=j;
          }
         p=p->nextarc;           /*找下一个相邻顶点*/
      }
   }
}
```

6.7　AOE 网与关键路径

　　　　　　如果用一个赋权有向图代表一个完整的任务，图中的每个顶点代表一个事件（event），而弧代表活动，弧上的权值代表活动持续的时间（或其他信息），这样的有向图就称为 AOE 网（activity on edge）。

　　　　　　如果用 AOE 网来表示一项工程，如图 6.22 所示，其中 e_1 表示工程开始点，e_{11} 表示工程结束点，其他的 e_i 表示其他的工程事件，a_i 表示各项工程活动，a_i 的值表示活动所需要的时间。这时，最关心的问题通常有两个：①整个工程需要的时间是多少？②哪些活动的提前或延期将直接影响整个工程的进度？

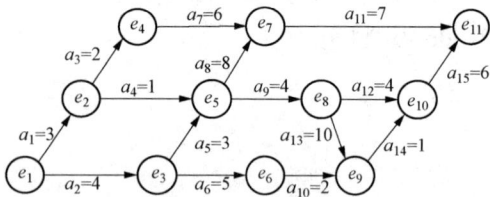

图 6.22　一个 AOE 网

这两个问题都可以归结为求解关键路径问题，关键路径（critical path）是指从工程开始点到工程结束点所经过的各条路径中时间耗费的总量（即路径上的各个活动所需时间之和）最大的路径。关键路径上的时间耗费总量就是整个工程需要的时间，而直接影响整个工程进度的活动就是关键路径上的活动。

为了在 AOE 网中找出关键路径，下面定义四个术语：

1. 事件的最早发生时间

事件的最早发生时间 $ee(k)$ 是指从工程开始点 e_1 到顶点 e_k 所耗费的最长时间。这个时间决定了所有从顶点 e_k 发出的弧所代表的活动能够开工的最早时间。显然，只有进入 e_k 的所有活动 $<e_j, e_k>$ 都结束时，e_k 代表的事件才能发生，而活动 $<e_j, e_k>$ 的最早结束时间为 $ee(j) + <e_j, e_k>$ 上的权值。假设 $ee(1)=0$，则 e_k 的最早发生时间为

$$ee(k)=\max\{ee(j) + <e_j, e_k>上的权值\} \quad <e_j, e_k>\in P$$

其中，max{}表示取最大值，P 表示所有以 e_k 的弧头顶点的弧的集合。

2. 事件的最迟发生时间

事件的最迟发生时间 $le(k)$ 是指在不推迟整个工期的前提下，事件 e_k 允许的最晚发生时间。设弧 $<e_k, e_j>$ 代表从 e_k 出发的活动，为了不拖延整个工期，e_k 发生的最迟时间必须保证不推迟从事件 e_k 出发的所有活动 $<e_k, e_j>$ 的终点 e_j 的最迟时间 $le(j)$。对一个工程而言，工程结束事件的最早发生时间与最迟发生时间当然是相等的，即 $le(n)=ee(n)$，其中 n 是 AOE 网中顶点的个数。那么，e_k 的最迟发生时间为

$$le(k)=\min\{le(j)-<e_k, e_j>上的权值\} \quad <e_k, e_j>\in S$$

其中，min{}表示取最小值，S 为所有以 e_k 为弧尾顶点的弧的集合。

3. 工程活动 a_i 的最早开工时间

若工程活动 a_i 是由弧 $<e_k, e_j>$ 表示的，显然，只有事件 e_k 发生了，工程活动 a_i 才能开工。也就是说，工程活动 a_i 的最早开工时间 $e(i)$ 应等于事件 e_k 的最早发生时间。即 $e(i)=ee(k)$。

4. 工程活动 a_i 的最晚开工时间

工程活动 a_i 的最晚开工时间是指在不推迟整个工期的前提下，a_i 必须开工的最晚时间。若 a_i 由弧 $<e_k, e_j>$ 表示，则 a_i 的最晚开工时间要保证事件 e_j 的最迟发生时间不受影响。因此，工程活动 a_i 的最晚开工时间为

$$l(i)=le(j)-<e_k, e_j>上的权值$$

一个活动 a_i 的最迟开始时间 $l(i)$ 和其最早开始时间 $e(i)$ 的差额 $d(i)=l(i)-e(i)$ 是该活动完成的时间余量。它是在不增加完成整个工程所需的总时间的情况下，活动 a_i 可以拖延的时间。当一活动的时间余量为零时，说明该活动必须如期完成，否则就会拖延整个工程的进度。所以称 $l(i)-e(i)=0$，即 $l(i)=e(i)$ 时的活动 a_i 是关键活动。

由上述方法得到求关键路径的算法步骤如下：

（1）从入度为 0 的工程开始点 e_1 出发，令 $ee[1]=0$，按正向拓扑排序顺序求其余各事件的最早发生时间 $ee[i]$（$2\leqslant i\leqslant n$）。如果得到的正向拓扑序列中事件顶点个数小于 AOE 网中顶点数 n，则说明网中有环，操作失败，结束；否则继续下一步。

（2）从出度为 0 的工程结束点 e_n 出发，令 $le[n]=ee[n]$，按逆向拓扑排序顺序求其余各事件的最迟发生时间 $le[i]$（$2\leqslant i\leqslant n-1$）；

（3）根据各事件顶点的 ee 和 le 值，求每个工程活动的最早开工时间 e 和最迟开工时间 l。若某个工程活动的最早开工时间 e 和最迟开工时间 l 相等，则为关键活动。

【例 6.1】求如图 6.22 所示的 AOE 网的关键路径。

解：（1）求所有事件的最早发生时间 ee 和最迟发生时间 le，见表 6.1。

表 6.1   事件最早发生时间和最迟发生时间

顶点	e1	e2	e3	e4	e5	e6	e7	e8	e9	e10	e11
$ee(i)$	0	3	4	5	7	9	15	11	21	22	28
$le(i)$	0	6	4	15	7	19	21	11	21	22	28

（2）求所有活动的最早开始时间 e 和最迟开始时间 l（见表 6.2），并计算两者的时间差 d。

表 6.2   活动最早发生时间和最迟发生时间

弧	a_1	a_2	a_3	a_4	a_5	a_6	a_7	a_8	a_9	a_{10}	a_{11}	a_{12}	a_{13}	a_{14}	a_{15}
$e(i)$	0	**0**	3	3	**4**	4	5	7	**7**	9	15	11	**11**	**21**	**22**
$l(i)$	3	**0**	13	6	**4**	14	15	13	**7**	19	21	18	**11**	**21**	**22**
$d(i)$	3	**0**	10	3	**0**	10	10	6	**0**	10	6	7	**0**	**0**	**0**

（3）将 $d=0$ 的活动标记为该 AOV 网的关键活动，即 a_2，a_5，a_9，a_{13}，a_{14}，a_{15}。这些活动构成了关键路径。

本 章 小 结

本章在介绍了图的基本概念之后，着重介绍了图的几种不同的存储结构以及图的两种不同策略的遍历，以及在遍历基础上，解决图的连通性问题。另外，还对图的几种重要应用——求图的最短路径的方法、拓扑排序和关键路径进行了讨论。

习 题 6

一、名词解释

1．连通分量

2．邻接矩阵

3．邻接表

4．最小生成树

5．拓扑排序

6．最短路径

二、填空题

1．设图 G 有 n 个顶点，若 G 为无向图，则 G 最少有_____条边，最多有____条边；若 G 为有向图，则 G 最少有_____条弧，最多有_____条弧。

2．图是一种非线性数据结构，它由两个集合 $V(G)$ 和 $E(G)$ 组成，$V(G)$ 是_____的非空有限集合，$E(G)$ 是_____的有限集合。

3．已知一个含有 n 个顶点和 e 条弧的有向图 G 采用邻接表存储，一般情况下，图 G 将至少占用一个长度为_____的向量和_____个链表结点。

4．在一个无向图中，所有顶点的度数之和等于所有边数的_____倍。

5．已知一个无向图 G 的邻接矩阵 A，则 A 一定是_____矩阵，G 中第 i 个顶点的度等于邻接矩阵中的_____。

6．已知一个有向图 G 的邻接矩阵 A，则 G 中第 i 个顶点的入度等于邻接矩阵 A 中的_____，出度等于邻接矩阵 A 中的_____。

7．n 个顶点的连通无向图的生成树含有_____条边。

8．遍历图的基本方法有_____优先搜索和_____优先搜索两种方法。

9．在无向图 G 的邻接矩阵 A 中，若 $A[i][j]$ 等于 1，则 $A[j][i]$ 等于_____。

三、选择题

1．一个有 n 个顶点的无向图最多有_____条边。

　　A．n　　　　　　　B．$n(n-1)$　　　　　　C．$n(n-1)/2$　　　　D．$2n$

2．具有 6 个顶点的无向图 G，至少需要_____条边才能确保图 G 必定是一个连通图；若已知 6 个顶点的无向图 T 是连通的，则 T 边数的最小值为_____。

　　A．5　　　　　　　　B．6　　　　　　　　　C．7　　　　　　　　D．11

3．给定有向图（见图 6.23），则该图的强连通分量是_____。

　　A．$\{V_0V_1V_3,\ V_2,\ V_4,\ V_5\}$　　　　　　B．$\{V_0,\ V_1,\ V_2,\ V_3,\ V_4,\ V_5\}$

　　C．$\{V_0V_1V_2V_3,\ V_4,\ V_5\}$　　　　　　D．$\{V_0V_1V_2V_3V_4,\ V_5\}$

4．如图 6.24 所示，若从图中顶点 V_0 出发按深度搜索法进行遍历，则可能得到的一种顶点序列为_____；按宽度搜索法进行遍历，则可能得到的一种顶点序列为_____。

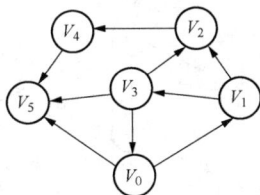 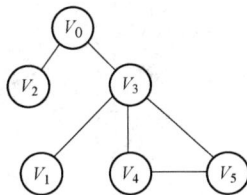

　　图 6.23　有向图　　　　　　　　　　图 6.24　无向图

　　A．$V_0,\ V_2,\ V_1,\ V_3,\ V_4,\ V_5$　　　　　B．$V_1,\ V_3,\ V_4,\ V_5,\ V_0,\ V_2$

　　C．$V_0,\ V_2,\ V_3,\ V_1,\ V_4,\ V_5$　　　　　D．$V_0,\ V_3,\ V_4,\ V_1,\ V_5,\ V_2$

5．采用邻接表存储的图的深度优先遍历算法类似于二叉树的_____。

　　A．先序遍历　　　　B．中序遍历　　　　　C．后序遍历　　　　D．按层遍历

6．采用邻接表存储的图的宽度优先遍历算法类似于二叉树的_____。

　　A．先序遍历　　　　B．中序遍历　　　　　C．后序遍历　　　　D．按层遍历

7．判定一个有向图是否存在回路除了可用拓扑排序方法外，还可以利用_____。

　　A．求关键路径的方法　　　　　　　　B．求最短路径的 Dijkstra 方法

　　C．宽度优先遍历算法　　　　　　　　D．深度优先遍历算法

8．用邻接表表示图进行广度优先遍历时，通常是采用_____来实现算法的；若用其进行深度优先遍历，则需采用_____来实现。

　　A．栈　　　　　　　B．队列　　　　　　　C．树　　　　　　　　D．图

9．若用邻接矩阵存储有向图，矩阵中主对角线以下的元素均为 0，以上均为 1，则关于该图的拓扑排序是_____。

　　A．存在，且唯一　　　　　　　　　B．存在，且不唯一

　　C．存在，可能不唯一　　　　　　　D．无法确定是否存在

10．任何一个无向连通图的最小生成树（　　　）。

　　A．只有一棵　　　　　　　　　　　B．一棵或多棵

　　C．一定有多棵　　　　　　　　　　D．可能不存在

四、简答题

1．有这样一种说法："在无向图中，度数为奇数的顶点个数必为偶数"，你认为正确吗？

请说明理由。

2．已知某有向图如图 6.25 所示，请完成：

（1）求每个顶点的出度和入度。

（2）画出该图的邻接矩阵。

（3）画出该图的邻接表和逆邻接表。

（4）画出该图的强连通分量。

3．已知某无向图如图 6.26 所示，请完成：

（1）画出该图的邻接表。

（2）画出该图的邻接矩阵。

（3）按邻接矩阵画出深度优先搜索生成树。

（4）按邻接矩阵画出广度优先搜索生成树。

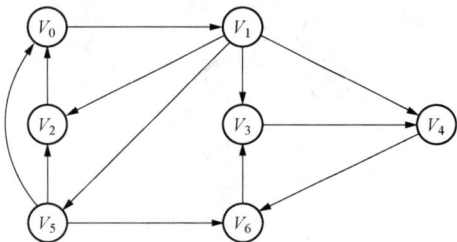

图 6.25　一个有向图　　　　　　　图 6.26　一个无向图

4．已知某无向图的邻接表存储结构如图 6.27 所示，请画出深度优先搜索生成树和广度优先搜索生成树。

5．已知赋权无向图如图 6.28 所示，要求：

（1）画出该图的邻接矩阵。

（2）画出该图的邻接表。

（3）画出按普里姆算法求其最小生成树的步骤图。

（4）画出按克鲁斯卡尔算法求其最小生成树的步骤图。

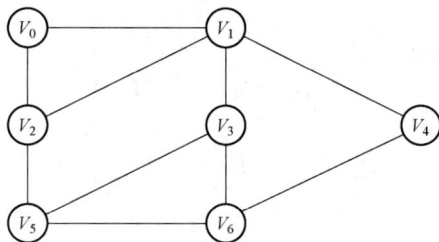

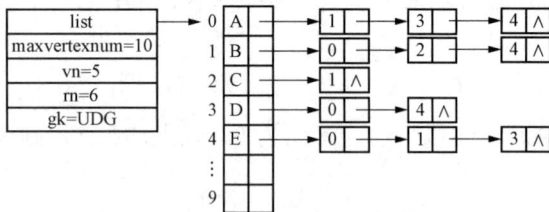

图 6.27　一个无向图的邻接表存储结构　　　图 6.28　一个赋权无向图

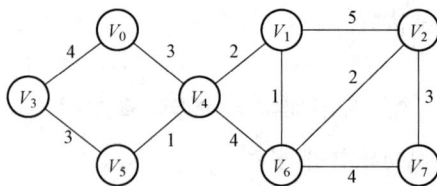

6．已知 AOV 网如图 6.29 所示，请写出该网所有可能的拓扑排序序列。

7．已知赋权有向图如图 6.30 所示，请画出求解 v_0 到其他各顶点之间的最短路径的分析图。

8．已知 AOE 网如图 6.31 所示，请画出求解关键路径的分析图。

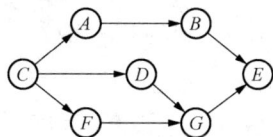

图 6.29　一个 AOV 网　　　图 6.30　一个赋权有向图　　　图 6.31　一个 AOE 网

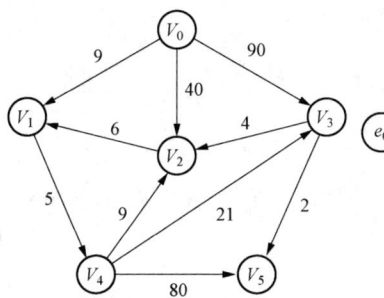

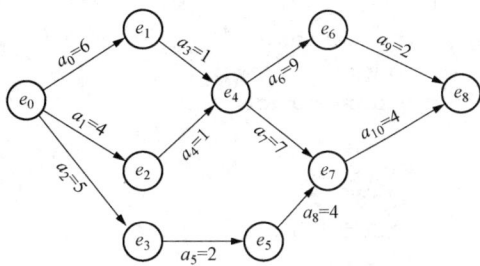

五、算法题

1．假设无向图 G 以邻接表存储，设计一个算法判定 G 是否连通。若连通，返回 1；否则返回 0。

2．试以邻接表为存储结构，分别写出基于 DFS 和 BFS 遍历的算法来判别顶点 i 和顶点 $j(i \neq j)$ 之间是否有路径。

3．试分别写出求 DFS 和 BFS 生成树（或生成森林）的算法，要求打印出所有的树边。

4．给定 n 个村庄之间的交通图。若村庄 i 与村庄 j 之间有路可通，则将顶点 i 与顶点 j 之间用边连接，边上的权值 w_{ij} 表示这条道路的长度。现打算在这 n 个村庄中选定一个村庄建一所医院。编写如下算法：

（1）求出该医院应建在哪个村庄，才能使距离医院最远的村庄到医院的路程最短。

（2）求该医院应建在哪个村庄，能使其他所有村庄到医院的路径总和最短。

本 章 实 验

实验 1　建立无向图的邻接表

1．实验目的

了解图及无向图的定义，熟悉无向图的存储结构及邻接矩阵和邻接表等有关概念，掌握建立无向图邻接表的基本操作算法。

2．实验内容

建立无向图的邻接表，并实现插入、删除边的功能。

3．实验要点及说明

图由一个非空的顶点的集合和一个描述顶点之间关系（边）的集合组成。它可以定义为 $G=(V, E)$。其中，G 表示一个图，V 是图 G 中顶点的集合，E 是图 G 中边的集合。

图是一种复杂的数据结构。对于实际问题，需要根据具体图的结构特点以及所要实施的操作，选择建立合适的存储结构。图的存储结构包括邻接矩阵和邻接表。

邻接矩阵：用一维数组存储图中顶点的信息，用矩阵表示图中各顶点之间的相邻关系。它属于静态存储方法。

邻接矩阵的存储结构为

```
typedef struct
{
  int vertex;                    /*顶点信息*/
 }node;
typedef struct
{
  int adj;                       /*表示两顶点是否相邻,若相邻,adj=1,否则 adj=0*/
} arc;
typedef struct
{
  node node[maxnode];            /*表示与顶点有关的信息*/
  arc arcs[maxnode][maxnode];    /*表示图中顶点之间的关系*/
}graph;
```

采用邻接矩阵存储图，很容易实现图的基本操作。如插入边 ins_arc(G, v, w)，删除边 del_arc(G, v, w)。

```
void ins_arc(graph *g,int v,int w)
{
  g->arcs[v][w].adj=1;
  return;
}
void del_arc(graph *g,int v,int w)
{
  g->arc[v][w].adj=0;
  return;
}
```

无向图：在一个图中，如果任意两顶点构成的偶对（v_i, v_j）是无序的，即顶点之间的连线没有方向性，那么称该图是无向图。

邻接表：邻接表存储方法是一种顺序存储与链式存储相结合的存储方法。顺序存储部分用来保存图中顶点的信息，链式存储部分用来保存图中边的信息。

邻接表的存储结构为

```
typedef struct st_arc
{
  int adjvex;            /*存放依附于该边的另一个顶点在一维数组中的序号*/
  int weight;            /*存放和该边有关的信息,如权值等*/
  struct st_arc *nextarc;/*依附于该顶点的下一个边结点的指针*/
}arcnode;                /*链式结构存储边信息*/
typedef struct
{
  int vertex;            /*存放与顶点有关的信息*/
  struct st_arc *firstarc;
                         /*指针域,存放与该顶点相邻接的所有顶点组成的单链表的头指针*/
}vernode;                /*存储顶点信息*/
typedef vernode adjlist[maxnode];
```

参考程序运行结果如下：

```
input node: 4
node 0=1
```

```
node 1=2
node 2=3
node 3=4
Insert edge i-j,w: 0 1 5
Insert edge i-j,w: 0 2 6
Insert edge i-j,w: 1 2 7
Insert edge i-j,w: 1 3 8
Insert edge i-j,w: 2 3 9
Insert edge i-j,w: -1-1-1
adjacency list of the graph:
0  1  2  6  1  5
1  2  3  8  2  7  0  5
2  3  3  9  1  7  0  6
3  4  2  9  1  8
```

此时的无向图及邻接链表示意如图 6.32 所示。

```
Delete edge v—w: 1  2
adjacency list of the graph:
0  1  2  6  1  5
1  2  3  8  0  5
2  3  3  9  0  6
3  4  2  9  1  8
```

删除一条边后的无向图示意如图 6.33 所示。

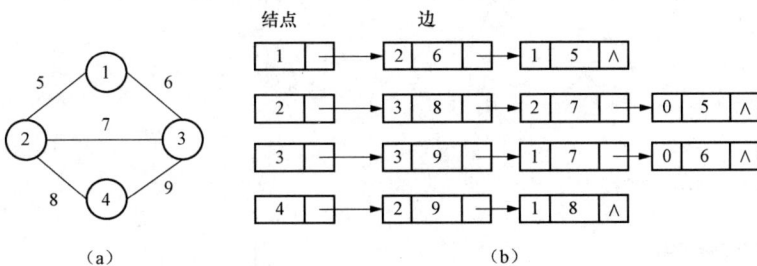

图 6.32　无向图及邻接链表示意图

（a）无向图示意图；（b）无向图所对应的邻接链表示意图

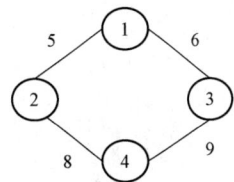

图 6.33　删除一条边后的
无向图示意图

4. 参考程序

```c
#define maxnode 40
#define NULL 0
#include<stdio.h>
typedef struct st_arc
{ int adjvex;
  int weight;
  struct st_arc *nextarc;
  }arcnode;
typedef struct
{ int vertex;
  struct st_arc *firstarc;
  }vernode;
typedef vernode adjlist[maxnode];
```

```
void del_arc(vernode g[],int v,int w)          /*删除从顶点 v 到顶点 w 的边*/
  {arcnode *r1,*r2;
   r1=g[v].firstarc;
   r2=r1;
   while(r1!=NULL&&r1->adjvex!=w)
     {r2=r1;
      r1=r1->nextarc;
      }
   if(r1==NULL)
     {printf("no edge v—w.");
      return;
      }
   else
      if(r1==r2)                               /*当只有一个边结点时*/
         g[v].firstarc=r1->nextarc;
      else
         r2->nextarc=r1->nextarc;              /*有多个边结点时*/
   r1=g[w].firstarc;
   r2=r1;
   while(r1!=NULL&&r1->adjvex!=v)              /*在以 v 为头结点的链表中,删除相应的边结点*/
     {r2=r1;
      r1=r1->nextarc;
      }
   if(r1==NULL)
     {printf("no edge v—w.");
      return;
      }
   else
      if(r1==r2)
         g[w].firstarc=r1->nextarc;
      else
         r2->nextarc=r1->nextarc;
   }
void print(vernode g[],int n)          /*打印图中各结点的结构*/
  { arcnode *q;
    int i;
    printf("adjacency list of the graph:\n");
    for(i=0;i<n;i++)
      { printf("\t%d\t",i);
        printf("%d\t",g[i].vertex);
        q=g[i].firstarc;
        while(q!=NULL)
         {printf("%d\t",q->adjvex);
          printf("%d\t",q->weight);
          q=q->nextarc;
          }
        printf("\n");
        }
    }
main()
  { int i,j,n,k,w,v;
```

```
    arcnode *p,*q;
    adjlist g;
    printf("Input node:");          /*输入图中顶点个数*/
    scanf("%d",&n);
    for(k=0;k<n;k++)                 /*输入边值和权值*/
      {printf("node%d=",k);
       scanf("%d",&g[k].vertex);
       g[k].firstarc=NULL;          /*对顺序存储部分初始化*/
       }
    for( ; ; )                      /*输入各边,并将相应的边结点插到链表中*/
      {printf("Insert edge i-j,w:");
       scanf("%d",&i);
       scanf("%d",&j);
       scanf("%d",&w);
       if(i==-1&&j==-1&&w==-1)
         break;
       q=(arcnode*)malloc(sizeof(arcnode));
       q->adjvex=j;
       q->weight=w;
       q->nextarc=g[i].firstarc;  /*头指针指向新的边结点*/
       g[i].firstarc=q;
       p=(arcnode*)malloc(sizeof(arcnode));
       p->adjvex=i;
       p->weight=w;
       p->nextarc=g[j].firstarc;
       g[j].firstarc=p;
       }
  print(g,n);
printf("Delete edge v-w:");
scanf("%d%d",&v,&w);
del_arc(g,v,w);
print(g,n);
}
```

5. 思考题与习题

如果用邻接矩阵存储无向图,则程序应如何实现?

实验 2　图的深度优先搜索

1. 实验目的

进一步熟悉图的存储结构及邻接矩阵和邻接表等有关概念,掌握图的深度优先搜索方法。

2. 实验内容

建立一个包含 6 个结点的图,并实现该图的深度优先搜索遍历。

3. 实验要点及说明

深度优先搜索遍历图的算法:首先访问指定的起始顶点 v_0,从 v_0 出发,访问 v_0 的一个未被访问过的邻接顶点 w_1,再从 w_1 出发,访问 w_1 的一个未被访问过的顶点 w_2,然后从 w_2 出发,访问 w_2 的一个未被访问过的邻接顶点 w_3,依次类推,直到一个所有邻接点都被访问过为止。

图采用邻接表作存储结构。参考程序运行结果如下：

```
input node: 6
node 0=1
node 1=2
node 2=3
node 3=4
node 4=5
node 5=6
Insert edge i-j: 0 2
Insert edge i-j: 0 1
Insert edge i-j: 1 4
Insert edge i-j: 1 3
Insert edge i-j: 3 4
Insert edge i-j: 4 5
Insert edge i-j: 5 2
Insert edge i-j: -1 -1
dfs: 124563
```

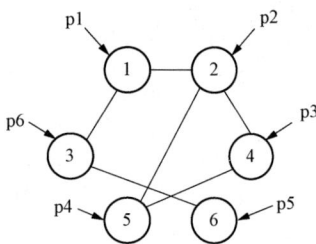

图 6.34　深度优先搜索时
指针 p 的移动示意图

因此，图的深度优先搜索遍历次序为

①→②→④→⑤→⑥→③

参考程序运行过程中，深度优先搜索时指针 p 的移动示意如图 6.34 所示，图中 p1、p2、p3、p4、p5 和 p6 为深度优先搜索遍历图的各结点时指针 p 的移动次序。

4. 参考程序

```
#define maxnode 40
#define NULL 0
#include<stdio.h>
typedef struct st_arc              /*定义结构体*/
  {int adjvex;
   int weight;
   struct st_arc  *nextarc;
   }arcnode;
typedef struct
  {int vertex;
   struct st_arc *firstarc;
   }vernode;
typedef vernode adjlist[maxnode];
void trave(adjlist g,int n)      /*当图采用邻接表作存储结构时,深度优先搜索该图*/
  { int i,visited[maxnode];      /*数组 visited 标志图中的顶点是否已被访问*/
   void dfs();
   for(i=0;i<n;i++)              /*标志数组初始化*/
     visited[i]=0;
   for(i=0;i<n;i++)
     if(visited[i]==0)
       dfs(g,i,visited);
   }
void dfs(adjlist g,int k,int visited[])       /*从顶点 k 出发,深度优先搜索图 g*/
  {arcnode *p;
```

```
      int w;
      visited[k]=1;
      printf("%d",g[k].vertex);
      p=g[k].firstarc;
      while(p!=NULL)
        {w=p->adjvex;
         if(visited[w]==0)
         dfs(g,w,visited);
         p=p->nextarc;
         }
       }
  main()
    {int i,j,n,k,v;
     arcnode *p,*q;
     adjlist g;
     printf("Input node:");
     scanf("%d",&n);
     for(k=0;k<n;k++)                    /*构造图*/
       {printf("node%d=",k);
        scanf("%d",&g[k].vertex);
        g[k].firstarc=NULL;
        }
     for(;;)
       {printf("Insert edge i-j:");
        scanf("%d",&i);
        scanf("%d",&j);
        if(i==-1&&j==-1)
           break;
        q=(arcnode*)malloc(sizeof(arcnode));
        q->adjvex=j;
        q->nextarc=g[i].firstarc;
        g[i].firstarc=q;
        p=(arcnode*)malloc(sizeof(arcnode));
        p->adjvex=i;
        p->nextarc=g[j].firstarc;
        g[j].firstarc=p;
        }
     printf("dfs:");
     trave(g,n); /*深度优先搜索图*/
     printf("\n");
    }
```

5. 思考题与习题

对于一个无向连通图来说，从图中任一顶点出发，都可以访问到图中各个顶点。而对于非连通的无向图，则需要多次调用深度优先搜索函数 dfs()，每次调用得到的顶点访问序列恰好是各个连通分量中的顶点集。试修改参考程序，使之能够求出图是否连通以及非连通图中连通分量的个数。

实　验　3　求　最　短　路　径

1. 实验目的

了解最短路径的概念，掌握求最短路径的方法。

2．实验内容

建立一个包含 6 个结点的有向图，并求顶点 v_0 到其他顶点的最短路径。

3．实验要点及说明

最短路径问题实际上是边带权值的有向图（称为网）的一种应用。它是求图中任意两顶点（a 到 b）间最低成本（所经过的边的权值和最小）的算法。

最短路径问题的算法：用邻接矩阵 COST 表示带权的有向图，S 为从 v 出发最短路径终点的集合，T 为剩余结点的集合。开始时 S 中只包含源点 v_0，然后不断从集合 T 中选取到顶点 v_0 路径长度最短的顶点加入集合 S，集合 S 中每加入一个新的顶点 u，都要修改顶点 v_0 到集合 T 中剩余顶点的最短路径值。集合 T 中各顶点新的最短路径长度值为原来的最短路径长度值与顶点 u 的最短路径长度值加上 u 到该顶点的路径长度值中的较小值，依次类推，直到集合 T 的顶点全部加入集合 S 为止。

图采用邻接矩阵的存储结构。参考程序运行结果如下：

```
node=6
Input V1->V2,weight:
0 2 5
0 3 30
1 0 2
1 4 8
2 1 15
2 5 7
4 3 4
5 3 10
5 4 18
-1 -1 -1
 Input the sourse vertex: 0
```

则 v_0 到图中其他结点的最短路径示意如图 6.35 所示。

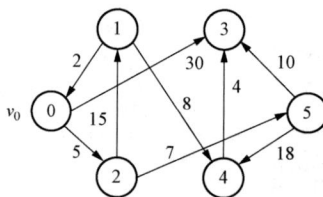

图 6.35　最短路径示意图

```
0—0  9999
0—1  20
0—2  5
0—3  22
0—4  28
0—5  12
```

4．参考程序

```
#include"stdio.h"
#define maxnode 20
#define infi 9999
```

```
input_cost(int n,int cost[maxnode][maxnode])    /*建立网的邻接矩阵 cost*/
{ int i,j,v1,v2,w;
  for(i=0;i<n;i++)
   for(j=0;j<n;j++)                 /*初始化,令 i 与 j 之间无边*/
     cost[i][j]=infi;              /*infi 为一个很大的整数值*/
  printf("input v1->v2,weight:");
  scanf("%d%d%d",&v1,&v2,&w);
  while(v1!=-1&&v2!=-1&&w!=-1)
   {cost[v1][v2]=w;
    printf("input v1->v2,weight");
    scanf("%d%d%d",&v1,&v2,&w);
    }
}
dijkstra(int cost[maxnode][maxnode],int n,int distance[maxnode])
/*在以 cost 为存储结构的网中,用 dijkstra 方法求从顶点 v0 到其他顶点的最短路径*/
{ int s[maxnode];
  int mindis,dis,i,j,v0,u;
  printf("Iuput the source vertex:");
  scanf("%d\n",&v0);
  for(i=0;i<n;i++)                 /*数组 distance 初始化*/
  { distance[i]=cost[v0][i];
    s[i]=0;                       /*s[i]=0 表示顶点 i 属于 T 集*/
  }
  s[v0]=1;                         /*s[v0]=1 表示顶点 v0 属于 S 集*/
  for(i=1;i<n;i++)                 /*对除 v0 外的 n-1 个顶点寻找最短路径,即需执行 n-1 次*/
    { mindis=infi;
     for(j=1;j<=n;j++)            /*从当前 T 集中选择一个路径长度最短的顶点 u */
       if(s[j]==0&&distance[j]<mindis)
         {u=j;
          mindis=distance[j];
          }
     s[u]=1;                      /*U 顶点并入 S 集,即从 T 集中删除*/
     for(j=1;j<n;j++)             /*调整顶点 v0 到集合 T 中顶点的路径长度*/
       if(s[j]==0)
         {dis=distance[u]+cost[u][j];
          distance[j]=(distance[j]<dis)?distance[j]:dis;
          }
    }
  }
  main()
  { int cost[maxnode][maxnode];         /*采用邻接矩阵作为存储结构*/
    int i,n,distance[maxnode];
    printf("node=");                    /*输入结点数*/
    scanf("%d",&n);
    input_cost(n,cost);
    dijkstra(cost,n,distance);
    for(i=0;i<n;i++)
       printf("0-%d  %d\n",i,distance[i]);
  }
```

5. 思考题与习题

弗洛伊德（Floyd）求解最短路径算法的思想用数学表达式描述如下：

$$A^{(k)} [i, j] = \min(A^{(k-1)} [i, j], A^{(k-1)} [i,k] + A^{(k-1)} [k, j]) \quad 1 \leq i \leq n, 1 \leq j \leq n$$

其中，k 表示第 k 次迭代运算，$A^{(0)} [i, j] = A [i, j]$

上面的数学表达式是一个迭代表达式，每迭代一次，在从顶点 v_i 到顶点 v_j 的最短路径就多考虑一个顶点，经过 n 次迭代后所得到的 $A [i, j]$ 值就是顶点 v_i 到顶点 v_j 的最短路径。试用程序实现弗洛伊德算法。

第 7 章 查 找

（1）理解查找的基本概念。
（2）掌握顺序查找、折半查找、分块查找的查找方法。
（3）掌握二叉排序树的构造和查找方法。
（4）了解平衡二叉树的构造和查找方法。
（5）掌握哈希表的构造和查找方法。

查找是我们日常生活中常见的一种操作，例如电话号码查询、火车车次查询、考试成绩查询、图书馆书目检索、因特网文章检索等。此处的查询、检索和查找是同一个概念。如何从大量的数据中快速找出我们需要的信息，就是查找所要解决的问题。本章主要讲述查找的基本概念，静态查找的基本方法及实现，动态查找的基本操作及实现，哈希查找的实现及冲突处理方法。

7.1 基 本 概 念

在正式介绍查找算法之前，首先说明几个与查找有关的基本概念。

列表：由同一类型的数据元素（或记录）构成的集合，可利用任意数据结构实现。

关键字：数据元素的某个数据项的值，用它可以标识列表中的一个或一组数据元素。如果一个关键字可以唯一标识列表中的一个数据元素，则称其为主关键字，否则为次关键字。当数据元素仅有一个数据项时，数据元素的值就是关键字。

查找：根据给定的关键字值，在特定的列表中确定一个其关键字与给定值相同的数据元素，并返回该数据元素在列表中的位置。若找到相应的数据元素，则称查找是成功的，否则称查找是失败的，此时应返回空地址及失败信息，并可根据要求插入这个不存在的数据元素。显然，查找算法中涉及三类变量：①查找对象 K（找什么）；②查找范围 L（在哪儿找）；③K 在 L 中的位置（查找的结果）。其中①、②为输入参量，③为输出参量，在函数中，输入参量必不可少，输出参量也可用函数返回值表示。

静态查找：在查找过程中，查找表本身的结构不发生变化，只确定是否存在数据元素的关键字值与给定的关键值相等或找出此数据元素的属性，这样的查找称为静态查找（static search）。

动态查找：在查找过程中，查找表本身的结构将发生变化，包括插入元素（查找不成功时，在查找表中插入关键字为给定值的记录）或删除元素［查找成功时，将查找表中关键字为给定值的记录删除，这样的查找称为动态查找（dynamic search）］。

平均查找长度：为确定数据元素在列表中的位置，需和给定值进行比较的关键字个数的期望值，称为查找算法在查找成功时的平均查找长度。对于长度为 n 的列表，查找成功时的

平均查找长度为

$$ASL=P_1C_1+P_2C_2+\cdots+P_nC_n=\sum_{i=1}^{n}P_iC_i$$

其中，P_i 为查找列表中第 i 个数据元素的概率；C_i 为找到列表中第 i 个数据元素时，已经进行过的关键字比较次数。由于查找算法的基本运算是关键字之间的比较操作，所以可用平均查找长度来衡量查找算法的性能。

查找是数据处理和软件设计最常用的，也是最耗时的一种操作，因此采用好的查找方法，将有利于提高系统的运行效率和性能。

7.2　静　态　查　找

7.2.1　顺序查找

顺序查找法的特点是，用所给关键字与线性表中各元素的关键字逐个比较，直到成功或失败。存储结构通常为顺序结构，也可为链式结构。下面给出顺序结构有关数据类型的定义：

```
#define LIST_SIZE 20
typedef struct
{
  KeyType key;
  OtherType other_data;
 }RecordType;
typedef struct
{
  RecordType r[LIST_SIZE+1];  /*r[0]为工作单元*/
  int length;
 }RecordList;
```

基于顺序结构的算法如下：

【算法 7.1】设置监视哨的顺序查找法

```
int SeqSeareh(RecordList l, KeyType k)
/*在顺序表l中顺序查找其关键字等于k的元素,若找到,则函数值为该元素在表中的位置,否则为0*/
  {
    l.r[0].key=k;i=l.length;
    while(l.r[i].key!=k)i--;
    return i;
  }
```

其中，l.r [0] 称为监视哨，可以起到防止越界的作用。不用监视哨的算法如下：

【算法 7.2】不设置监视哨的顺序查找法

```
int SeqSearch(RecordList l, KeyType k)
/*不用监视哨法,在顺序表中查找关键字等于k的元素*/
{
  i=l.length;
  while(i>=1&&l.r[i].key!=k)i--;
  if(i>=1)
    return i;
```

```
else
    return 0;
}
```

其中，循环条件 $i>=1$ 判断查找是否越界。利用监视哨可省去这个条件，从而提高查找效率。

下面用平均查找长度来分析一下顺序查找算法的性能。假设列表长度为 n，那么查找第 i 个数据元素时需进行 $n-i+1$ 次比较，即 $C_i=n-i+1$。又假设查找每个数据元素的概率相等，即 $P_i=1/n$，则顺序查找算法的平均查找长度为

$$ASL=\sum_{i=1}^{n} P_i C_i = \frac{1}{n}\sum_{i=1}^{n} C_i = \frac{1}{n}\sum_{i=1}^{n}(n-i+1) = \frac{1}{2}(n+1)$$

7.2.2 折半查找

折半查找法又称为二分查找法，这种方法要求待查找的列表必须是按关键字大小有序排列的顺序表。其基本过程：将表中间位置记录的关键字与查找关键字比较，如果两者相等，则查找成功；否则利用中间位置记录将表分成前、后两个子表，如果中间位置记录的关键字大于查找关键字，则进一步查找前一子表，否则进一步查找后一子表。重复以上过程，直到找到满足条件的记录，使查找成功，或直到子表不存在为止，此时查找不成功。图 7.1、图 7.2 给出了用折半查找法查找 4、70 的具体过程，其中 $mid=(low+high)/2$，当 $high<low$ 时，表示不存在这样的子表空间，查找失败。

假设查找表中各记录的关键字为{4，8，12，15，21，32，38，41，55，67，78，90}，采用折半查找方法查找关键字为 4 的记录的过程如图 7.1 所示。

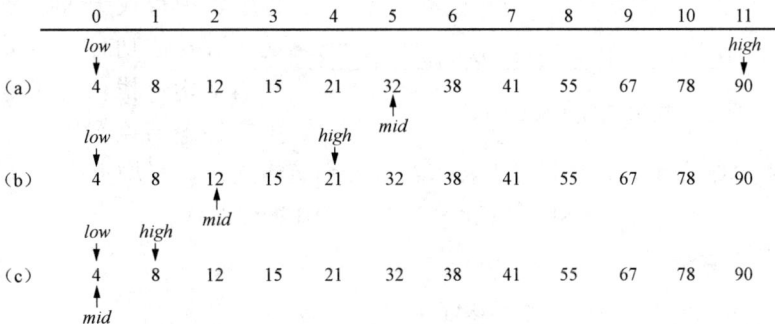

图 7.1 采用折半查找法查找 $key=4$ 的记录的过程示意图

而查找关键字为 70 的记录的过程如图 7.2 所示。

以上的查找过程可以用图 7.3 所示的折半查找判定树来表示。查找关键字为 70 的记录所经过的路线如图 7.3 中的虚线所示。考虑到存在查找不成功的可能性，折半查找判定树中增加了一系列的外部结点（矩形结点），如果在查找过程中到达外部结点，则意味着查找失败。

折半查找判定树通常不是完全二叉树，但在折半查找判定树中，除最底层外是一棵满二叉树，所以通过折半查找判定树可以看出，对长度为 n 的有序表，查找一个记录成功时最多比较次数与 n 个结点的完全二叉树的深度是相同的，为 $(int)(\log_2 n)+1$ 次，而查找一个记录失败时最多比较 $(int)(\log_2 n)+2$ 次。所以折半查找算法的时间复杂度为 $O(\log_2 n)$。

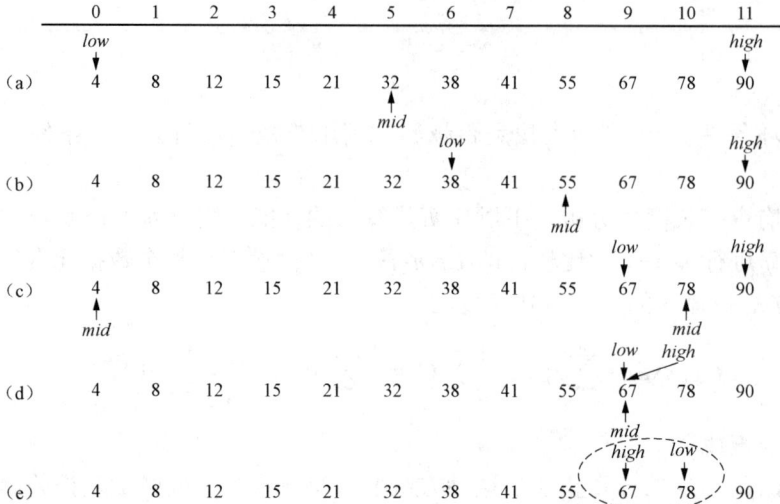

图 7.2　采用折半查找法查找 *key*=70 的记录的过程示意图

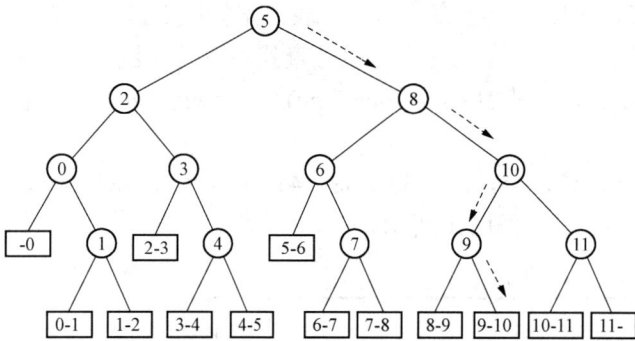

图 7.3　折半查找判定树（表长=12）

假想在一个有序查找表中利用折半查找算法查找记录成功时最多需要比较 20 次，那么，当用顺序查找算法查找记录成功时最多将要比较 $2^{20}-1$ 次（1048575 次）！显然，折半查找算法的效率要远远高于顺序查找算法。设在有序表中查找记录的概率均等，并且是在查找成功时，用折半查找算法查找的平均查找长度就是折半查找判定树中各个结点到根结点的路径上的结点数之和再除以总结点个数，以图 7.3 表示的折半判定树为例，平均查找长度为

$$ASL=(1+2\times2+3\times4+4\times5)/12 \approx 3.083$$

折半查找的算法如下：

```
int BinSrch(SqList l,KeyType k)
/*在有序表 l 中折半查找其关键字等于 k 的元素,若找到,则函数值为该元素在表中的位置*/
  {
   low=1;high=l.length;                 /*置区间初值*/
   while(low<=high)
    { mid=(low+high)/2;
     if(k==l.r[mid].key)  return(mid);   /*找到待查元素*/
     else if(k<l.r[mid].key)  high=mid-1;/*未找到,则继续在前半区间进行查找*/
     else low=mid+1;                      /*继续在后半区间进行查找*/
    }
   return(0);
  }
```

下面用平均查找长度来分析折半查找算法的性能。折半查找过程可用一个称为判定树的二叉树描述，判定树中每一结点对应表中一个记录，但结点值不是记录的关键字，而是记录

在表中的位置序号。根结点对应当前区间的中间记录，左子树对应前一子表，右子树对应后一子表。显然，找到有序表中任一记录的过程，对应判定树中从根结点到与该记录相应的结点的路径，而所做比较的次数恰为该结点在判定树上的层次数。因此，折半查找成功时，关键字比较次数最多不超过判定树的深度。由于判定树的叶子结点所在层次之差最多为 1，故 n 个结点的判定树的深度与 n 个结点的完全二叉树的深度相等，均为$\lfloor \log_2 n \rfloor$+1。这样，折半查找成功时，关键字比较次数最多不超过$\lfloor \log_2 n \rfloor$+1。相应地，折半查找失败时的过程对应判定树中从根结点到某个含空指针的结点的路径，因此，折半查找成功时，关键字比较次数最多也不超过判定树的深度$\lfloor \log_2 n \rfloor$+1。为便于讨论，假定表的长度为 $n=2^h-1$，则相应判定树必为深度是 h 的满二叉树，$h=\log_2(n+1)$。又假设每个记录的查找概率相等，则折半查找成功时的平均查找长度为

$$\text{ASL}_{bs} = \sum_{i=1}^{n} P_i C_i = \frac{1}{n} \sum_{j=1}^{n} j \times 2^{j-1} = \frac{n+1}{n} \log_2(n+1) - 1$$

折半查找方法的优点是比较次数少，查找速度快，平均性能好；其缺点是要求待查表为有序表，且插入删除困难。因此，折半查找方法适用于不经常变动而查找频繁的有序列表。

7.2.3　分块查找

分块查找也称索引查找，这种方法要求将列表组织成以下索引顺序结构：

（1）将列表分成若干个块（子表）。一般情况下，块的长度均匀，最后一块可以不满。每块中元素任意排列，即块内无序，但块与块之间有序。

（2）构造一个索引表。其中每个索引项对应一个块并记录每块的起始位置，以及每块中的最大关键字（或最小关键字）。索引表按关键字有序排列。

图 7.4 所示为一个索引顺序表。其中包括三个块，第一个块的起始地址为 0，块内最大关键字为 25；第二个块的起始地址为 5，块内最大关键字为 58；第三个块的起始地址为 10，块内最大关键字为 88。

分块查找的基本过程如下：

（1）将待查关键字 K 与索引表中的关键字进行比较，以确定待查记录所在的块。具体的可用顺序查找法或折半查找法进行。

（2）进一步用顺序查找法，在相应块内查找关键字为 K 的元素。

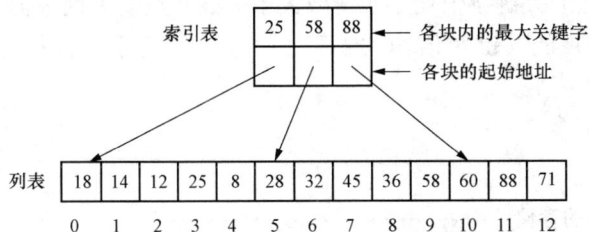

图 7.4　分块查找法示意图

例如，在上述索引顺序表中查找 36。首先，将 36 与索引表中的关键字进行比较，因为 25<36≤58，所以 36 在第二个块中，进一步在第二个块中顺序查找，最后在 8 号单元中找到 36。

分块查找的平均查找长度由两部分构成，即查找索引表时的平均查找长度为 L_B，以及在相应块内进行顺序查找的平均查找长度为 L_w。

$$\text{ASL}_{bs} = L_B + L_w$$

假定将长度为 n 的表分成 b 块，且每块含 s 个元素，则 $b=n/s$。又假定表中每个元素的查找概率相等，则每个索引项的查找概率为 $1/b$，块中每个元素的查找概率为 $1/s$。若用顺序查找确定待查元素所在的块，则有

$$L_{\mathrm{B}} = \frac{1}{b}\sum_{j=1}^{b} j = \frac{b+1}{2}, L_{\mathrm{W}} = \frac{1}{s}\sum_{i=1}^{s} i = \frac{s+1}{2}$$

$$ASL_{\mathrm{bs}} = L_{\mathrm{B}} + L_{\mathrm{W}} = \frac{b+s}{2} + 1$$

将 $b = \dfrac{n}{s}$ 代入，得

$$\mathrm{ASL}_{\mathrm{bs}} = \frac{1}{2}\left(\frac{n}{s} + s\right) + 1$$

若用折半查找法确定待查元素所在的块，则有

$$L_{\mathrm{B}} = \log_2(b+1) - 1$$

$$ASL_{\mathrm{bs}} = \log_2(b+1) - 1 + \frac{s+1}{2} \approx \log_2\left(\frac{n}{s} + 1\right) + \frac{s}{2}$$

7.3 动 态 查 找 表

对于一个查找表，如果在进行查找操作过程中同时插入查找表中不存在的记录（或删除查找到的已经存在的记录），这样的查找表称为动态查找表（dynamic search table）。对于动态查找表，其建立的过程是由不断地执行查找操作来完成的。由于在动态查找表中要频繁地执行插入或删除操作，所以其存储结构主要采用链式存储，并且经常采用树型结构表示。

7.3.1 二叉排序树

7.3.2 平衡二叉树

7.3.1 二叉排序树的查找

二叉排序树（binary search tree）是一种典型的动态查找表，通常也称为二叉查找树（binary sort tree），它是一棵特殊的二叉树，当表中无记录时，它是一棵空树，否则：

（1）若左子树不空，则左子树上所有结点的关键字值均小于（或大于）根结点的关键字值。

（2）若右子树不空，则右子树上所有结点的关键字值均大于等于（或小于等于）根结点的关键字值。

（3）左右子树也分别都是二叉排序树。

二叉排序树的存储结构可以描述如下：

```
/*~~~~~~~~~~~~~~~~~~~~~~~~二叉排序树的存储结构~~~~~~~~~~~~~~~~~~~~~~*/
typedef struct
{
   KeyDT key;              /*关键字*/
   FieldsDT fields;        /*记录中其他数据项*/
}RecType;                  /*查找表中的记录类型*/

typedef struct bsnode
{
   RecType rec;
   struct bsnode *lchild, *rchild;
}BSNode, *BSTree;
```

图 7.5 表示的二叉树就是一棵二叉排序树。

明显可以看出，这棵树与图 7.3 表示的折半查找判定树非常相似，如果在这棵树中查找某个给定关键字的记录，在查找成功时，其平均查找长度与图 7.3 表示的折半查找判定树的

平均查找长度是相同的。另外，如果对该二叉树进行中序遍历，则会得到一个有序的序列，这正是通常称为二叉排序树的原因。为讨论问题方便，在下文中假设二叉排序树中每个结点的左子树中关键字均小于该结点的关键字，而右子树中的关键字均大于该结点的关键字，这时，二叉排序树的中序遍历序列是递增有序的。

假设有一组记录，其关键字序列为{32，21，41，15，67，90，38，8，78，55，4，12}，则创建的二叉排序树如图7.6所示（图中粗体结点表示为新插入的结点，虚线箭头指示查找路线）。

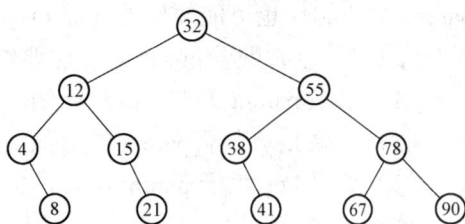

图 7.5　一棵二叉排序树

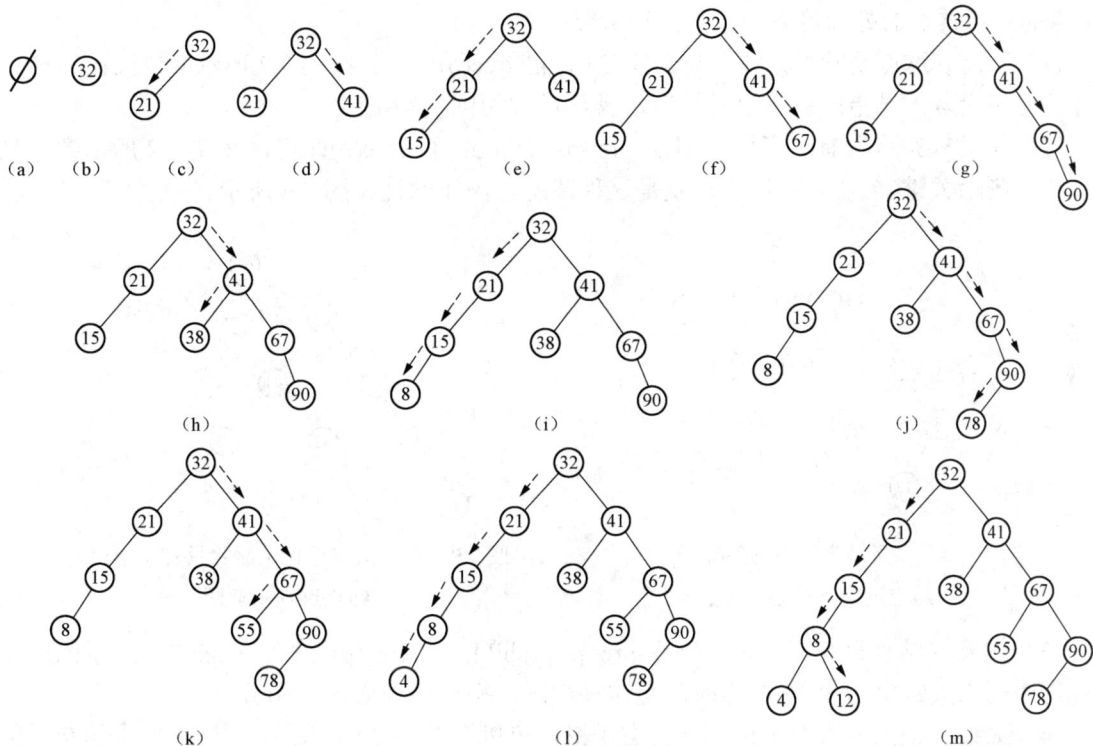

图 7.6　二叉排序树创建过程示意图

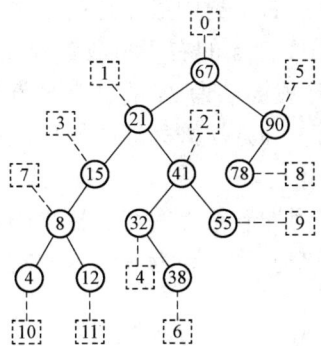

图 7.7　不同的插入次序导致不同形态的二叉排序树［与图 7.6（m）对比］

对于同一组记录，如果执行插入操作的记录顺序不同，得到的二叉排序树的形态就可能会有所不同，如果把上面的关键字序列次序改变成{67，21，41，15，32，90，38，8，78，55，4，12}，则创建的二叉查找树如图7.7所示（简化了插入过程表示，图中虚线矩形中的数字标记着结点的插入顺序）。

在二叉排序树中也经常要执行删除结点操作，该操作首先按给定关键字在查找表中做查找操作，如果没有任何记录的关键字与给定的关键字相等，返回 FALSE；否则，就删除该结点（记录）并返回 TRUE。在二叉排序树中删除结点比插入结点要烦琐。

设 key 是给定的关键字，p 指向待删除的结点（该结点的关键字与 key 相等），parent 指向待删除结点的双亲，bst 指向二叉排序树的根结点，当要删除 p 结点时，可能要修改 parent–>lchild，也可能要修改 parent–>rchild，还可能要修改二叉排序树的根指针 bst（当 p 是根结点时）。如果设 pre 指向上层要修改的指针，则

（1）如果 parent 为空，pre 应该指向 bst。

（2）如果 key 小于 parent 结点的关键字，pre 应该指向 parent–>lchild。

（3）如果 key 大于 parent 结点的关键字，pre 应该指向 parent–>rchild。

这样一来，删除 p 结点，对上层而言，只要修改 pre 即可。但是问题还没有完，因为删除结点 p 之后，还涉及 p 结点的下层结点的处理问题，最终目标是要保持二叉排序树的特性。p 结点的下层结点的处理可以分以下几种情况：

（1）如果 p 结点是叶子，则令 pre=NULL，再 free(p)即可。在图 7.7 所示的二叉排序树中删除关键字为 4 的结点时就是这种情况，操作过程如图 7.8 所示。

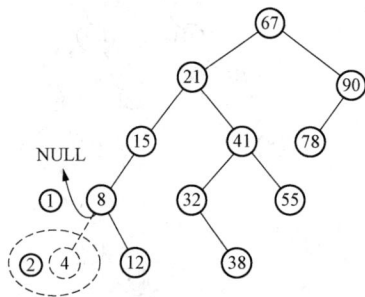

（2）如果 p 结点只有左子树，则令 pre=p–>lchild，再 free(p)即可，在图 7.7 所示的二叉排序树中删除关键字为 90 的结点时就是这种情况，操作过程如图 7.9 所示。

图 7.8　在二叉排序树中删除叶子
结点过程示意图

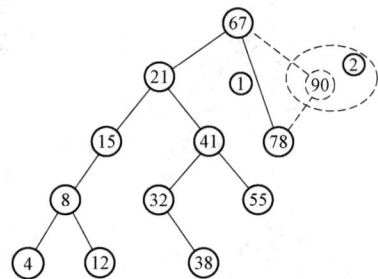

图 7.9　在二叉排序树中删除只有左子树的
结点过程示意图

（3）如果 p 结点只有右子树，则令 pre=p–>rchild，再 free(p)即可，在图 7.7 所示的二叉查找树中删除关键字为 32 的结点时就是这种情况，操作过程如图 7.10 所示。

（4）如果 p 结点既有左子树，又有右子树，可以有两种处理方法：①把 p 结点的左子树中最右边的 s 结点替换到 p 结点位置，如果原来 p 的左子树中存在右子树，则还需要把 s 的左子树放置到原来 s 的位置上，最后 free(p)即可；②把 p 结点的右子树中最左边的 s 结点替换到 p 结点位置，如果原来 p 的右子树中存在左子树，则还需要把 s 的右子树放置到原来 s 的位置上，最后 free(p)即可。在图 7.7 所示的二叉排序树中删除关键字为 21 的结点时就是这种情况，按第一种方法来处理的操作过程如图 7.11 所示，按第二种方法来处理的操作过程如图 7.12 所示。

图 7.11 表示的第一种处理方法中的②、③两步是空操作，因为 p 结点的左子树中不存在右子树。而图 7.12 表示的第二种处理方法中的②、③两步不是空操作，因为 p 结点的右子树中存在左子树，需要把 s 的左子树放置到原来 s 的位置上。

7.3.2　平衡二叉树的查找

为使二叉排序树在插入或删除结点前后（等概率情况下）能始终保持较小的平均查找长度，Adelson-Velskii 与 Landis 共同提出了平衡二叉树（height balanced binary tree）的概念，所

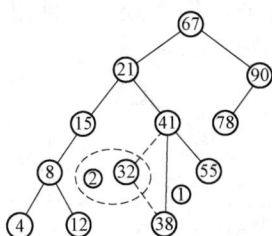

图 7.10   在二叉查找树中删除只有右子树的
结点过程示意图

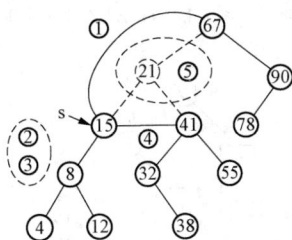

图 7.11   在二叉排序树中删除既有左子树
又有右子树的结点过程示意图（一）

以，平衡二叉树又称 AVL 树，它是一种特殊的二叉排序树。一棵平衡二叉树要么是一棵空树，要么是树中任意一个结点的左子树深度与右子树深度之差的绝对值都小于等于 1 的二叉树。

为了记录平衡二叉树中每个结点的左子树深度与右子树深度之差，可以在二叉排序树中的每个结点结构中增加一个平衡因子，一个结点的平衡因子（balance factor）定义为该结点的左子树深度减去右子树深度。在一棵平衡二叉树中，每个结点的平衡因子的取值只能是 1、0 和 –1 中的一个。图 7.5 所示的二叉排序树是平衡的，而图 7.7 所示的二叉排序树是不平衡的，两棵树中结点的平衡因子状态如图 7.13（a）和图 7.13（b）所示。

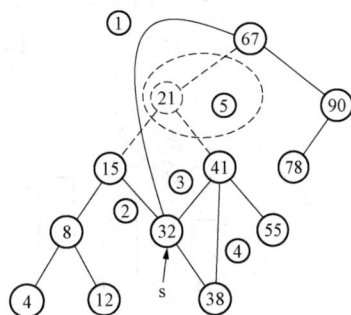

图 7.12   在二叉排序树中删除既有左子树
又有右子树的结点过程示意图（二）

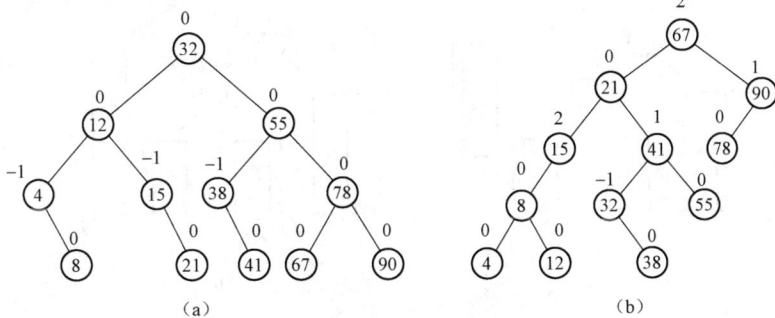

(a)

(b)

图 7.13   平衡与不平衡的二叉排序树中平衡因子状态
（a）平衡二叉排序树；（b）不平衡二叉排序树

如果一棵二叉排序树是平衡的，可以证明其平均查找长度与折半查找是同量级的。但是，一棵二叉排序树即使开始时是平衡二叉树，当执行了插入结点或删除结点操作之后，也可能会导致其不平衡，这就要求在平衡二叉树一旦不平衡时立即进行特定的调整。以插入结点为例，假设由于在平衡二叉树上插入结点 x 而导致其不平衡的最小子树的根结点为 a，则进行调整的情况有以下四种：

（1）新结点 x 插入到结点 a 的右孩子的右子树，单向左旋转处理（见图 7.14）。

（2）新结点 x 插入结点 a 的左孩子的左子树，单向右旋转处理（见图 7.15）。

（3）新结点 x 插入结点 a 的左孩子的右子树，双向先左后右旋转处理（见图 7.16）。

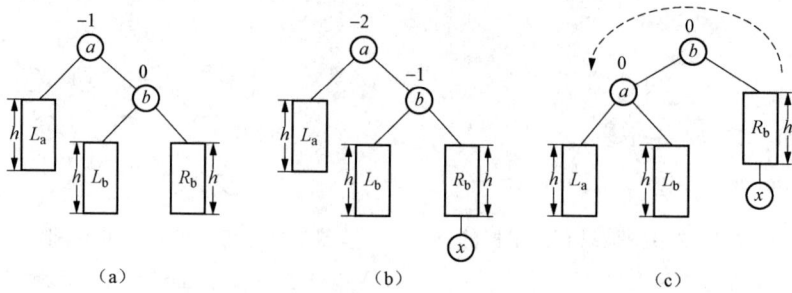

图 7.14　插入结点 x 导致二叉排序树不平衡时的调整（一）

（a）插入前；平衡（b）插入后；平衡；（c）调整后；平衡

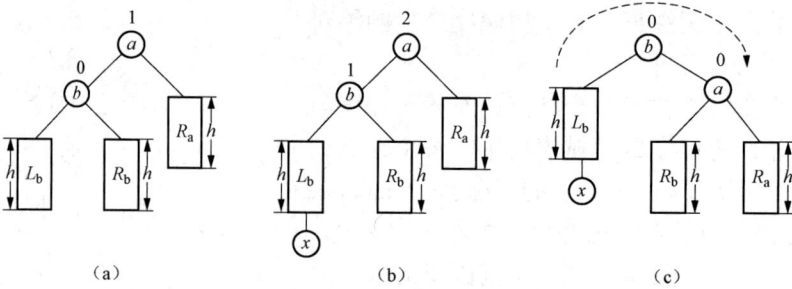

图 7.15　插入结点 x 导致二叉排序树不平衡时的调整（二）

（a）插入前；平衡（b）插入后；平衡；（c）调整后；平衡

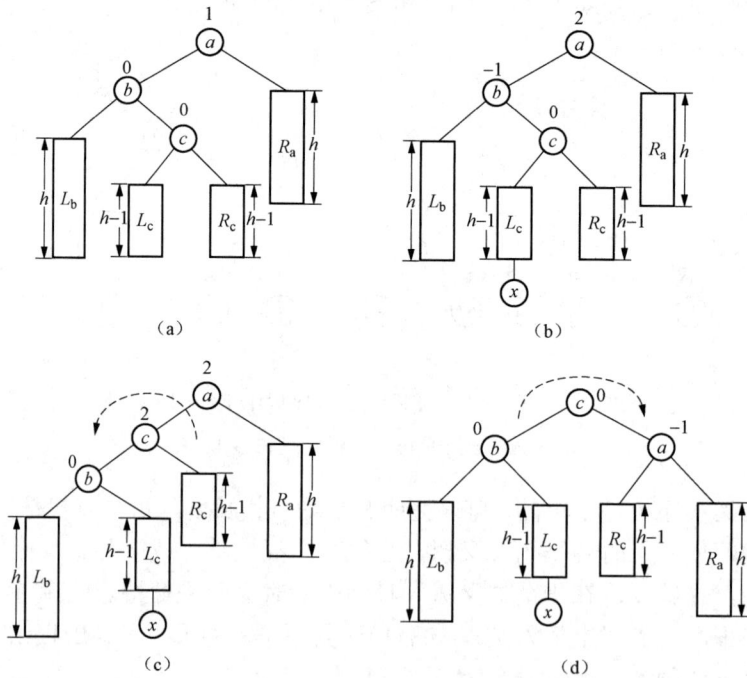

图 7.16　插入结点 x 导致二叉排序树不平衡时的调整（三）

（a）插入前；平衡（b）插入后；平衡；（c）先左旋调整；（d）再右旋调整；平衡

（4）新结点 x 插入结点 a 的右孩子的左子树，双向先右后左旋转处理（见图 7.17）。

假设以 N_h 表示深度为 h 的平衡二叉树中拥有的最少的结点数，显然有 $N_0=0$，$N_1=1$，$N_2=2$，当 $h>2$ 时，根据平衡二叉树定义可知，根结点的左、右子树深度的差值最大为 1，故有 $N_h=N_{h-1}+N_{h-2}+1$。图 7.18 给出了一棵深度为 5 的含有最少结点的平衡二叉树。可见，n 个结点的平衡二叉树的深度与 n 个结点完全二叉树的深度不一定相同，经过证明知道，在平衡二叉树上进行查找的时间复杂度为 $O(\log n)$。

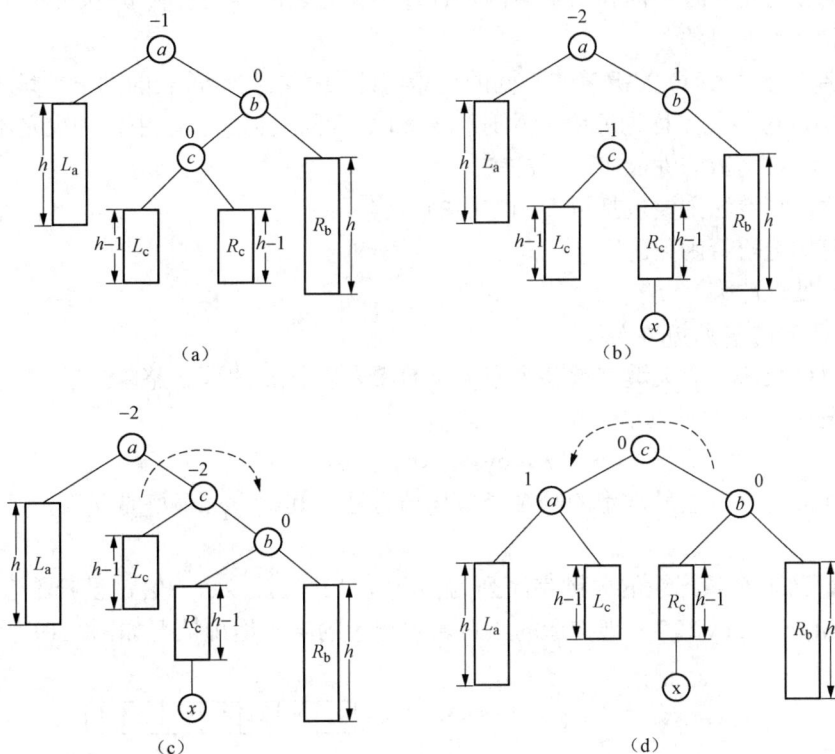

图 7.17 插入结点 x 导致二叉排序树不平衡时的调整（四）

（a）插入前，平衡；（b）插入后，平衡；（c）先右旋调整；（d）再左旋调整，平衡

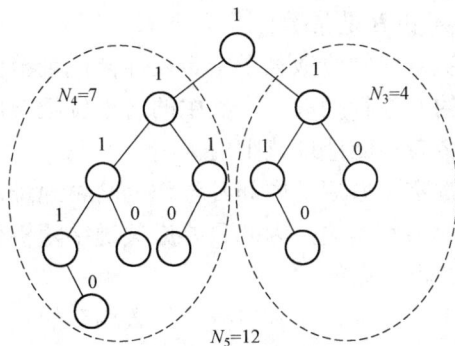

图 7.18 一棵深度为 5 的含有最少结点的平衡二叉树

7.4　哈　希　法　查　找

哈希法又称散列法、杂凑法或关键字地址计算法等，相应的表称为哈希表。这种方法的基本思想：首先在元素的关键字 k 和元素的存储位置 p 之间建立一个对应关系 H，使得 $p=H(k)$，H 称为哈希函数。创建哈希表时，把关键字为 k 的元素直接存入地址为 $H(k)$ 的单元；以后当查找关键字为 k 的元素时，再利用哈希函数计算出该元素的存储位置 $p=H(k)$，从而达到按关键字直接存取元素的目的。

当关键字集合很大时，关键字值不同的元素可能会映象到哈希表的同一地址上，即 $k_1 \neq k_2$，但 $H(k_1)=H(k_2)$，这种现象称为冲突，此时称 k_1 和 k_2 为同义词。实际中，冲突是不可避免的，只能通过改进哈希函数的性能来减少冲突。

综上所述，哈希法主要包括以下两方面的内容：

（1）如何构造哈希函数。

（2）如何处理冲突。

1．哈希函数的常见构造方法

（1）除留余数法。取关键字被某个不大于哈希表表长 n 的数 p 整除后所得余数作为哈希地址。具体表示为：

$$H(key)=key\%p，\ p \leqslant n$$

这是一种最简单，也最常用的哈希函数构造方法。其中，p 最好是质数，否则更容易产生冲突。

【例 7.1】已知 6 条记录的关键字序列为 $\{6，8，12，17，21，30\}$，设哈希表长度 $n=7$，哈希函数为 $H(key)=key \% 7$，则构造的哈希表中记录的哈希地址情况如图 7.19 所示。

keys={6, 8, 12, 17, 21, 30}

$H(key)=key\%7$

	0	1	2	3	4	5	6
hash table	21	8	30	17		12	6

图 7.19　利用除留余数法计算的哈希地址情况

（2）直接定址法。直接定址法是取以关键字为函数参数的某个线性函数值作为哈希地址。具体表示如下：

$H(key)=A \times key+B$，其中 A 和 B 是常数。

（3）数字抽取法。当关键字值的位数大于哈希表存储地址范围时，对关键字值的各位数字（或是转换成其他进制后的）进行抽取，取其中的若干位组合成哈希地址，这些位组合的值应该比较均匀地分布在哈希表存储地址范围内。

（4）平方取中法。取关键字平方后的中间几位作为哈希地址，由于关键字平方后的中间几位数与原关键字的每一位数字都相关，因此只要原关键字随机分布，则以平方后的中间几位数作为哈希地址也一定是随机分布的。

（5）折叠法。折叠法是将关键字自左到右分成位数相等的几部分，最后一部分位数可以短些，然后将这几部分叠加求和，并根据哈希表表长，取后几位作为哈希地址。在关键字位数较多，且每一位上数字的分布基本均匀时，利用折叠法，可以得到比较均匀的哈希地址。

在实际应用中，构造哈希函数是经验与反复实践的结合，往往可能是综合多种构造方法的结果。

2．冲突处理的常见方法

（1）开放定址法。开放定址法是最常见的冲突处理方法，当关键字对应的哈希地址一旦产生了冲突（该地址下的单元已经存放了记录），就按照某一种地址增量序列去寻找下一个空闲的哈希地址，只要哈希表空间长度不小于实际记录数，空闲的哈希地址总能找到，并将记录存入相应的地址单元中。开放定址法具体表示为

$$H_i=(H(\text{key})+d_i)\%n, \quad i=1, 2, \cdots, k\ (k \leqslant n-1)$$

其中，H_i 是新的哈希地址；$H(\text{key})$ 是哈希函数；n 是哈希表空间长度；d_i 为地址增量序列，通常有三种增量序列：

1）线性探测再散列：$d_i=1, 2, 3, \cdots, n-1$。

2）二次探测再散列：$d_i=1^2, -1^2, 2^2, -2^2, 3^2, \cdots, \pm k^2\ (k \leqslant n/2)$。

3）伪随机探测再散列：$d_i=$伪随机数序列。

【例 7.2】已知 10 条记录的关键字序列为 {4，8，12，15，21，32，38，41，67，78}，哈希表长度为 13，哈希函数为 $H(\text{key})=\text{key}\%11$，采用线性探测再散列处理冲突构造哈希表过程如图 7.20 所示。

在图 7.20（a）中，关键字 15 的哈希地址为 4，发生冲突，用线性探测再散列处理后的哈希地址为 5。在图 7.20（b）中，关键字 38 的哈希地址为 5，但其位置已经被占用，这种现象称为二次聚集，用线性探测再散列处理后的哈希地址为 6。在图 7.20（c）中，关键字 78 的哈希地址为 1，发生冲突，用线性探测再散列处理后的哈希地址为 2，继续冲突，继续用线性探测再散列处理后的哈希地址为 3。

【例 7.3】已知与上例相同的记录的关键字序列，相同的哈希表长度和哈希函数，采用二次探测再散列处理冲突构造哈希表过程如图 7.21 所示。

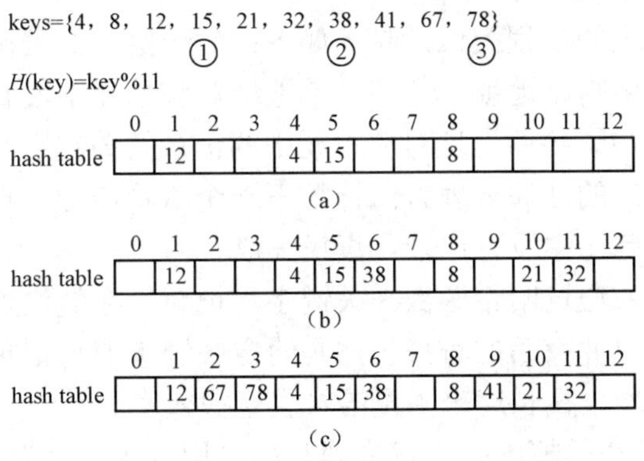

图 7.20 线性探测再散列处理冲突构造哈希表过程

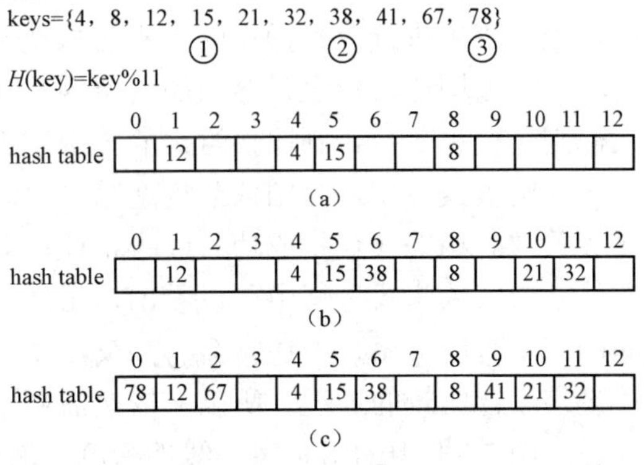

图 7.21 二次探测再散列处理冲突构造哈希表过程

在图 7.21（a）和图 7.21（b）中发生的情况与采用线性探测再散列处理冲突时的情况是类似的，但在图 7.21（c）中发生的情况有所不同，关键字 78 的哈希地址为 1，发生冲突，用二次探测再散列处理后的哈希地址为 2，继续冲突，继续二次探测再散列处理后的哈希地址为 0。

（2）链地址法。链地址法是把哈希表中的每个地址单元分别改造成一个线性链表的头指针域，所有这个地址的同义词均存放在相应的线性链表中。

【例 7.4】已知与上例相同的记录的关键字序列，相同的哈希表长度和哈希函数，采用链地址法处理冲突构造哈希表情况如图 7.22 所示。

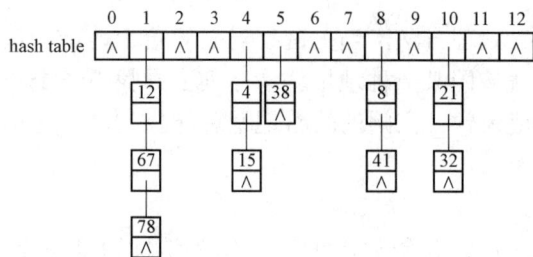

图 7.22　链地址法处理冲突构造哈希表情况

（3）附加同义词存储区法。这种方法是当冲突发生时，同义词将顺序放入一个公共的同义词存储区。

【例 7.5】已知与上例相同记录的关键字序列，相同的哈希表长度和哈希函数，采用附加同义词存储区（设空间长度为 8）处理冲突来构造哈希表情况如图 7.23 所示。

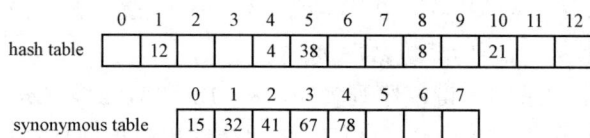

图 7.23　利用除留余数法及附加同义词存储区法处理冲突构造哈希表情况

（4）再哈希法。再哈希法是指当冲突发生时，用另一个不同的哈希函数去计算另一个哈希地址，直到冲突不再发生。其具体表示为

$$H_i=RH_i(\text{key}),\ i=1，2，3，\cdots，k$$

其中 RH_i 均是不同的哈希函数。这种方式理论上可以解决冲突，但设计一系列的哈希函数时要保证任意一个存在的关键字在利用 RH_i 函数经过 k 次哈希后必然可以找到空闲地址。这种方法与开放定址法类似。

3. 哈希表的查找及分析

在哈希表中进行查找操作的过程与构造哈希表的过程类似，具体如下：对于给定的关键字 key，按照构造哈希表时寻求的哈希函数计算出哈希地址。若该哈希地址对应单元中没有记录，则查找失败；否则比较给定的关键字 key 与该哈希地址对应单元中的记录的关键字，如果相同则查找成功，否则依照构造哈希表时设定的冲突处理方法计算下一个哈希地址，直到比较关键字相同（查找成功）或哈希地址对应单元中没有记录（查找失败）为止。

从哈希表的查找过程中可以看出，虽然哈希表通过哈希函数在关键字与记录的存储位置之间确立了对应关系，但通常会有冲突产生，产生冲突后的查找仍然是给定关键字值与记录的关键字进行比较的过程。所以，依然需要用平均查找长度来衡量哈希表查找效率。

在［例 7.3］中的哈希表（线性探测再散列）在等概率并查找成功时的平均查找长度为

$$\text{ASL}=(1+1+1+2+1+2+2+2+2+3)/10=1.7$$

在［例 7.4］中的哈希表（链地址法）在等概率并查找成功时的平均查找长度为

$$\text{ASL}=(5\times1+4\times2+1\times3)/10=1.6$$

在［例 7.5］中的哈希表（附加同义词存储区法）在等概率并查找成功时的平均查找长度为

$$\text{ASL}=(5\times1+1+2+3+4+5)/10=2.0$$

查找过程中，关键字的比较次数取决于产生冲突的多少，产生的冲突少，查找效率就高，产生的冲突多，查找效率就低。因此，影响产生冲突多少的因素，也就是影响查找效率的因素。哈希函数是否均匀及处理冲突的方法都会影响到冲突的产生。另外，产生冲突的多少还与哈希表的装填因子 α 有关。哈希表的装填因子 α 是填入表中的元素个数与哈希表的长度之商，α 越大，填入表中的记录就越多，产生冲突的可能性就越大；α 越小，填入表中的记录就越少，产生冲突的可能性就越小。

本 章 小 结

本章主要介绍了顺序查找、折半查找和分块查找这三种方法，以及二叉排序树、平衡二叉树、哈希表的构造方法和查找过程，并根据实际问题的需要，选取合适的查找方法以及相应的存储结构。

习 题 7

一、名词解释
1. 主关键字
2. 平均查找长度
3. 静态查找表
4. 动态查找表
5. 二叉排序树
6. 平衡二叉树
7. 哈希表

二、填空题
1. 二分查找的存储结构仅限于_____，且是_____。
2. 在哈希函数 $H(\text{key})=\text{key}\%p$ 中，p 应取_____。
3. 深度为 7 的平衡二叉树至少有_____个结点。
4. 通过中序遍历一棵二叉排序树得到的数据（关键字）序列必然是一个_____序列。
5. 采用分块查找法（块长为 s，以顺序查找确定块）查找长度为 n 的线性表时的平均查找长度为_____。
6. 在各种查找方法中，平均查找长度与结点个数 n 无关的查找方法是_____。
7. 采用顺序查找方法查找长度为 n 的线性表时，每个元素的平均查找长度为_____。
8. 采用二分查找方法查找长度为 n 的线性表时，每个元素的平均查找长度为_____。

三、简答题
1. 请画出长度为 10 的有序表进行二分查找的一棵判定树，并求出等概率时查找成功的平均查找长度。
2. 已知关键字序列为{45，28，67，33，29，50}，二叉排序树初始为空，如果规定二叉排序树中的每个结点的关键字值都比该结点的左子树中结点上的关键字值大、比该结点的右子树中结点上的关键字值小。要求：
（1）画出按正向（从关键字 45 开始）顺序插入结点建立的二叉排序树。

（2）画出按反向（从关键字 50 开始）顺序插入结点建立的二叉排序树。

3．编写一个函数，利用二分算法在一个有序表中插入一个元素 x，并保持表的连续性。

4．试推导含 7 个结点的平衡二叉树的最大深度，并画出一棵这样的平衡二叉树。

5．设哈希表的地址空间为 0～6，哈希函数 $H(key)=key\%7$。请对关键字序列 {32，13，49，18，22，38} 按线性探测再散列处理冲突的方法构造哈希表，并求出在等概率并查找成功时的平均查找长度。

6．设哈希表的地址空间为 0～12，哈希函数 $H(key)=key\%11$。请对关键字序列 {30，15，49，61，22，50，23，41，18} 按二次探测再散列解决冲突的办法构造哈希表，并求出在等概率并查找成功时的平均查找长度。

7．设哈希表的地址空间长度、哈希函数和关键字序列均与上题相同，请按链地址法解决冲突的办法构造哈希表，并求出在等概率并查找成功时的平均查找长度。

8．假设按如下所述在有序的线性表中查找 x：先将 x 与表中的第 $4j$（j=1，2，…）项进行比较，若相等，则查找成功；否则由某次比较求得比 x 大的一项 $4k$ 之后继而和 $4k-2$，然后和 $4k-3$ 或 $4k-1$ 项进行比较，直到查找成功。

（1）给出实现上述算法的函数。

（2）试画出当表长 n=16 时的判定树，并推导此查找方法的平均查找长度（考虑查找元素等概率和 $n\%4=0$ 的情况）。

9．有一个 2000 项的表，要采用等分区间顺序查找的分块查找法，问：

（1）每块理想长度是多少？

（2）分成多少块最为理想？

（3）平均查找长度 ASL 为多少？

（4）若每块是 20，ASL 为多少？

本 章 实 验

实验1　折　半　查　找

1．实验目的

了解折半查找的条件，熟悉并掌握折半查找的过程及方法。

2．实验内容

对已知的有序序列进行折半查找。

3．实验要点及说明

折半查找又称二分查找，它要求待查找的顺序表必须是有序表，即表中各记录按其关键字值的大小顺序存储。

参考程序中，设置了三个指针 low、high 和 mid。开始时 low 指向表首，high 指向表尾，令 mid=(low+high)/2，并判断待查找关键字 x 与 mid 的大小，若 $x\geq$mid 则在序列的后半部分查找，若 $x<$mid 则在序列的前半部分查找。然后，在已确定的前（或后）半部分重复上述过程，这样不断缩小查找范围，直到找到或根本不存在与 x 关键字相同的记录时为止。

参考程序中折半查找示意如图 7.24 所示。

```
         total=6                查找序列： 2    4    5    6    7    8
         data[0]=2              （初态）
         data[1]=4                          ↑         ↑              ↑
         data[2]=5                          low       mid            high
         data[3]=6
         data[4]=7              查找序列： 2    4    5    6    7    8
         data[5]=8             （中间态）
       search key=8                                        ↑    ↑    ↑
         data[5]=8                                        low  mid  high

  (search key=9  9:not found)    查找序列： 2    4    5    6    7    8
                               （终态）
                                                              low      high
                                                                  mid
```

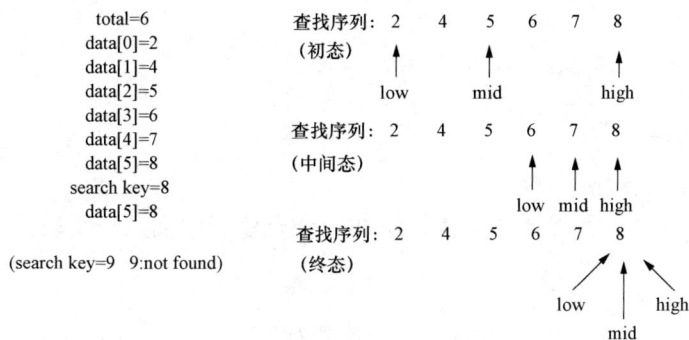

图 7.24 折半查找示意图

4. 参考程序

```c
#include<stdio.h>
#define max 20
int binary(int x,int list[],int n)  /*从 list[]中查找 x*/
{ int low,high,mid;
  low=0;
  high=n-1;
  while(low<=high)
    {mid=(low+high)/2;               /*折半*/
     if(x<list[mid])                 /*在前半部分查找*/
       high=mid-1;
     else
       if(x>list[mid])               /*在后半部分查找*/
          low=mid+1;
       else
          return(mid);
    }
    return(-1);
  }
int getdata(int list[1])            /*输入数组 list[]*/
{int num,i;
 printf("total=");
 scanf("%d",&num);
 for(i=0;i<num;i++)
   {printf("data[%d]:",i);
    scanf("%d",&list[i]);}
 return(num);
 }
main()
{int list[max],n,index,x;
 n=getdata(list);
 printf("search key=");             /*输入待查找数据*/
 scanf("%d",&x);
 index=binary(x,list,n);
 if(index>=0)
    printf("data[%d]=%d\n",index,x);
```

```
else
    printf("%d: not found. \n",x);
}
```

5. 思考题与习题

（1）用递归方法实现折半查找。

（2）编写一个程序，利用折半查找算法在一个有序表中插入一个数据元素 x，并保持表的有序性。

实验 2　二叉排序树查找

1. 实验目的

熟悉二叉排序树的构造，掌握二叉排序树查找的过程及方法。

2. 实验内容

将一个记录集合用一棵二叉排序树表示，并查找其中某一记录。

3. 实验要点及说明

用整个二叉排序树表示一个记录集合，树中的一个结点对应于集合中的一个记录。我们规定，二叉排序树中每个结点所存储的记录的关键字都大于它的左子树上所有结点记录的关键字，而小于或等于它的右子树上所有结点记录的关键字。查找时采用递归算法，将待查找值 k 与结点值比较，若 k 值小于当前结点值，在左子树上递归查找；否则，在右子树上递归查找。

参考程序运行结果如下：

```
input root：6 3 5 8 2 9 -1
counter p p->data p->lchild p->rchild
  1  2456    6    2472    2504
  2  2472    3    2520    2488
  3  2520    2      0       0
  4  2488    5      0       0
  5  2504    8      0     2536
  6  2536    9      0       0
  search key=8
  Find it. q=2504
```

参考程序中排序二叉树示意如图 7.25 所示。

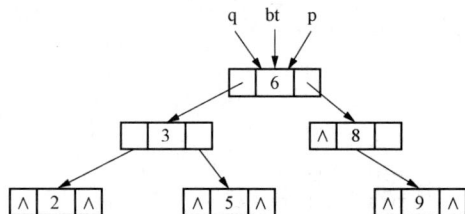

图 7.25　排序二叉树示意图

4. 参考程序

```
#include<stdio.h>
#define NULL 0
typedef struct btreenode              /*定义二叉排序树结构体*/
{ int data;
  struct btreenode *lchild;           /*左孩子*/
  struct btreenode *rchild;           /*右孩子*/
  }bnode;
bnode *p;
bnode *creat(int x,bnode *lbt,bnode *rbt)   /*创建根结点*/
 { bnode *p;
  p=(bnode*)malloc(sizeof(bnode));
```

```
    p->data=x;
    p->lchild=lbt;
    p->rchild=rbt;
    return(p);
  }
bnode *ins_lchild(bnode *p,int x)          /*结点作为左孩子插入*/
{ bnode *q;
    if(p==NULL)
      printf("Illegal insert.");
    else
      {q=(bnode*)malloc(sizeof(bnode));
      q->data=x;
      q->lchild=NULL;
      q->rchild=NULL;
      if(p->lchild!=NULL)
        q->rchild=p->lchild;
      p->lchild=q;
    }
  }
bnode *ins_rchild(bnode *p,int x)          /*结点作为右孩子插入*/
  { bnode *q;
    if(p==NULL)
      printf("Illegal insert");
    else
    {q=(bnode*)malloc(sizeof(bnode));
    q->data=x;
    q->lchild=NULL;
    q->rchild=NULL;
    if(p->rchild==NULL)
        q->lchild=p->rchild;
    p->rchild=q;
    }
  }
 void prorder(bnode *p,int counter)        /*输出二叉树结构*/
  { if(p==NULL)
      return;
    counter++;
    printf("%d\t%u\t%d\t%u\t%u\n",counter,p,p->data,p->lchild,p->rchild);
    if(p->lchild!=NULL)
      prorder(p->lchild,counter);
    if(p->rchild!=NULL)
      prorder(p->rchild,counter);
  }
bnode *bs_search(bnode *t,int k)           /*在二叉排序树中查找关键字为 k 的结点*/
{ bnode *s;
    if(t==NULL)
    { printf("empty tree.");
      return(t);
    }
    s=t;
    if(s->data==k)
```

```
    {  printf("Find it.");
      return(s);
     }
    else
      if(s->data>k)                        /*在左子树上继续查找*/
          return(bs_search(s->lchild,k));
      else
          return(bs_search(s->rchild,k));/*在右子树上继续查找*/
    }
  main()
  { int k;
   bnode *bt,*p,*q;
   int x,counter=0;
   printf("Input root.");
   scanf("%d",&x);
   p=creat(x,NULL,NULL);                  /*创建二叉排序树*/
   bt=p;
   scanf("%d",&x);
   while(x!=-1)
    { p=bt;
     q=p;
     while(x!=p->data&&q!=NULL)
      { p=q;
       if(x<p->data)
         q=p->lchild;
       else
         q=p->rchild;
        }
     if(x==p->data)
       {printf("The data is exit.");
        return;
        }
     else
       if(x<p->data)
          ins_lchild(p,x);
       else
          ins_rchild(p,x);
      scanf("%d",&x);
     }
     p=bt;
     prorder(p,counter);
     printf("Search key=");
     scanf("%d",&k);
     q=bs_search(p,k);
     printf("q=%u",q);
     printf("\n");
  }
```

5. 思考题与习题

试写出从二叉排序树结点中删除一个结点，使该二叉树仍为二叉排序树的程序。

实验 3 哈 希 表 查 找

1. 实验目的

了解哈希函数及哈希表等有关概念，掌握哈希表查找的过程及方法。

2. 实验内容

用除留余数法建立哈希表并实现哈希表查找。

3. 实验要点及说明

哈希表查找方法：将待排序列的元素 k 作为自变量，通过某种函数关系 f，计算出相应的函数值 $f(k)$，并把这个值作为元素 k 的存储地址。查找时再根据要查找的元素 a，利用相同的函数 f 计算出其存储地址即可。这种方法有可能使多个不同的元素通过哈希函数映射到同一个存储地址，这种现象称为冲突。设哈希表长为 m，元素个数为 n。当向哈希表放入元素 a 产生存储地址冲突时，一种解决冲突的方法是：将哈希表看成是一个环形表，若发生冲突的存储地址为 d，则依次探查 $d+1$，$d+2$，…，$m-1$，0，1，…，$d-1$，直到找到一个空的存储单元时再将元素 a 放入。

例如，待排序列为{8，15，16，22，30，32}，映射到哈希表地址 0～9 中，哈希函数为 $f(k)=k\%7$，则解决冲突后得到的哈希表示意如图 7.26 所示。

映射地址	0	1	2	3	4	5	6	7	8	9
元素	8	15	16	22	30	32				

图 7.26 哈希表示意图

4. 参考程序

```c
main()
{int i,j,x,t,h[10],b;
 for(i=0;i<10;i++)
    h[i]=0;
 printf("\nplease input 10 data:\n");
 for(i=0;i<10;i++)
    {scanf("%d",&x);
     t=x%11;
     b=0;
     while(b==0)
       if(h[t]==0)
          {h[t]=x;
           b=1;
           }
       else
         t=(t+1)%11;
    }
    printf("\nout hashlist:\n");
    for(i=0;i<10;i++)
      printf("%d",h[i]);
    printf("please enter search data:\n");
    scanf("%d",&x);
    t=x%11;
    b=0;
    j=1;
    while((b==0)&&(i<=10))
```

```
    if(h[t]==x)
     {printf("\nahash position of%d is%d\n",x,t);
      b=1;
      j=10;
      }
   else
     {t=(t+1)%11;
      j++;
      }
 if(j>10)
     printf("\nno found!\n");
 }
```

5. 思考题与习题

采用将哈希地址相同的元素链接到同一单链表解决冲突的办法，重新编写哈希表查找程序。

第8章 排　　序

💡 **本章学习目标**

（1）了解内部排序、外部排序、稳定排序、不稳定排序等概念。
（2）了解不同策略和工作量情况下，内部排序方法的分类。
（3）熟练掌握直接插入排序、冒泡排序、直接选择排序等简单的排序方法。
（4）掌握希尔排序、快速排序、堆排序和归并排序等高效排序方法。
（5）了解基数排序方法的基本思想。
（6）掌握各种排序算法的时间复杂度分析方法和结果，学会根据实际问题来选择合适排序方法。

排序是数据处理中使用频率很高的一种操作，是数据查找之前需要进行的一项基础操作，是计算机程序设计中经常使用的一种运算，也是一个耗时的工作。在操作系统中，排序与队列结合处理进程调度，因此研究和掌握各种排序方法是非常重要的。本章主要介绍插入排序、交换排序、选择排序和归并排序等内部排序知识，并简单介绍外部排序知识。

8.1　排　序　基　本　概　念

排序是将任意序列的数据元素（或记录）按关键字有序（升序或降序）重新排列的过程。有 n 个记录的序列（R_1，R_2，$\cdots$，R_n），其相应关键字的序列是（K_1，K_2，$\cdots$，K_n），相应的下标序列为 1，2，$\cdots$，n。通过排序，要求找出当前下标序列 1，2，$\cdots$，n 的一种排列 p_1，p_2，$\cdots$，p_n，使得相应关键字满足如下的非递减(或非递增)关系，即 $K_{p1} \leq K_{p2} \leq \cdots \leq K_{pn}$，这样就得到一个按关键字有序的记录序列$\{R_{p1}$，$R_{p2}$，$\cdots$，$R_{pn}\}$。

1. 内部排序与外部排序

根据排序时数据所占用存储器的不同，可将排序分为两类：一类是整个排序过程完全在内存中进行，称为内部排序；另一类是由于待排序记录数据量太大，内存无法容纳全部数据，排序需要借助外部存储设备才能完成，称为外部排序。

2. 稳定排序与不稳定排序

上面所说的关键字 K_i 可以是记录 R_i 的主关键字，也可以是次关键字，甚至可以是记录中若干数据项的组合。若 K_i 是主关键字，则任何一个无序的记录序列经排序后得到的有序序列是唯一的；若 K_i 是次关键字或是记录中若干数据项的组合，则得到的排序结果将是不唯一的，因为待排序记录的序列中存在两个或两个以上关键字相等的记录。假设 $K_i=K_j$（$1 \leq i \leq n$，$1 \leq j \leq n$，$i \neq j$），若在排序前的序列中 R_i 领先于 R_j（即 $i < j$），经过排序后得到的序列中 R_i 仍领先于 R_j，则称所用的排序方法是稳定的；反之，当相同关键字的领先关系在排序过程中发生变化，则称所用的排序方法是不稳定的。

无论是稳定的还是不稳定的排序方法，均能排好序。在应用排序的某些场合，如选举和比赛等，对排序的稳定性是有特殊要求的。

证明一种排序方法是稳定的，要从算法本身的步骤中加以证明。证明排序方法是不稳定的，只需给出一个反例说明。

在排序过程中，一般进行两种基本操作：

（1）比较两个关键字的大小。

（2）将记录从一个位置移动到另一个位置。

其中操作（1）对于大多数排序方法来说是必要的，而操作（2）则可以通过采用适当的存储方式予以避免。对于待排序的记录序列，有三种常见的存储表示方法：

1）向量结构：将待排序的记录存放在一组地址连续的存储单元中。由于在这种存储方式中，记录之间的次序关系由其存储位置来决定，所以排序过程中一定要移动记录才行。

2）链表结构：采用链表结构时，记录之间逻辑上的相邻性是靠指针来维持的，这样在排序时，就不用移动记录元素，而只需要修改指针。这种排序方式称为链表排序。

3）记录向量与地址向量结合：将待排序记录存放在一组地址连续的存储单元中，同时另设一个指示各个记录位置的地址向量。这样在排序过程中不移动记录本身，而修改地址向量中记录的地址，排序结束后，再按照地址向量中的值调整记录的存储位置。这种排序方式称为地址排序。

本章主要讨论在向量结构上各种排序方法的实现。为了讨论方便，假设待排记录的关键字均为整数，均从数组中下标为 1 的位置开始存储，下标为 0 的位置存储监视哨，或空闲不用。

```
typedef int KeyType;
typedef struct{
  KeyType key;              /*关键字*/
  OtherType other_data;     /*记录中其他数据项*/
}RecordType;                /*记录类型*/
```

8.2 插入类排序

插入排序的基本思想：在一个已排好序的记录子集的基础上，每一步将下一个待排序的记录有序地插入到已排好序的记录子集中，直到将所有待排记录全部插入为止。

打扑克牌时的抓牌就是插入排序的一个很好的例子，每抓一张牌，将其插入到合适位置，直到抓完牌为止，即可得到一个有序序列。

8.2.1 直接插入排序

直接插入排序是一种最基本的插入排序方法。其基本操作是将第 i 个记录插入到前面 $i-1$ 个已排好序的记录中，具体过程为：将第 i 个记录的关键字 K_i 顺次与其前面记录的关键字 K_{i-1}，K_{i-2}，…，K_1 进行比较，将所有关键字大于 K_i 的记录依次向后移动一个位置，直到遇见一个关键字小于或者等于 K_i 的记录 K_j，此时 K_j 后面必为空位置，将第 i 个记录插入空位置即可。完整的直接插入排序是从 $i=2$ 开始的，也就是说，将第 1 个记录视为已排好序的单元素子集合，然后将第 2 个记录插入到单元素子集合中。i 从 2 循环到 n，即可实现完整的直接插入排序。图 8.1 给出了一个完整的直接插入排序示例，图中中括号内为当前已排好序的记录子集合。

假设待排序记录存放在 $r[1..n]$ 中，为了提高效率，附设一个监视哨 $r[0]$，使得 $r[0]$ 始终存放待插入的记录。监视哨的作用有两个：一是备份待插入的记录，以便前面关键字较大的记录后移；二是防止越界，这一点与第 7 章顺序查找法中监视哨的作用相同。具体算法描述如下：

【**算法 8.1**】直接插入排序

```
void InsSort(RecordType r[],int length)
/*对记录数组 r 做直接插入排序,length 为数组的长度*/
{
  for(i=2;i<length;i++)
  {
   r[0]=x=r[i];j=i-1;          /*将待插入记录存放到变量 x 中*/
   while(x.key<r[j].key)       /*寻找插入位置*/
   {
    r[j+1]=r[j];j=j-1;
   }
   r[j+1]=r[0];               /*将待插入记录插入到已排序的序列中*/
  }
}/*InsSort*/
```

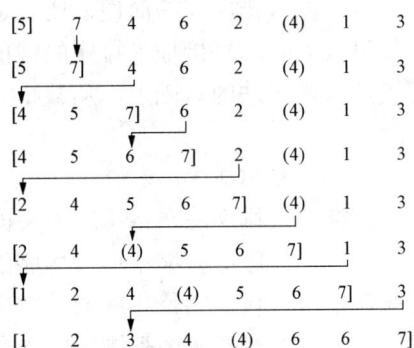

图 8.1　直接插入排序法排序过程示意图

该算法的要点：①使用监视哨 $r[0]$ 临时保存待插入的记录；②从后往前查找应插入的位置；③查找与移动在同一循环中完成。

直接插入排序算法分析：

从空间角度来看，它只需要一个辅助空间 $r[0]$。

从时间耗费角度来看，主要时间耗费在关键字比较和移动元素上。

对于一趟插入排序，算法中的 while 循环的次数主要取决于待插记录与前 $i-1$ 个记录的关键字的关系上。

最好情况为（正序）：$r[i].key>r[i-1].key$，while 循环只执行 1 次，且不移动记录。

最坏情况为（反序）：$r[i].key<r[1].key$，则 while 循环中关键字比较次数和移动记录的次数为 $i-1$。

对整个排序过程而言，最好的情况是待排序记录本身已按关键字有序排列，此时总的比较次数为 $n-1$ 次，移动记录的次数也达到最小值 $2(n-1)$（每一次只对待插记录 $r[i]$ 移动两次）；最坏情况是待排序记录按关键字逆序排列，此时总的比较次数达到最大值为 $(n+2)(n-1)/2$，即 $\sum_{i=2}^{n}i$，记录移动的次数也达到最大值 $(n+4)(n-1)/2$，即 $\sum_{i=2}^{n}(i+1)$。算法执行的时间耗费主要取决于数据的分布情况。若待排序记录是随机的，即待排序记录可能出现的各种排列的概率相同，则可以取上述最小值和最大值的平均值，约为 $n^2/4$。因此，直接插入排序的时间复杂度为 $T(n)=O(n^2)$，空间复杂度为 $s(n)=O(1)$。

说明排序算法的稳定性必须从算法本身加以证明。直接插入排序方法是稳定的排序方法。在直接插入排序算法中，由于待插入元素的比较是从后向前进行的，循环 while($x.key<r[j].key$) 的判断条件就保证了后面出现的关键字不可能插入到与前面相同的关键字之前。

直接插入排序算法简便，比较适用于待排序记录数目较少且基本有序的情况。当待排记录数目较大时，直接插入排序的性能就不好，为此可以对直接插入排序做进一步的改进。在直接插入排序法的基础上，从减少"比较关键字"和"移动记录"两种操作的次数着手来进行改进。

8.2.2　希尔排序

直接插入排序法在待排序的关键字序列基本有序且关键字个数 n 较少时，其算法的性能最佳。希尔排序又称缩小增量排序法，是一种基于插入思想的排序方法，它利用了直接插入排序的最佳性质，将待排序的关键字序列分成若干个较小的子序列，对子序列进行直接插入排序，使整个待排序序列排好序。在时间耗费上，较直接插入排序法的性能有较大的改进。

我们知道，在进行直接插入排序时，若待排序记录序列已经有序时，直接插入排序的时间复杂度可以提高到 $O(n)$。可以设想，若待排序记录序列基本有序时，即序列中具有特性 $r[i].key<Max\{r[j].key\}$，$(1 \leq j<i)$ 的记录较少时，直接插入排序的效率会大大提高。希尔排序正是从这一点出发对直接插入排序进行了改进。

希尔排序的基本思想：先将待排序记录序列分割成若干个较稀疏的子序列，分别进行直接插入排序。经过上述粗略调整，整个序列中的记录已经基本有序，最后再对全部记录进行一次直接插入排序。

具体实现时，首先选定两个记录间的距离 d_1，在整个待排序记录序列中将所有间隔为 d_1 的记录分成一组，进行组内直接插入排序，然后再取两个记录间的距离 $d_2<d_1$，在整个待排序记录序列中，将所有间隔为 d_2 的记录分成一组，进行组内直接插入排序，直至选定两个记录间的距离 $d_t=1$ 为止，此时只有一个子序列，即整个待排序记录序列。

图 8.2 给出了一个希尔排序过程的示例。

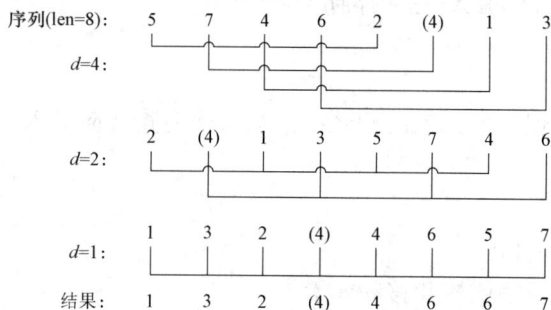

图 8.2　希尔排序示例

希尔排序算法如下：

【算法 8.2】希尔排序

```
void ShellInsert(RecordType r[],int length, int delta)
/*对记录数组 r 做一趟希尔插入排序,length 为数组的长度,delta 为增量*/
{ int i;
  for(i=1+delta;i<=length;i++)
    /*1+delta 为第一个子序列的第二个元素的下标*/
  if(r[i].key<r[i-delta].key)
  {
    r[0]=r[i];  /*备份 r[i](不做监视哨)*/
    for(j=i-delta;j>0&&r[0].key<r[j].key;j-=delta)
      r[j+delta]=r[j];
    r[j+delta]=r[0];
  }
}
void ShellSort(RecordType r[],int length,int delta[],int delta_len)
  /*对记录数组 r 做希尔排序,length 为数组的长度*/
```

```
{  int i;
  for(i=0;i<delta_len;++i)
    ShellInsert(r, length ,delta[i]);
}
```

当 d_t=1 时，排序的过程与 8.2.1 节直接插入排序过程相同。在希尔排序中，各子序列的排序过程相对独立，但具体实现时，并不是先对一个子序列进行完全排序，再对另一个子序列进行排序。当顺序扫描整个待排序记录序列时，各子序列的元素将会反复轮流出现。根据这一特点，希尔排序从第一个子序列的第二个元素开始，顺序扫描待排序记录序列，对首先出现的各子序列的第二个元素，分别在各子序列中进行插入处理；然后对随后出现的各子序列的第三个元素，分别在各子序列中进行插入处理，直到处理完各子序列的最后一个元素。

为了分析希尔排序的优越性，我们引出逆转数的概念。对于待排序序列中的某个记录的关键字，其逆转数是指在它之前比此关键字大的关键字的个数。

例如：对待排序序列 5，7，4，6，2，4，1，3 而言，其逆转数见表 8.1。

表 8.1 　　　　　　　　　　　　　关键字与逆转数的对应关系

关键字	5	7	4	6	2	4	1	3
逆转数	0	0	2	1	4	3	6	5

对直接插入排序法而言：n 个记录的 n 个关键字的逆转数之和为 $\sum_{i=2}^{n} B_i$（待排序列中的第 1 个记录的逆转数为 0）。

这时逆转数之和就是排序过程中插入某一个待排序记录所需要移动记录的次数。因为，若插入第 i 个记录，其前必有 B_i 个关键字大于它的记录需要移动。这样一次比较，一次移动，每次只是减少一个逆转数。但对于希尔排序而言，一次比较，一次移动后减少的逆转数不止一个。如：上例中待排序序列 5，7，4，6，2，4，1，3 在未经过一次希尔排序之前，其逆转数之和为 0+0+2+1+4+3+6+5=21，之后经过一次希尔排序后得到的序列为 2，4，1，3，5，7，4，6。

还以上面的待排序序列为例，初始时逆转数之和为 18。

经 d_1=4 后，逆转数 0+0+2+1+0+0+2+1=6。

经 d_2=2 后，逆转数 0+0+1+0+0+0+1+0=2。

经 d_3=1 后，逆转数=0。

当 d_3=1 时，尽管这一趟希尔排序相当于直接插入排序，但因为逆转数很小，所以移动次数相对于简单的直接插入排序而言也会减少。由此可见，希尔排序是一个较好的插入排序方法。希尔排序能迅速减少逆转数，尽管当间隔为 1 时，希尔排序相当于直接插入排序，但此时的关键字序列的逆转数已经很小，序列已经基本有序，使用的恰好是直接插入的最佳性质。

希尔排序的分析是一个复杂的问题，因为其时间耗费是所取的"增量"序列的函数。到目前为止，尚未有人求得一种最好的增量序列。目前有人已经证明，如果取形如 2^i3^j 中小于 n 的整数，并按递减次序排列后作为增量序列，则希尔排序所做的比较次数为 $O(n(\log_2 n)^2)$。

在排序过程中，相同关键字记录的领先关系发生变化，则说明该排序方法是不稳定的。

例如：待排序序列{2，4，1，$\underline{2}$}，采用希尔排序，设 d_1=2，得到一趟排序结果为{1，$\underline{2}$，2，4}，说明希尔排序法是不稳定的排序方法。

8.2.3　折半插入排序

从第 7 章关于查找的讨论中可知：对于有序表进行折半查找，其性能优于顺序查找。所以，可以将折半查找用在有序记录 r[1..i−1] 中确定应插入位置，相应的排序法称为折半插入排序算法。折半插入排序算法的描述如下：

【算法 8.3】折半插入排序

```
void BinSort(RecordType r[], int length)
/*对记录数组 r 进行折半插入排序,length 为数组的长度*/
{
    for(i=1;i<= length;++i)
    {  x=r[i];
       low=1;high=i-1;
       while(low<=high)                        /*确定插入位置*/
         { mid=(low+high)/2;
          if(x.key<r[mid].key)high=mid-1;
          else low=mid+1;
          }
       for(j=i-1;j>=low;--j)  r[j+1]=r[j] ;    /*记录依次向后移动*/
       r[low]=x ;                              /*插入记录*/
    }
}
```

采用折半插入排序法，可减少关键字的比较次数。每插入一个元素，需要比较的次数最大为折半判定树的深度，如插入第 i 个元素时，设 $i=2^j$，则需进行 $\log_2 i$ 次比较，因此插入 n−1 个元素的平均关键字的比较次数为 O($n \log_2 n$)。

折半插入排序法与直接插入排序法相比，关键字比较次数减少了，但数据移动次数并未改变，故时间复杂度依然是 O(n^2)。折半插入排序法也是一种稳定的排序法。

8.3　交　换　类　排　序

基于交换的排序法是一类通过交换逆序元素进行排序的方法。本节首先介绍了基于简单交换思想实现的冒泡排序法，在此基础上给出了改进方法——快速排序法。

8.3.1　冒泡排序

冒泡排序（bubble sort）的基本思想是先对整个序列中相邻的数据按关键字两两进行比较，如果逆序就交换这两个数据，一趟比较交换后，最后一个位置的数据必然有序（即该数据已经位于全部有序序列中的正确位置），然后继续下一趟两两比较交换（序列中后面必然有序的数据不参加比较交换），这样必然使次后一个位置的数据也有序，如此往复，直到序列全部有序为止。

假设有一个数据（关键字）序列为{5，7，4，6，2，4，1，3}，则采用冒泡排序法递增排序的首次比较交换的过程如图 8.3 所示。

对于长度为 n 的数据序列，经过 n−1 趟两两比较交换后，整个序列必然有序。但是该算法可以优化，因为在通常情况下，并不一定要完全执行这 n−1 趟比较交换，如果在某一趟比较交换过程中未发生任何交换，则意味着整个序列已经有序，这时，冒泡排序的过程就可以结束了。为了能够反映出在某一趟冒泡排序过程中是否发生交换，可以设置一个标记变量

change，在开始每趟比较交换之前，change=TRUE，表示"假设序列已经有序"，在每趟比较交换中，如果发生交换就令 change=FALSE，表示"此前的假设是不成立的"，在每趟比较交换之后，通过判断 change，就可以确定是否要结束冒泡排序了。

冒泡排序法算法如下：

【算法 8.4】 冒泡排序法

```
void BubbleSort(RecordType r[],
int length)
    /*对记录数组 r 做冒泡排序,length 为
数组的长度*/
{
  n=length;change=TRUE;
  for(i=1;i<=n-1&&change;++i)
  {
    change=FALSE;
    for(j=1;j<=n-i;++j)
      if(r[j].key>r[j+1].key)
      {
        t=r[j];
        r[j]=r[j+1];
        r[j+1]=t;
        change=TRUE;
      }
  }
}/*BubbleSort */
```

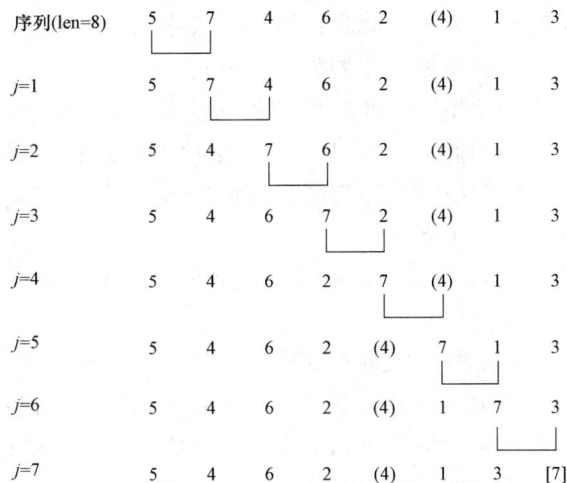

序列(len=8)	5	7	4	6	2	(4)	1	3
$j=1$	5	7	4	6	2	(4)	1	3
$j=2$	5	4	7	6	2	(4)	1	3
$j=3$	5	4	6	7	2	(4)	1	3
$j=4$	5	4	6	2	7	(4)	1	3
$j=5$	5	4	6	2	(4)	7	1	3
$j=6$	5	4	6	2	(4)	1	7	3
$j=7$	5	4	6	2	(4)	1	3	[7]

图 8.3　冒泡排序法首次比较交换过程示意图

冒泡排序算法分析：最坏情况下，待排序记录按关键字的逆序进行排列，此时，每一趟冒泡排序需进行 i 次比较，$3i$ 次移动。经过 $n-1$ 趟冒泡排序后，总的比较次数为 $\sum_{i=1}^{n-1} i = n(n-1)/2$，总的移动次数为 $3n(n-1)/2$ 次，因此该算法的时间复杂度为 $O(n^2)$，空间复杂度为 $O(1)$。另外，冒泡排序法是一种稳定的排序方法。

8.3.2 快速排序

在上节讨论的冒泡排序中，由于扫描过程中只对相邻的两个元素进行比较，因此在互换两个相邻元素时只能消除一个逆序。如果能通过两个（不相邻的）元素的交换，消除待排序记录中的多个逆序，则会大大加快排序的速度。快速排序方法就是想通过一次交换而消除多个逆序。

快速排序的基本思想：从待排序记录序列中选取一个记录（通常选取第一个记录），其关键字设为 K_1，然后将其余关键字小于 K_1 的记录移到前面，而将关键字大于 K_1 的记录移到后面，结果将待排序记录序列分成两个子表，最后将关键字为 K_1 的记录插到其分界线的位置处。将这个过程称为一趟快速排序。通过一次划分后，就以关键字为 K_1 的记录为分界线，将待排序序列分成了两个子表，且前面子表中所有记录的关键字均不大于 K_1，而后面子表中的所有记录的关键字均不小于 K_1。对分割后的子表继续按上述原则进行分割，直到所有子表的表长

不超过 1 为止，此时待排序记录序列就变成了一个有序表。

假设待划分序列为 r［1eft］，r［left+1］，…，r［right］，具体实现上述划分过程时，可以设两个指针 i 和 j，它们的初值分别为 left 和 right。首先将基准记录 r［1eft］移至变量 t 中，使 r［left］，即 r［i］相当于空单元，然后反复进行如下两个扫描过程，直到 i 和 j 相遇：

（1）j 从右向左扫描，直到 r［j］.key<t.key 时，将 r［j］移至空单元 r［i］，此时 r［j］相当于空单元。

（2）i 从左向右扫描，直到 r［i］. key>t. key 时，将 r［i］移至空单元 r［j］，此时 r［i］相当于空单元。

当 i 和 j 相遇时，r［i］（或 r［j］）相当于空单元，且 r［i］左边所有记录的关键字均不大于基准记录的关键字，而 r［i］右边所有记录的关键字均不小于基准记录的关键字。最后将基准记录移至 r［i］中，就完成了一次划分过程。对于 r［i］左边的子表和 r［i］右边的子表可采用同样的方法进行进一步划分。

假设有一个数据（关键字）序列为{5，7，4，6，2，4，1，3}，则采用快速排序法递增排序的首次分割的过程如图 8.4 所示。

在图 8.4 中，开始时把 low 所指的数据保存在临时变量 t 中（t=5），先从 high 所指的序列高端开始从后向前扫描，找小于 t 的数据并用 high 指示，同时把该数据（3）赋给 low 所指单元，然后，从 low 所指的序列低端开始从前向后扫描，找大于 t 的数据并用 low 指示，同时把该数据（7）赋给 high 所指单元，反复此过程，直到 low 与 high 相等时，把 t 中保存的数据赋给 low 所指的单元，一次分割操作结束。

对数据（关键字）序列{5，7，4，6，2，4，1，3}采用快速排序法递增排序的全过程如图 8.5 所示。

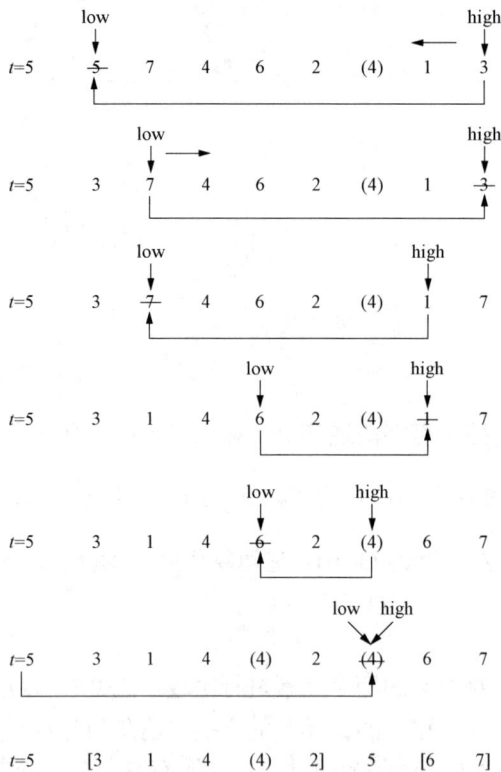

图 8.4　快速排序法首次分割过程示意图

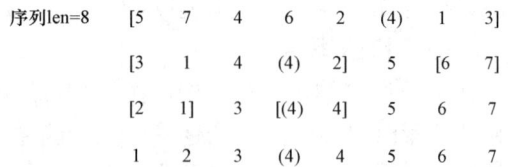

图 8.5　快速排序法排序全过程示意图

快速排序算法如下：
【算法 8.5】 快速排序

```
void QKSort(RecordType r[ ], int low, int high)
/*对记录数组 r[low.. high]用快速排序算法进行排序*/
{
```

```
    if(low<high)
    {
      pos=QKPass(r, low, high);
      QKSort(r, low, pos-1);
      QKSort(r, pos+l, high);
    }
}
      /*QKPass*/
```

【算法 8.6】一趟快速排序算法

一趟快速排序算法如下：

```
int QKPass(RecordType r[],int left,int right)
```
/*对记录数组 r 中的 r[left] 至 r[right] 部分进行一趟排序,并得到基准的位置,使得排序后的结果
满足其之后(前)的记录的关键字均不小于(大于)基准记录*/
```
{
    t=r[left];            /*选择基准记录*/
    low=left;high=right;
    while(low<high)
    {
while(low<high&&r[high].key>=t.key)
    /*high 从右到左找小于 t.key 的记录*/
        high--;
    if(low<high)(r[low]=r[high];low++;}
     /*找到小于 t.key 的记录,则进行交换*/
    while(low<high&&r[low].key<t.key)        /*low 从左到右找大于 t.key 的记录*/
        low++;
    if(low<high){r[high]=r[low];high--;}    /*找到大于 t.key 的记录,则交换*/
    }
    r[low]=t;            /*将基准记录保存到 low=high 的位置*/
    return low;          /*返回基准记录的位置*/
    }/*QKPass*/
```

分析快速排序的时间耗费，共需进行多少趟排序，取决于递归调用深度。

（1）快速排序的最好情况是每趟将序列一分为二，正好在表中间，将表分成两个大小相等的子表。同折半查找 $\lfloor \log_2 n \rfloor$，总的比较次数 $C(n) \leqslant n+2C(n/2)$。

（2）快速排序的最坏情况是已经排好序，第一趟经过 $n-1$ 次比较，第 1 个记录定在原位置，左部子表为空表，右部子表为 $n-1$ 个记录。第二趟 $n-1$ 个记录经过 $n-2$ 次比较，第 2 个记录定在原位置，左部子表为空表，右部子表为 $n-2$ 个记录，依次类推，共需进行 $n-1$ 趟排序，其比较次数为

$$\sum_{i=1}^{n-1}(n-i) = (n-1)+(n-2)+\cdots+1 = \frac{n(n-1)}{2} \approx \frac{n^2}{2}$$

执行次数为

$$T(n) \leqslant C_n+2T(n/2) \leqslant 2n+4T(n/4) \leqslant 3n+4T(n/8) \leqslant n\log_2 n+nT(1) \approx O(n \log_2 n)$$

其中，C_n 是常数，表示 n 个元素排序一趟所需的时间。

快速排序所需时间的平均值为 $Targ(n) \leqslant K_n \ln(n)$，这是目前内部排序方法中所能达到的最好平均时间复杂度。但是若初始记录序列按关键字有序或基本有序时，快速排序将蜕变为冒泡排序，其时间复杂度为 $O(n^2)$。为改进之，可采用其他方法选取枢轴元素，以弥补缺陷。如

果采用三者值取中的方法来选取，对于{46，94，80}来说，则取 80，即

$$k_i = \text{mid}(r[\text{low}].key，\ r[\lfloor \frac{low+high}{2} \rfloor].key，\ r[\text{high}].key)$$

或者取表中间位置的值作为枢轴的值，如上例中取位置序号为 2 的记录 94 为枢轴。

8.4 选 择 类 排 序

选择排序的基本思想：每一趟在 $n-i+1(i=1，2，\cdots，n-1)$ 个记录中选取关键字最小的记录作为有序序列中第 i 个记录。下面主要介绍简单选择排序和堆排序。

8.4.1 简单选择排序

8.4 堆排序

简单选择排序的基本思想：第 i 趟简单选择排序是指通过 $n-i$ 次关键字的比较，从 $n-i+1$ 个记录中选出关键字最小的记录，并与第 i 个记录进行交换。共需进行 $i-1$ 趟比较，直到所有记录排序完成为止。例如：进行第 i 趟选择时，从当前候选记录中选出关键字最小的 k 号记录，并与第 i 个记录进行交换。图 8.6 给出了一个简单选择排序示例，

简单选择排序的算法具体描述如下：

序列 (len=8)	5	7	4	6	2	(4)	1	3
$i=1$	[1]	7	4	6	2	(4)	5	3
$i=2$	[1	2]	4	6	7	(4)	5	3
$i=3$	[1	2	3]	6	7	(4)	5	4
$i=4$	[1	2	3	(4)]	7	6	5	4
$i=5$	[1	2	3	(4)	4]	6	5	7
$i=6$	[1	2	3	(4)	4	5]	6	7
$i=7$	[1	2	3	(4)	4	5	6]	7

图 8.6 简单选择排序法排序全过程示意图

【算法 8.7】简单选择排序

```
void SelectSort(RecordType r[],int length)
/*对记录数组 r 做简单选择排序,length 为数组的长度*/
{
  n=length;
  for(i=1;i<=n-1;++i)
  {
    k=i;
    for(j=i+1;j<=n;++j)
      if(r[j].key<r[k].key)k=j;
    if(k!=i)
      {x=r[i]; r[i]=r[k]; r[k]=x; }
  }
}/*SelectSort*/
```

简单选择排序算法分析：在简单选择排序过程中，所需移动记录的次数比较少。最好情况下，即待排序记录初始状态就已经是正序排列了，则不需要移动记录。最坏情况下，即待排序记录初始状态是按逆序排列的，则需要移动记录的次数最多为 $3(n-1)$。简单选择排序过程中需要进行的比较次数与初始状态下待排序的记录序列的排列情况无关。当 $i=1$ 时，需进行 $n-1$ 次比较；当 $i=2$ 时，需进行 $n-2$ 次比较；依次类推，共需要进行的比较次数是 $\sum_{i=1}^{n-1} n-i = (n-1)+(n-2)+\cdots+2+1 = n(n-1)/2$，即进行比较操作的时间复杂度为 $O(n^2)$。简单选择排序法思路简单，实现容易，但效率很低，是一种不稳定的排序方法。

8.4.2 堆排序

简单选择排序法之所以效率低下，主要是在每次选择最小值时均无法利用上一次选择最

小值时得到的部分结果，总是要重新做选择，为此，J.willioms 提出了堆排序方法，在这种排序方法中引入了一个"堆"的概念。

堆是一棵特殊的完全二叉树，在这棵树中，每个结点的关键字值均不小于（或不大于）左、右孩子结点的关键字值。如果堆中的每个结点的关键字值均不小于左、右孩子结点的关键字值，称该堆为大顶堆，图 8.7（a）表示的堆是一个大顶堆；如果堆中每个结点的关键字值均不大于左、右孩子结点的关键字值，则称该堆为小顶堆，图 8.7（b）表示的堆是一个小顶堆。显然，大顶堆中根结点的关键字值是堆中所有结点的关键字中最大的，而小顶堆中根结点的关键字值是堆中所有结点的关键字中最小的。由于堆是完全二叉树，所以适合采用顺序存储结构来存储。

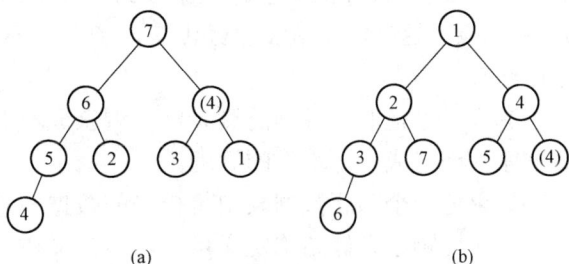

图 8.7　两个堆

（a）大顶堆；（b）小顶堆

把一个待排序的数据序列先设法创建成一个顺序存储的堆，取出堆顶结点并把剩余结点继续调整成堆，再继续取堆顶结点并继续调整成堆，如此往复，即可得到有序序列，这个操作过程就称为堆排序（heap sort）。

要进行堆排序，关键要能够完成两个操作：

（1）把一个待排序的数据序列创建成一个堆。

（2）把取出堆顶的剩余结点调整成堆。

先来说明第（2）个操作的实现，设有 n 个结点的大顶堆（或小顶堆），取出堆顶结点后，剩下 $n-1$ 个结点，将堆中最后一个结点移到堆顶位置充当根结点。然后执行如下的筛选操作：取根结点左、右两个孩子中最大（或最小）的关键字 mk 与根结点的关键字 key 比较，如果 key 不小于（或不大于）mk，则整个树是堆，调整完毕，否则，将根结点与左、右孩子中关键字为 mk 的结点进行交换，并继续对子树重复上述的筛选操作。

在具体实现时，为了提高效率，把这个筛选操作优化为如下三步：

（1）先用 s 指示根结点的位置，根结点数据（记录）保存在临时变量 t 中。

（2）取结点 s 的左、右两个孩子中最大（或最小）的关键字 mk，如果 s 没有孩子或 $t.key$ 不小于（或不大于）mk，跳到下一步，否则，将关键字为 mk 的结点 Nmk 的数据赋给结点 s 并令 s 改为指示 Nmk 的位置，继续重复本步操作。

（3）把 t 中缓存的数据赋给结点 s，调整完毕。

把图 8.7（a）表示的大顶堆的根结点取出并把剩余结点中的最后一个结点移到堆顶位置充当根结点后重新"筛选"成大顶堆的逻辑过程，如图 8.8 所示。

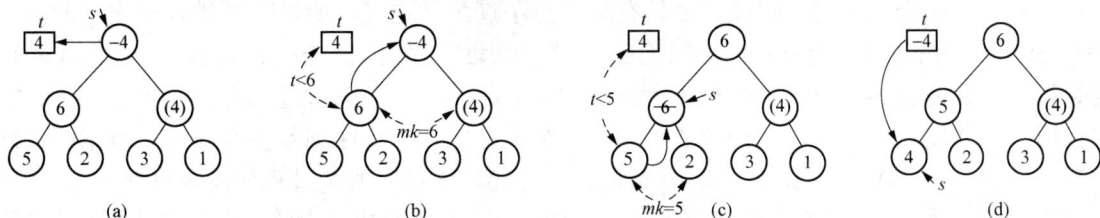

图 8.8　取出大顶堆的根结点后并把剩余结点调整成大顶堆的逻辑过程

在图 8.8 中，先把根结点用 s 指示并把该结点的数据保存在临时变量 t 中［见图 8.8（a）］，然后取结点 s 的关键字与结点 s 的左、右孩子中最大的关键字 mk=6 比较，结果 t<mk，于是把关键字为 mk 的结点的数据赋给结点 s［见图 8.8（b）］，接下来，令 s 指示关键字为 mk 的结点，继续取结点 t 的关键字与结点 s 的左、右孩子中最大的关键字 mk=5 比较，结果 t<mk，于是把关键字为 mk 的结点的数据赋给结点 s［见图 8.8（c）］，再接下来，令 s 指示关键字为 mk 的结点，这时，结点 s 已经没有孩子了，把 t 中保存的原根结点的数据赋给结点 s，筛选过程结束。

解决了"把取出堆顶的剩余结点调整成堆"问题后，再来看如何处理"把一个待排序的数据序列创建成一个堆"的问题。

如果把一个顺序数据表中待排序的数据序列看作是一棵按顺序存储结构存储的二叉树，根据二叉树顺序存储结构定义可知，该二叉树一定是完全二叉树。在上面已经说明了如果完全二叉树中除根结点之外的其他结点均满足堆的定义，则可以通过筛选操作把完全二叉树调整成堆，因此，把一个普通的完全二叉树创建成堆的操作可以通过从后向前、从下至上反复筛选来实现，而且，由于叶子结点自身一定满足堆定义，故可以直接从最后一个分支结点开始。

假设有一个数据（关键字）序列为{5，4，（4），6，2，3，1，7}，则创建大顶堆的逻辑过程如图 8.9 所示。

在图 8.9 中，共有 8 个结点，依次存储在［0..7］的顺序表中，则最后一个分支结点是(int)((7–1)/2)=3 号结点，对该结点为根的子树进行"筛选"［见图 8.9（a）］，然后找次后一个分支结点是 2 号结点，对该结点为根的子树进行筛选［见图 8.9（b）］，同理，向前不断对子树进行筛选，直到对以 0 号结点为根的整棵树进行筛选为止，一个大顶堆创建完毕［见图 8.9（e）］。

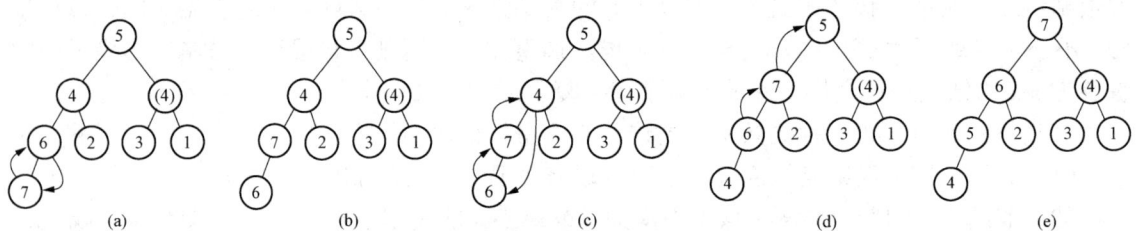

图 8.9　创建大顶堆的逻辑过程

对图 8.9 表示的大顶堆进行首次递增堆排序的过程（序列表示形式）如图 8.10 所示。

在图 8.10 中，首先令大顶堆的根结点数据（0 号位置的数据）与最后一个结点数据（7 号位置的数据）交换，这样 7 号位置的数据必然有序。然后把数据序列中［0..6］范围内的数据看成是一棵完全二叉树，则该树中只有根结点不满足堆定义，所以对其进行一次"筛选"（参考图 8.8）后就可以调整成大顶堆。经过这样一次堆排序后，结果是使最后一个位置（n–1）的数据有序并使前 n–1 个数据调整成大顶堆。如果重复这个过程，就会使次后一个位置（n–2）的数据有序并使前 n–2 个数据调整成大顶堆。如此往复，整个序列就会有序。以数据（关键字）序列{5，4，（4），6，2，3，1，7}为例，进行递增堆排序的全过程如图 8.11 所示。

堆排序方法是一种不稳定的排序方法，主要应用于数据量比较大的场合，该排序方法对待排序数列的排列状态不敏感，其平均时间复杂度和在最坏情况下的时间复杂度都为 O($n\log n$)，这是其优于快速排序的地方。

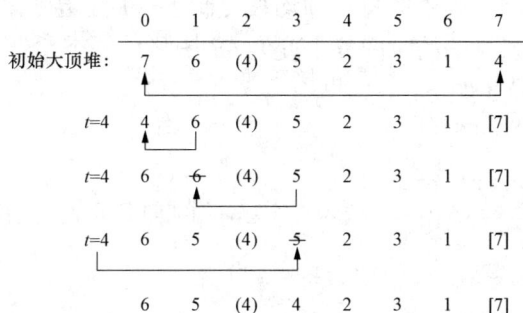

	0	1	2	3	4	5	6	7
序列len=8	5	4	(4)	6	2	3	1	7
初始大顶堆	7	6	(4)	5	2	3	1	4
i=0	6	5	(4)	4	2	3	1	[7]
i=1	5	4	(4)	1	2	3	[6	7]
i=2	4	3	(4)	1	2	[5	6	7]
i=3	(4)	3	2	1	[4	5	6	7]
i=4	3	1	2	[(4)	4	5	6	7]
i=5	2	1	[3	(4)	4	5	6	7]
i=6	1	[2	3	(4)	4	5	6	7]

图 8.11 递增堆排序过程

	0	1	2	3	4	5	6	7
初始大顶堆:	7	6	(4)	5	2	3	1	4
t=4	4	6	(4)	5	2	3	1	[7]
t=4	6	6	(4)	5	2	3	1	[7]
t=4	6	5	(4)	5	2	3	1	[7]
	6	5	(4)	4	2	3	1	[7]

图 8.10 首次递增堆排序过程（序列表示形式）

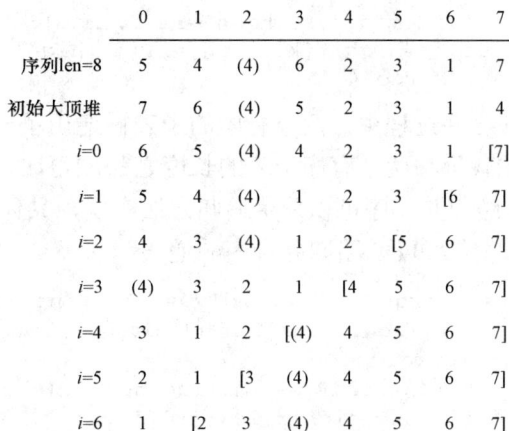

8.5 归 并 排 序

归并排序（merging sort）是通过不断地把若干个较小的有序表合并成较大的有序表来实现使数据序列有序的一种排序方法。

设初始待排序序列长度为 n，则可以看作是 n 个长度为 1 的有序序列，然后从头开始两两合并，得到(int)((n+1)/2)个长度≤2 的有序序列，对这些序列继续两两合并，如此往复，直到合并成一个有序序列为止，这种排序方法称为 2 路归并排序。假设有一个数据（关键字）序列为{5，4，（4），6，2，3，1，7}，则利用 2 路归并排序法排序过程如图 8.12 所示。

2 路归并排序法的基本操作是将待排序列中相邻的两个有序子序列合并成一个有序序列。合并算法描述如下：

序列len=8	5	4	(4)	6	2	3	1	7
	[4	5]	[(4)	6]	[2	3]	[1	7]
	[4	(4)	5	6]	[1	2	3	7]
	[1	2	3	4	(4)	5	6	7]

图 8.12 2 路归并排序过程

【算法 8.8】 2 路归并算法

```
void Merge(RecordType r1[],int low,int mid,int high,RecordType r[])
/*已知 r1[low..mid]和 r1[mid+1..high]分别按关键字有序排列,将它们合并成一个有序序列存
放在 r[low..high]*/
{
    i=low;j=mid+1;k=low;
    while((i<=mid)&&(j<=high))
    {
      if(r1[i].key<=r1[j].key)
        {
          r[k]=r1[i];++i;
        }
      else
        {
          r[k]=r1[j];++j;
        }
    ++k;
    }
```

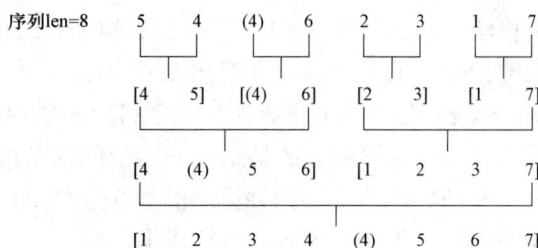

```
    if(i<=mid)r[k..high]=rl[i..mid];
    if(j<=high)r[k..high]=rl[j..high];
    }/*Merge*/
```

在合并过程中，两个有序的子表被遍历了一遍，表中的每一项均被复制了一次。因此，合并的代价与两个有序子表的长度之和成正比，该算法的时间复杂度为 O(n)。

2 路归并排序可以采用递归方法实现，具体描述如下：

【算法 8.9】 2 路归并排序的递归算法

```
Void MergeSort(RecordType r1[],int low,int high,RecordType r[])
    /*r1[low..high]经过排序后放在 r[low..high]中，r2[low..high]为辅助空间*/
{ RecordType *r2;
    r2=(RecordType*)malloc(sizeof(RecordType)*(high-low+1));
    if(low==high)r[low]=rl[low];
    else{
        mid=(low+high)/2;
        MergeSort(r1,low,mid,r2);
        MergeSort(r1,mid+1,high,r2);
        Merge(r2,low,mid,high,r);
        }
    free(r2);
    }/*MergeSort*/
```

归并排序中一趟归并中要多次用到 2 路归并算法 8.8，一趟归并排序的操作是调用 $\left\lceil \dfrac{n}{2h} \right\rceil$ 次算法 merge，将 r1［1..n］中前后相邻且长度为 h 的有序段进行两两归并，得到前后相邻、长度为 2h 的有序段，并存放在 r［1..n］中，其时间复杂度为 O(n)。整个归并排序需进行 $m(m=\log_2 n)$ 趟 2 路归并，所以归并排序总的时间复杂度为 O($n \log_2 n$)。在实现归并排序时，需要与待排记录等数量的辅助空间，空间复杂度为 O(n)。

递归形式的 2 路归并排序的算法（如算法 8.9），在形式上较简洁，但实用性很差。其非递归形式的算法，读者可自行思考。

与快速排序和堆排序相比，归并排序的最大特点是它为一种稳定的排序方法。一般情况下，由于要求附加与待排记录等数量的辅助空间，因此很少利用 2 路归并排序进行内部排序。

类似 2 路归并排序，可设计多路归并排序法，归并的思想主要用于外部排序。

外部排序可分两步：①待排序记录分批读入内存，用某种方法在内存排序，组成有序的子文件，再按某种策略存入外存；②子文件多路归并，形成较长的有序子文件，再存入外存，如此反复，直到整个待排序文件有序。

外部排序可使用外存、磁带和磁盘，最初形成有序子文件的长度取决于内存所能提供排序区大小和最初排序策略，归并路数取决于所能提供排序的外部设备数。

8.6 基 数 排 序

在有些情况下，对具有单一逻辑的关键字的数据序列的排序操作可以转换成按多关键字来排序的操作。

假设待排序数据序列的关键字 K 可以拆分成 m 个位：（K_0，K_1，…，K_{m-2}，K_{m-1}），其中 K_{m-1} 在参与排序时起最主要的决定作用，K_{m-2} 次之，……，K_0 在参与排序时起最次要的决定作用。例如，对一个关键字是均不超过 3 位的十进制整数的数据序列，可以如下拆分：K_2 为每个关键字的百位，K_1 为每个关键字的十位，K_0 为每个关键字的个位。为了进行多关键字排序，通常可以有两种做法：

1. 最高位优先法（most significant digit first，MSD 法）

这种方法是对序列先按 K_{m-1} 分成若干组，然后对每组再按 K_{m-2} 分成若干更小的组，依次重复，直到按 K_0 对每个最小的组排序后的关键字序列中 $K_{m-1} \sim K_1$ 都相同，最后把所有有序的最小的组依次连接起来，就可以得到一个有序的数据序列。

2. 最低位优先法（least significant digit first，LSD 法）

这种方法则是先按 K_0 对序列排序，然后再按 K_1 对序列排序，依次重复，最后按 K_{m-1} 对序列排序，即可以得到一个有序的数据序列。

基数排序（radix sorting）就是一种借助多关键字排序的思路对具有单一逻辑的关键字进行排序的方法。这种排序方法不进行关键字之间的比较，而是利用由关键字拆分出来的各个部分关键字所映射的数字位数作为排序的依据，主要采用 LSD 法，通过不断地"分配"与"收集"操作来实现排序。

根据基数排序的原理，待排序的数据表宜采用链式存储结构，这时的基数排序称为链式基数排序。在链式基数排序中，数据序列采用单链表存储结构，另设 f 和 r 两个指针数组，其数组元素分别是 RADIX（关键字的取值范围）个链队列的队首指针及队尾指针，"分配"是按特定位把关键字相同的数据依次存入同一个链队列中，"收集"则是将各链队列按先后顺序链接起来。

假设有一个数据（关键字）序列为 {123，549，345，121，432，331，521}，则利用链式基数排序法排序过程如图 8.13 所示。

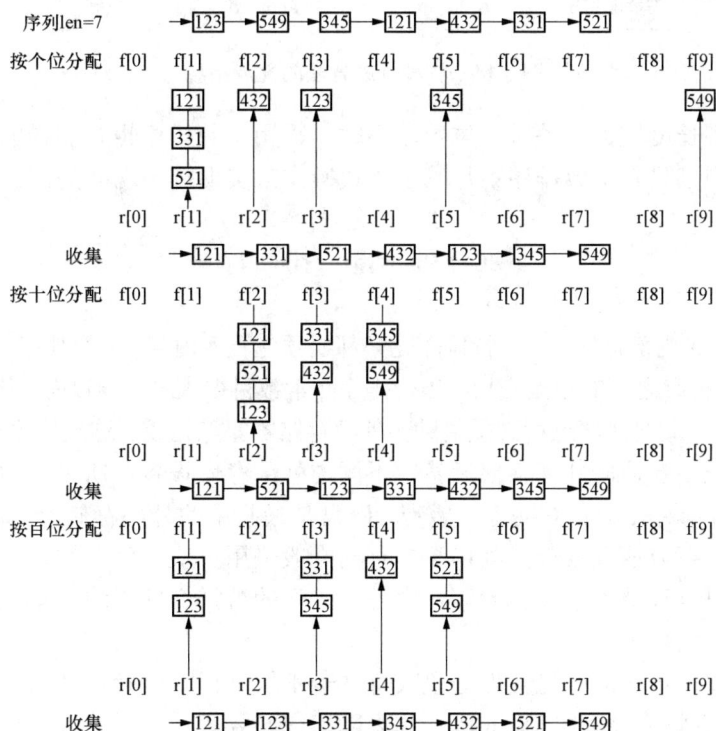

图 8.13　基数排序过程

在基数排序法中，假设每个数据（记录）的关键字位数为 d(digit)，每个关键字的取值范围为 rd（radix）个非负整数，则进行链式基数排序的时间复杂度为 $O(d(n+rd))$，其中每趟分配的时间复杂度为 $O(n)$，每趟收集的时间复杂度为 $O(rd)$，整个排序过程需要 d 趟分配与收集。另外，需要 $2rd$ 个队列指针的辅助空间，由于采用链式存储结构，故还增加了 n 个指针域的空间。

8.7   各类排序方法的比较

本章介绍了比较常用的几种内部排序方法，其性能指标如图 8.14 所示。

一般来说，衡量一种排序方法的性能，主要从两方面考虑：时间复杂度和空间复杂度。对于时间复杂度为 $O(n^2)$ 的简单排序方法（包括直接插入排序法、折半插入排序法、简单选择排序法、冒泡排序法等）适用于待排序数据序列长度较小的情况，当待排序数据序列长度较大时，应使用希尔排序、快速排序或堆排序等方法。从平均时间性能来看，快速排序法最优，但在最坏情况下，它不如堆排序。在平均时间复杂度为 $O(n\log n)$ 的各种排序法中，只有归并排序是稳定的。

排序方法	平均时间复杂度	最坏时间复杂度	空间复杂度
简单排序法	$O(n^2)$	$O(n^2)$	$O(1)$
快速排序法	$O(n\log n)$	$O(n^2)$	$O(\log n)$
堆排序法	$O(n\log n)$	$O(n\log n)$	$O(1)$
归并排序法	$O(n\log n)$	$O(n\log n)$	$O(n)$
基数排序法	$O(d(n+rd))$	$O(d(n+rd))$	$O(rd)$

图 8.14   各种排序方法的性能指标

当待排序序列长度较大而关键字位数较小时，采用基数排序也是不错的选择，本章讨论的各种排序方法中，只有基数排序不是基于比较操作来实现排序功能的。

8.8 外　部　排　序

前面讨论的各种内部排序方法，待排序元素都要预先装入内存，整个排序过程都是在内存中进行的，不涉及内外存之间的数据交换。当待排序元素数目很大时，导致内存中不可能同时容纳所有待排序的元素，此时排序过程必须借助于外部存储器才能完成，这类排序称为外部排序。

外部排序过程中要访问外部存储设备，不同的外部存储设备，所采用的外部排序方法有所不同。常见的外部存储设备有磁盘、磁带。磁盘是最常用的外部存储器，它既可顺序存取，也可以随机存取，存取速度较快。其信息的存储一般采用页块（简称块，是一个物理存储单位，一个物理块可以存储若干逻辑元素，内外存之间的数据交换以块为单位）的方式。磁盘的排序过程分下面两阶段进行。

第一阶段，将待排序的磁盘文件分段（每次若干块）读入内存，在内存中使用最有效的内部排序方法进行排序，将排序后的段（称为顺串或归并段）写入外存，这样在外存上形成一系列的初始顺串。

第二阶段，对这些初始顺串采用某种归并方法（如 2 路归并）逐趟进行归并，这样使顺串的长度逐渐由小到大，最终变成一个顺串，即整个文件有序。

磁带是一种典型的顺序存取设备，其信息的存储一般采用分块存储。其排序过程与磁盘排序过程相似，也分两步进行，只不过因为磁带只适宜于顺序存取，所以排序过程中要充分考虑顺串的存储分布，以免影响排序性能。

关于外部排序的详细过程及实现方法请参见有关书籍。

本 章 小 结

介绍了排序及与排序相关的一些概念，详细讨论了各种常见的排序算法的设计与实现，并对这些排序算法的稳定性和复杂性进行了较为详尽的分析。从本章讨论的各种排序算法可以看到，不存在"十全十美"的排序算法，每一种排序方法都有其优缺点，有其本身适用的场合。由于排序运算在计算机应用问题中经常碰到，读者应重点理解各种排序算法的基本思想，熟练掌握各种排序算法的设计与实现，充分掌握各种排序方法的特点以及对算法的分析方法，从而面对实际问题时能选用合适的排序方法。

习 题 8

一、名词解释

1．内部排序

2．排序方法的稳定性

3．直接插入排序

4．希尔排序

5．冒泡排序

6．快速排序

7．堆排序

8．归并排序

二、填空

1．对一个数据序列进行排序的主要目的是为了便于对数据序列进行_____操作。

2．按排序的操作原理对内部排序方法进行分类，主要有_____、_____、_____、和_____等。

3．若不考虑基数排序，则在排序过程中，主要进行的两种基本操作是关键字的_____和数据（记录）的_____。

4．利用堆排序对数据序列进行递增排序时，需要先建立一个_____顶堆，进行递减排序时，需要先建立一个_____顶堆。

5．对于长度为 n 的递增有序的数据序列利用冒泡排序法进行递增排序时，共发生_____次关键字的比较，进行递减排序时，共发生_____次关键字的比较。

6．在插入排序、希尔排序、选择排序、快速排序、堆排序、归并排序和基数排序中，平均比较次数最少的排序是_____，需要内存容量最多的是_____。

7．在堆排序和快速排序中，若原始记录接近正序或反序，则选用＿＿＿＿，若原始记录无序，则最好选用＿＿＿＿。

8．在插入和选择排序中，若初始数据基本正序，则选用＿＿＿＿；若初始数据基本反序，则选用＿＿＿＿。

9．在对一组记录（54，38，96，23，15，72，60，45，83）进行直接插入排序时，当把第 7 个记录 60 插入到有序表时，为寻找插入位置需比较＿＿＿＿次。

10．直接插入排序用监视哨的作用是＿＿＿＿。

三、简答题

1．已知数据序列的关键字序列为{53，87，12，61，90，10，97，25，（53），46}，设增量序列为{5，3，1}，请画出希尔排序（递增排序）过程分析图。

2．已知序列{63，87，52，61，98，17，87，25，6，42}，采用快速排序对该序列做升序排序时的每一趟的结果。

3．已知序列{63，87，52，61，98，17，87，25，6，42}，采用堆排序对该序列做降序排序时的每一趟的结果。

4．已知序列{17，18，60，40，7，32，73，65，85}，请给出采用冒泡排序法对该序列做升序排序时的每一趟的结果。

5．已知序列{503，87，512，61，98，17，87，25，6，42}，采用基数排序对该序列做升序排序时的每一趟的结果。

6．已知序列{63，87，52，61，98，17，87，25，6，42}，采用插入排序对该序列做升序排序时的每一趟的结果。

四、编程题

1．一个线性表中的元素为正整数或负整数，设计一个算法，将正整数和负整数分开，使线性表的前部为负整数，后部为正整数，不要求对它们排序，但要求尽量减少交换次数。

2．编写一个直接插入排序算法，使得查找插入位置时不是采用顺序的方法而是采用二分的方法。

3．以单链表为存储结构，写一个简单选择排序算法。

4．已知两个单链表中的元素递增有序，试写一算法将这两个有序表归并成一个递增有序的单链表。算法应利用原有的链表结点空间。

本 章 实 验

实验 1　直接插入排序

1．实验目的

熟悉直接插入排序的基本思想，掌握直接插入排序的排序过程及其实现的算法。

2．实验内容

输入待排序记录，用直接插入排序法对其排序。

3．实验要点及说明

直接插入排序就是顺序地把待排序列的各个元素按其关键字的大小插入到已排序序列的

适当位置。

　　参考程序中，swap 中始终存放当前比较的关键字，将它和已排序列元素逐个进行比较，并插入到适当位置。当待排序列元素个数为 n 时，只需进行 $n-1$ 次比较，所以，关键字的选取从待排序列的第二个元素开始，直到最后一个元素结束。参考程序中，直接插入排序示意如图 8.15 所示。

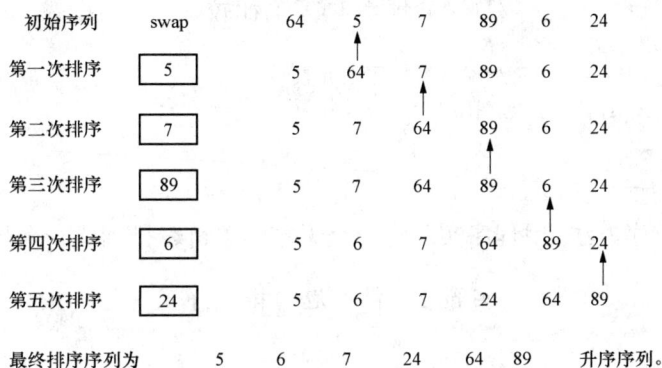

初始序列	swap	64	5	7	89	6	24
第一次排序	5	5	64	7	89	6	24
第二次排序	7	5	7	64	89	6	24
第三次排序	89	5	7	64	89	6	24
第四次排序	6	5	6	7	64	89	24
第五次排序	24	5	6	7	24	64	89
最终排序序列为		5	6	7	24	64	89	升序序列。

图 8.15　直接插入排序示意图

4. 参考程序

```c
#include<stdio.h>
#define max 40
typedef struct                      /*定义序列的结构体*/
 { int  key;
  char name;
  }Datatype;
Datatype x[max];
void getsort(Datatype x[],int n)    /*输入记录的关键字*/
 { int i;
  printf("Recorder:");
  for(i=0;i<n;i++)
     scanf("%d",&x[i].key);
 }
void insertsort(Datatype x[],int n)  /*用直接插入排序法排序*/
{ int i,j,k,m;
  Datatype swap;
  for(i=0;i<n-1;i++)
   { swap=x[i+1];
     j=i;
     while(j>-1&&swap.key<x[j].key)
      {x[j+1]=x[j];
       j--;
      }
     x[j+1]=swap;
     m=i+1;
     printf("No%d insertsort\t",m);
     for(k=0;k<n;k++)
        printf("%d\t",x[k].key);
```

```
    printf("\n");
    }
}
main()
 {Datatype x[max];
  int n;
  printf("n=");              /*输入待排序的元素个数*/
  scanf("%d",&n);
  getsort(x,n);              /*输入待排序的元素*/
  insertsort(x,n);          /*排序*/
  }
```

5. 思考题与习题

采用直接插入排序方法,用程序实现将一个无序的单链表排列成一个降序的有序单链表。

实验 2   冒 泡 排 序

1. 实验目的

熟悉冒泡排序的基本思想,掌握冒泡排序的排序过程及其实现算法。

2. 实验内容

将待排序的记录序列用冒泡排序法排序。

3. 实验要点及说明

冒泡排序的基本思想:将待排序列中第一个记录的关键字 $R_1.Key$ 与第二个记录的关键字 $R_2.Key$ 做比较,如果 $R_1.Key$ 大于 $R_2.Key$,则交换记录 R_1 和 R_2 在序列中的位置,否则不交换;然后继续对当前序列中的第二个记录和第三个记录做同样的处理,依次类推,直到序列中倒数第二个记录和最后一个记录比较完为止,则第一趟排序结束,这时找出的最大记录排在序列的倒数第一个位置（n 位置）上。随后,再对其前面的 $n-1$ 个记录做第二趟排序,找出次大记录排在序列的倒数第二个位置（$n-1$ 位置）上……如此排序过程进行 $n-1$ 趟就像冒泡一样,最终将初始序列按升序排列完成。

参考程序中冒泡排序示意如图 8.16 所示。

初始序列	38	5	19	26	49	97	1	66
第一趟排序	5	19	26	38	49	1	66	97
第二趟排序	5	19	26	38	1	49	66	97
第三趟排序	5	19	26	1	38	49	66	97
第四趟排序	5	19	1	26	38	49	66	97
第五趟排序	5	1	19	26	38	49	66	97
第六趟排序	1	5	19	26	38	49	66	97
第七趟排序	1	5	19	26	38	49	66	97
最终排序序列为	1	5	19	26	38	49	66	97

图 8.16   冒泡排序示意图

4. 参考程序

```c
#include <stdio.h>
#define max 40
typedef struct
{ int key;
  char name;
}Datatype;
Datatype x[max];
void getsort(Datatype x[],int n)          /*输入待排序记录序列*/
{ int i;
  printf("Recorder:");
  for(i=0;i<n;i++)
    scanf("%d",&x[i].key);
}
void hubblesort(Datatype x[],int n)        /*用冒泡法对记录排序*/
{ int i,j,k,flag;
  Datatype swap;
  flag=1;
  for(i=1;i<n&&flag==1;i++)
  { flag=0;
   for(j=0;j<n-i;j++)
     if(x[j].key>x[j+1].key)               /*比较两数的大小*/
     {flag=1;
      swap=x[j];
      x[j]=x[j+1];
      x[j+1]=swap;
       }
  if(flag==0)
    return;
 }
}
main()
 { Datatype x[max];
  int n,i;
  printf("n=");                            /*输入待排序的记录个数*/
  scanf("%d",&n);
  getsort(x,n);                            /*输入待排序的记录*/
  hubblesort(x,n);                         /*冒泡排序*/
  printf("Output the number:");
  for(i=0;i<n;i++)
    printf("%d",x[i]);                     /*输出已排好序列*/
  printf("\n");
 }
```

5. 思考题与习题

在参考程序中，每一趟排序只能使最小关键字前移一个位置，如果这个最小关键字在第 n 个位置上，即使前 $n-1$ 个关键字已经有序，要使这个最小关键字移到第一个位置，仍需做 $n-1$ 趟排序。因此，可以在排序过程中交替改变排序方向来解决这类问题，试编写双向冒泡排序程序。

实验 3　快　速　排　序

1. 实验目的

熟悉快速排序法的基本思想，掌握快速排序法的排序过程及其实现算法。

2. 实验内容

对待排序的记录序列用快速排序法排序。

3. 实验要点及说明

快速排序又称分区交换排序，是平均速度最快的一种排序方法，它是对冒泡排序方法的一种改进。

快速排序方法的基本思想：从待排序列的 n 个记录中任意选取一个记录 R_i（通常选取序列中的第一个记录）做标准，调整序列中各个记录的位置，使排在 R_i 前面的记录的关键字都小于 $R_i.Key$，排在 R_i 后面的记录的关键字都大于 $R_i.Key$。

参考程序中，设置两个指针 i 和 j，分别指向待排序列的第一个记录和最后一个记录，并将第一个记录的关键字暂存于 swap 中；然后 j 由右向左扫描，直到找到某个记录的关键字 $x[j]$<swap 时就将 $x[j]$ 移至 $x[i]$ 的位置上，这时，让 i 自 $i+1$ 起向右扫描，直至 $x[i]$>swap 时，再将 $x[i]$ 移至 $x[j]$ 位置上；接着，再让 j 自 $j-1$ 起重复上述过程，直至 $i=j$，此时的 i 就是 swap（第一个记录）对应的存放位置，比它小的记录已在它之前，比它大的记录都在它之后。至此，第一趟排序完成。然后再对由 i 位置分割好的前、后两部分继续进行上述快速排序过程，直至每部分仅剩一个记录时排序完成。参考程序中快速排序示意如图 8.17 所示。

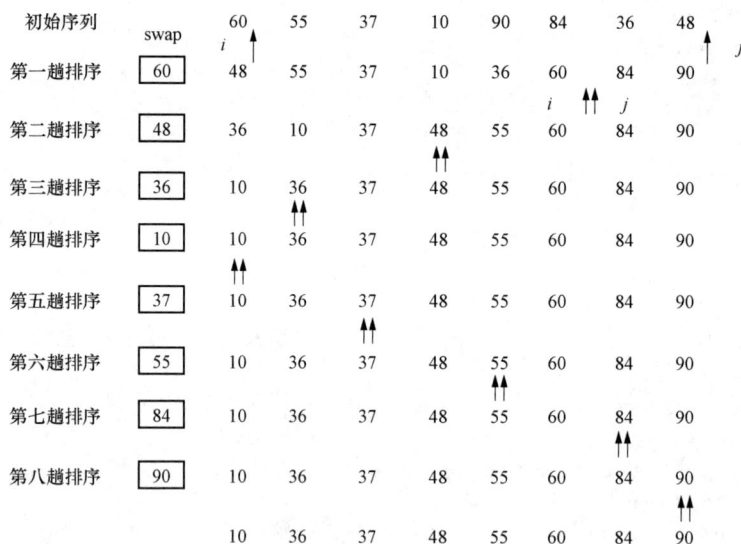

图 8.17　快速排序示意图

4. 参考程序

```c
#include<stdio.h>
#define max 40
typedef struct
 { int key;
  char name;
```

```
   }Datatype;
void getsort(Datatype x[],int n)                /*输入待排序列*/
 { int i;
  printf("Recorder:");
  for(i=0;i<n;i++)
     scanf("%d",&x[i].key);
 }
void quicksort(Datatype x[],int l,int r)    /*用递归法对记录序列进行快速排序*/
 { int i,j;
  Datatype swap;
  i=l;
  j=r;
  swap=x[l];
  while(i<j)
   { while(i<j && swap.key<x[j].key)          /*从右向左扫描*/
      j--;
     if(i<j)
      {x[i]=x[j];
       i++;
      }
     while(i<j&&x[i].key<swap.key)             /*从左向右扫描*/
      i++;
     if(i<j)
      {x[j]=x[i];
       j--;
      }
    }
  x[i]=swap;
  if(l<i)
    quicksort(x,l,i-1);                        /*对所得到的子序列进行快速排序*/
  if(i<r)
    quicksort(x,j+1,r);
}
 main()
  {Datatype x[max];
   int n,i,l,r;
   printf("n=");
   scanf("%d",&n);                             /*输入待排序的元素个数*/
   l=0;
   r=n-1;
   getsort(x,n);                               /*输入待排序的元素*/
   quicksort(x,l,r);                           /*快速排序*/
   printf("Output the number:");
   for(i=0;i<n;i++)
     printf("%d",x[i].key);                    /*输出已排好序列*/
   printf("\n");
  }
```

5. 思考题与习题

（1）用非递归算法实现快速排序。

（2）如果用非递归算法实现快速排序，是否可以不采用栈而是用队列这种数据结构来实现？

实验 4 堆 排 序

1. 实验目的

熟悉堆排序的基本思想，掌握堆排序的排序过程及其实现算法。

2. 实验内容

输入待排序记录，用堆排序法对其排序。

3. 实验要点及说明

堆排序是在直接选择排序法的基础上借助于完全二叉树结构而形成的一种排序方法。将排序序列看成是一棵完全二叉树，则堆的含义表明完全二叉树中任意一个非叶子结点上的数据值均大于或等于其左右子树结点的值。因此在一个堆中，堆顶元素（即完全二叉树的根）必为堆中最小的元素。

堆排序的基本思想：将原始记录序列建成一个堆，称为初始堆，并输出堆顶元素；调整剩余的记录序列，使之成为一个新堆，再输出堆顶元素；依次类推，当堆中只有一个元素时，整个序列的排序结束，输出的序列便是原始序列的排序序列。参考程序中堆排序示意如图 8.18 所示。

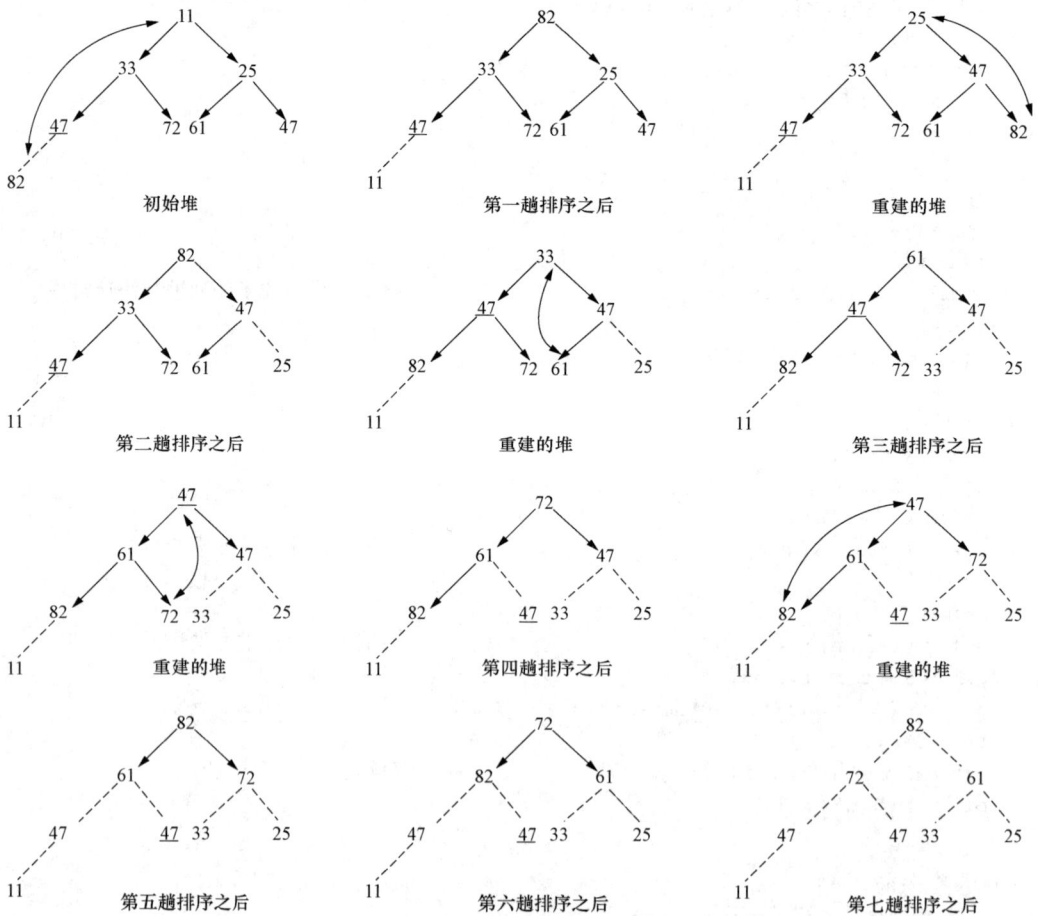

图 8.18 堆排序示意

4. 参考程序

```
#include<stdio.h>
#define max 40
typedef struct
  { int key;
   char name;
  }Datatype;
Datatype x[max];
void getsort(Datatype x[],int n)                /*输入待排序记录*/
  { int i;
   printf("Recorder:");
   for(i=0;i<n;i++)
     scanf("%d",&x[i].key);
   }
heapsort(Datatype x[],int n)                    /*用堆排序的方法对记录排序*/
   { int i;
   Datatype swap;
   for(i=n/2-1;i>=0;i--)
     createheap(x,i,n);                         /*初始化堆*/
   printf("Output x[]:");
   for(i=n-1;i>=0;i--)                          /*整理堆*/
     {printf("%d",x[0].key);/*输出堆顶元素,并将最后一个元素放到堆顶位置,重新建堆*/
     x[0].key=x[i].key;
     createheap(x,0,i);
     }
   printf("\n");
   }
 createheap(Datatype x[],int l,int n)           /*对以 x[1]为根结点的二叉树建堆*/
   { int i,j,flag;
   Datatype swap;
   i=1;
   j=2*i+1;                                     /*j 为 i 的左孩子*/
   swap=x[i];
   flag=0;
   while(j<=n-1&&flag!=1)                        /*沿值较小的分支向下筛选*/
    {if(j<n-1&&x[j].key>x[j+1].key)              /*选取孩子中值较小的分支*/
      j++;
     if(swap.key<x[j].key)
       flag=1;
     else
      {x[i]=x[j];
       i=j;
       j=2%i+1;                                 /*继续向下筛选*/
       x[i]=swap;
      }
    }
   }
   main()
   { Datatype x[max];
     int n;
```

```
    printf("n=");
    scanf("%d",&n);
    getsort(x,n);
    heapsort(x,n);
}
```

5. 思考题与习题

在含有 n 个元素的堆中，如果增加一个新元素，如何使这 $n+1$ 个元素调整为新堆？试用程序实现之。

参 考 文 献

[1] 严蔚敏，吴伟民. 数据结构（C 语言版）[M]. 北京：清华大学出版社，2021.

[2] 耿国华. 数据结构：用 C 语言描述 [M]. 北京：高等教育出版社，2021.

[3] 李春葆. 数据结构教程 [M]. 北京：清华大学出版社，2022.

[4] 李春葆. 数据结构教程 学习指导 [M]. 北京：清华大学出版社，2022.

[5] 胡元义，黑新宏. 数据结构教程 [M]. 北京：电子工业出版社，2018.

[6] 唐国民，王国钧. 数据结构（C 语言版）[M]. 北京：清华大学出版社，2018.

[7] 唐策善，李龙澍，黄刘生. 数据结构：用 C 语言描述 [M]. 北京：高等教育出版社，1998.

[8] 李克清. 数据结构：C 语言描述 [M]. 武汉：华中科技大学出版社，2005.

[9] 张绍民，李淑华. 数据结构教程（C 语言版）[M]. 北京：中国电力出版社，1999.

[10] 朱振元，朱承. 数据结构 [M]. 北京：清华大学出版社，2004.

[11] 陈元春，张亮，王勇. 实用数据结构基础 [M]. 北京：中国铁道出版社，2003.

[12] 文益民. 数据结构基础教程 [M]. 北京：清华大学出版社，2005.

[13] 曹翊旺. 数据结构习题与真题解析 [M]. 北京：中国水利水电出版社，2004.